教育部职业教育与成人教育司推荐教材（修订版）

# 数控机床控制技术基础

## 第2版

主　编　杨书华　刘　沂
副主编　侯晓静　麻东升　张　祯
参　编　吴　君　孙卫民

机械工业出版社

本书介绍了数控机床使用中所必须具备的电气控制、液压传动和气压传动方面的知识和技能。全书共十章，包括常用低压电器、继电器-接触器控制的基本环节、常用机床的电气控制线路、数控机床位置传感器、数控机床电气驱动元件、数控机床可编程机床控制器、数控机床伺服系统、数控机床液压传动、数控机床气压传动和数控机床应用实例。本书注重实践技能培养，安排了大量实践技能训练内容。

本书可作为高等职业教育院校数控技术专业和其他机电类专业教材，也可作为中等职业学校教材和机械行业技术人员的岗位培训教材及自学用书。

**图书在版编目（CIP）数据**

数控机床控制技术基础/杨书华，刘沂主编. —2版. —北京：机械工业出版社，2020.5

教育部职业教育与成人教育司推荐教材：修订版

ISBN 978-7-111-65662-3

Ⅰ.①数… Ⅱ.①杨… ②刘… Ⅲ.①数控机床-高等职业教育-教材 Ⅳ.①TG659

中国版本图书馆CIP数据核字（2020）第085628号

机械工业出版社（北京市百万庄大街22号 邮政编码100037）
策划编辑：汪光灿 责任编辑：汪光灿 赵文婕
责任校对：王 延 封面设计：张 静
责任印制：常天培
北京盛通商印快线网络科技有限公司印刷
2020年8月第2版第1次印刷
184mm×260mm · 15.25印张 · 374千字
0001—1000册
标准书号：ISBN 978-7-111-65662-3
定价：44.00元

| 电话服务 | 网络服务 |
| --- | --- |
| 客服电话：010-88361066 | 机 工 官 网：www.cmpbook.com |
| 010-88379833 | 机 工 官 博：weibo.com/cmp1952 |
| 010-68326294 | 金 书 网：www.golden-book.com |
| **封底无防伪标均为盗版** | 机工教育服务网：www.cmpedu.com |

# 第2版前言

本书为教育部职业教育与成人教育司推荐教材（修订版），是根据教育部高等职业教育数控技术专业新的教学大纲编写的。

本次修订版对数控机床发展中广泛应用的FANUC和PMC技术重点加以阐述，对数控机床的电气控制、液压传动、气压传动等内容做了详细的阐述，最后还以数控机床为实例介绍了数控机床控制技术的应用。通过学习，学生对数控机床控制技术有一个完整和系统的认知。本书中设有实践技能训练内容，用于提高学生的动手能力。每章前有学习重点和学习目的，每章后有思考练习题，以帮助学生巩固所学的知识。

本书参考学时为108课时，建议课时分配如下。

| 序号 | 内　容 | 课时 | 课时分配 | |
|---|---|---|---|---|
| | | | 讲课 | 实训 |
| | 绪论 | 2 | 1 | 1 |
| 第一章 | 常用低压电器 | 12 | 4 | 8 |
| 第二章 | 继电器-接触器控制的基本环节 | 20 | 10 | 10 |
| 第三章 | 常用机床的电气控制线路 | 10 | 5 | 5 |
| 第四章 | 数控机床位置传感器 | 9 | 5 | 4 |
| 第五章 | 数控机床电气驱动元件 | 11 | 5 | 6 |
| 第六章 | 数控机床可编程机床控制器 | 14 | 8 | 6 |
| 第七章 | 数控机床伺服系统 | 6 | 6 | |
| 第八章 | 数控机床液压传动 | 14 | 8 | 6 |
| 第九章 | 数控机床气压传动 | 6 | 3 | 3 |
| 第十章 | 数控机床应用实例 | 4 | 4 | |

建议本书课程学习结束后，安排一周实习，以提高毕业生的就业竞争能力。

本书由天津工业职业学院杨书华、刘沂任主编，侯晓静、麻东升、张祯任副主编，吴君、孙卫民参加编写。具体分工如下：天津工业职业学院杨书华编写绪论、第二章、第三章、第十章，天津工业职业学院刘沂编写第六章、第七章，天津工业职业学院侯晓静编写第四章、第五章，天津工业职业学院张祯编写第一章，天津工业职业学院麻东升编写第八章，天津工业职业学院吴君、孙卫民编写第九章。在本书的编写中，天津工业职业学院张帆给予了大力帮助，特此表示感谢。

由于编者水平有限，书中疏漏与欠妥之处在所难免，敬请读者批评指正。

**编　者**

# 第1版前言

本书是教育部职业教育与成人教育司推荐教材，是根据教育部数控技能型紧缺人才的培养培训方案的指导思想和最新的数控专业教学计划编写的。

本书对数控机床的电气控制、液压传动、气压传动等内容作了详细的阐述，最后还以数控机床应用实例介绍了数控机床控制技术的应用。学生通过学习后，能对数控机床控制技术有一个完整和系统的认识。本书突出实践，每节后有实践技能训练内容，用于提高学生的动手能力。每章前有学习重点和学习目的，每章后有思考练习题，以帮助学生巩固所学的知识。

本书参考学时108课时。建议课时分配如下。

| 序号 | 内　容 | 课时 | 课时分配 | |
|---|---|---|---|---|
| | | | 讲课 | 实训 |
| | 绪论 | 2 | 1 | 1 |
| 第一章 | 常用低压电器 | 12 | 4 | 8 |
| 第二章 | 继电器-接触器控制的基本环节 | 20 | 10 | 10 |
| 第三章 | 常用机床的电气控制线路 | 10 | 5 | 5 |
| 第四章 | 数控机床位置传感器 | 9 | 5 | 4 |
| 第五章 | 数控机床电气驱动元件 | 11 | 5 | 6 |
| 第六章 | 数控机床可编程序控制器 | 14 | 8 | 6 |
| 第七章 | 数控机床伺服系统 | 6 | 6 | |
| 第八章 | 数控机床液压传动 | 14 | 8 | 6 |
| 第九章 | 数控机床气压传动 | 6 | 3 | 3 |
| 第十章 | 数控机床应用实例 | 4 | 4 | |

建议本课程学习结束后，安排一周实习，考取劳动部维修电工初级证，以提高毕业生的就业竞争能力。

本书由天津冶金职业技术学院刘沂任主编，孙世忠、袁小龙任副主编。参加编写的有天津冶金职业技术学院刘沂（绪论、第六章第四节、第十章）、山东省轻工工程学校孙世忠（第一章、第四章）、天津冶金职业技术学院靳哲（第二章）、浙江科技工程学校袁小龙（第三章、第五章）、广州市机电中等专业学校王茜（第六章第一节至第三节、第七章）、浙江科技工程学校孙卫民（第八章、第九章）。本书由湖北十堰职业技术（集团）学校汤学达高级讲师任主审。天津三英新技术发展有限公司何其行总工程师对本书编写给予很多支持和指导，在此表示感谢。

由于编者水平有限，加上编写较为匆忙，谬误欠妥之处在所难免，敬请读者批评指正。

**编　者**

# 目　录

# 绪　论

## 一、数控机床及其特点

1. 数控机床

数字控制（Numerical Control）技术，简称为数控（NC）技术，是指用数字指令来控制机器的动作。采用数控技术的控制系统称为数控系统。采用存储程序的专用计算机来实现部分或全部基本数控功能的数控系统，称为计算机数控（CNC）系统。装备了数控系统的机床称为数控机床。数控技术是为了解决复杂型面零件加工的自动化而产生的。1948 年，美国 PARSONS 公司在研制加工直升机叶片轮廓用检查样板的机床时，首先提出了数控机床的设想，在麻省理工学院的协助下，于 1952 年试制成功了世界上第一台数控机床样机。后经过三年时间的改进和自动程序编制的研究，数控机床进入了实用阶段，市场上出现了商品化数控机床。1958 年，美国 KEANEY-TRECKER 公司首先研制成功了带有自动换刀装置的加工中心。

我国于 1958 年开始研制数控机床，到 20 世纪 60 年代末和 70 年代初，简易的数控线切割机床已在生产中被广泛使用。20 世纪 80 年代初，我国引进了国外先进的数控技术，使我国的数控机床在质量和性能上都有了很大的提高。从 20 世纪 90 年代起，我国已向制造高档数控机床方向发展。

2. 数控机床的特点

1）对加工对象改型的适应性强。为单件、小批量零件加工及试制新产品提供了极大的便利。

2）加工精度高。数控机床的自动加工方式避免了生产者的人为操作误差，同一批加工零件的尺寸一致性好，产品合格率高，加工质量稳定。

3）加工生产率高。数控机床通常不需要专用的工夹具，因而可省去工夹具的设计和制造时间，与普通机床相比，生产率可提高 2~3 倍。

4）减轻了操作工人的劳动强度。操作者不需要进行繁重的重复性手工操作，劳动强度大大减轻。

5）可加工复杂型面。数控机床可以加工普通机床难以加工的复杂型面零件。

6）有利于生产管理的现代化。用数控机床加工零件，能精确估算零件的加工工时，有助于精确编制生产进度表，有利于生产管理的现代化。

7）可向更高级的制造系统发展。数控机床是计算机辅助制造（CAM）的初级阶段，也是 CAM 发展的基础。

8）具有良好的经济效益。在单件、多品种、小批量生产情况下，能够获得良好的经济效益。

## 二、数控机床的组成和分类

1. 数控机床的组成

数控机床是一种利用数控技术、按照事先编好的程序实现动作的机床，它由程序载体、输入装置、数控系统、伺服机构、测量装置、辅助装置和机床机械部件组成，如图 0-1 所示。

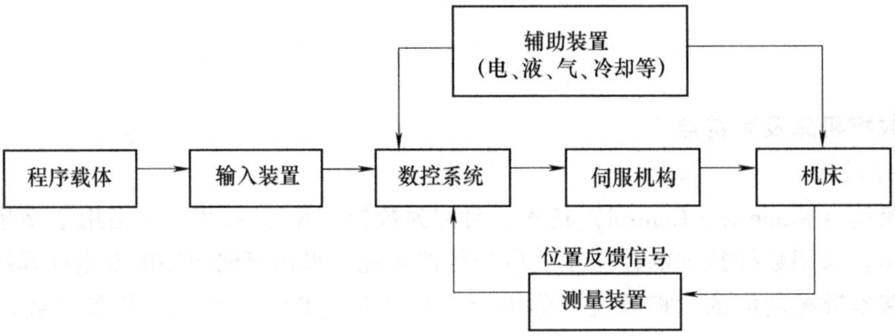


图 0-1 数控机床的组成

（1）程序载体 数控机床是按照输入的零件加工程序运行的。在零件加工程序中，它包括机床上刀具和工件的相对运动轨迹、工艺参数（进给量、主轴转数等）和辅助运动等。将零件加工程序以一定的格式和代码，存储在载体上，通过数控机床的输入装置，将程序信息输入到数控装置内。

（2）输入装置 输入装置的作用是将程序载体内有关加工的信息读入数控装置。根据程序载体的不同，输入装置可以是光电阅读机、录音机或磁盘驱动器等。

现代数控机床，可以不用任何程序载体，将零件加工程序通过数控装置上的键盘，用手动数据输入方式（MDI 方式）输入；或者将加工程序由编程计算机用通信方式传送到数控装置。

（3）数控系统 数控系统是数控机床的核心。它根据输入的程序和数据，完成数值计算、逻辑判断、输入/输出控制等功能。数控系统一般由专用（或通用）计算机、输入/输出接口板及可编程序控制器（PLC）等部分组成。

可编程序控制器是为替代传统的继电器逻辑控制而设计的，利用逻辑运算可实现各种开关量的控制。它在数控机床中主要完成各执行机构的逻辑顺序（M、S、T 功能）控制，如刀具的更换、主轴的起停与变速、切削液的开关、工件的装夹等。数控机床的可编程序控制器有内装型和独立型两种。

内装型是专为实现数控机床顺序控制而设计制造的 PLC；独立型是那些输入/输出接口技术规范、输入/输出点数、程序存储容量以及运算和控制功能等均能满足数控机床控制要求的通用型 PLC。

（4）伺服机构 把来自数控装置的脉冲信号或指令转换成机床移动部件的运动，使工作台精确定位或按规定的轨迹做严格的相对运动，以加工出符合图样要求的零件。伺服机构包括驱动装置和执行元件两部分。常用的执行元件有功率步进电动机、直流伺服电动机及交流伺服电动机等。驱动装置依执行元件的不同而异，常用的有步进电动机驱动器、交流伺服电动机驱动器、脉宽调制直流调速系统等。

（5）测量装置　测量装置一般使用位置传感器，其作用是通过传感器将伺服电动机的角位移和数控机床执行机构的直线位移转换成电信号，输送给数控系统，与指令位置进行比较，并由数控装置发出指令，纠正所产生的误差。

（6）机床　机床由主运动部件、进给运动部件、支承件以及特殊装置和辅助装置组成。它是数控机床的主体，是用于完成各种切削加工的机械部分。

（7）辅助装置　如电、液、气系统，用于冷却、排屑、润滑、防护、储运、照明等。

2. 数控机床的分类

（1）按刀具的运动轨迹分类

1）点位控制。只要求控制刀具从一点移到另一点的准确位置，而对运动轨迹不加控制。在移动过程中，不产生切削动作，如数控坐标镗床、钻床及压力机。

2）直线控制。除了控制点与点之间的准确位置外，还要保证被控制的两点之间移动的轨迹是一条直线，而且移动的速度是按着给定的速度进行控制的，如简易数控车床、数控铣床及数控镗床等。

3）连续控制（轮廓控制）。数控系统能对两个或两个以上运动坐标的位移及速度进行连续相关的控制，使合成的平面或空间的运动轨迹能满足加工要求。由于需要精确地同时控制两个或更多的坐标运动，数据处理的速度比点位控制可能高出1000倍，因此机床的计算机一般要求具有较高速度的数学运算和信息处理能力。这类数控机床主要有数控铣床和数控车床等。

（2）按伺服控制方式分类

1）开环控制。系统无位置传感器。输入的数据经过数控装置的运算，分配出指令脉冲，每一个脉冲送给步进电动机，它就转动一个角度，再通过传动机构使被控制的工作台移动。指令脉冲的频率决定了步进电动机的速度，指令脉冲的数量决定了工作台的位移量，系统没有被控制对象（电动机或工作台）的反馈值，故称为开环控制。

开环控制的精度受传动链误差的限制，而控制速度受执行机构（步进电动机）的限制，即机床的加工精度主要取决于步进电动机及传动链的精度。此系统线路简单，调整方便，但精度较差，常用于小型或简易数控机床，如图0-2所示。

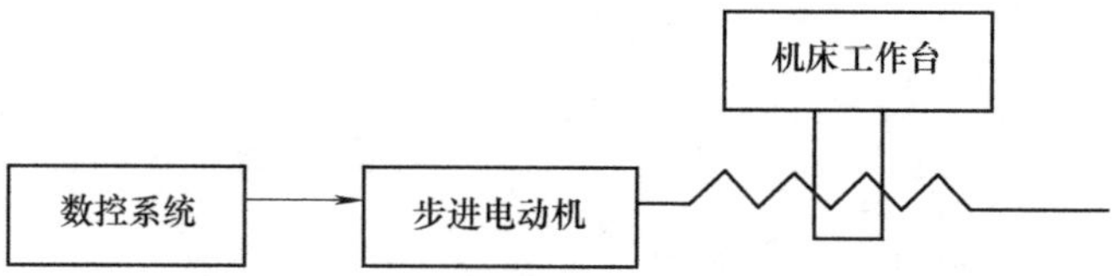


图0-2　开环系统

2）闭环控制。系统中有位置传感器。数控装置不仅根据位移指令要求发出控制脉冲，使机床做规定的运动，而且通过位置传感器检测出工作台的实际位移量与设定的指令值随时进行比较，利用其差值进行控制，直至差值到零为止。此种控制系统称为闭环控制。位置传感器有长光栅、长磁栅和长感应同步器等。

闭环控制的优点是精度高、速度快，缺点是线路复杂，调试、维修技术要求高，成本也高。闭环控制常用于大型或高精度的数控机床，如图0-3所示。

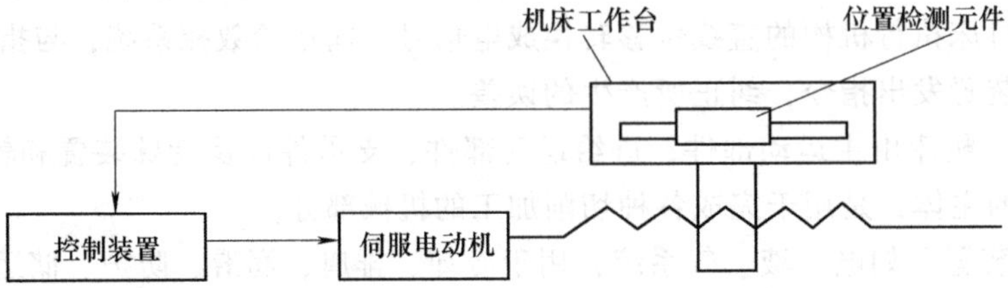


图0-3 闭环系统

3）半闭环控制。位置传感器不是直接反映机床的位移量，而是检测伺服机构的转角，再将此信号反馈到比较器与指令值进行比较，用差值控制。由于工作台的最终位移没有完全包括在控制回路内，因此称为半闭环控制，如图0-4所示。半闭环控制应用最多的位置传感器为旋转变压器和脉冲编码器等。

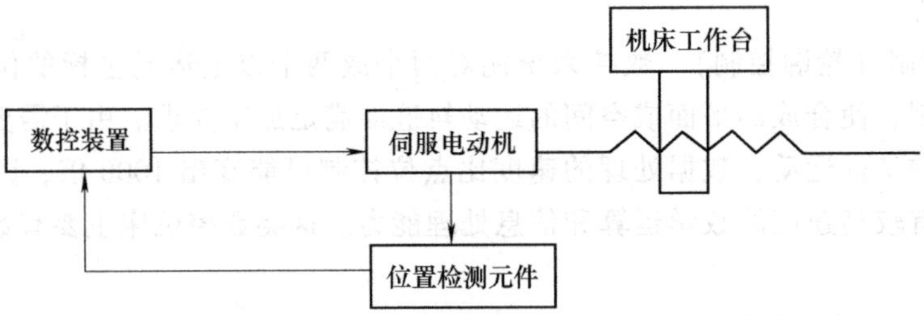


图0-4 半闭环系统

半闭环控制方式介于开环控制与闭环控制之间，精度没有闭环高，调试却比闭环方便，兼顾两者的特点。

（3）按工艺用途分类 可分为普通数控机床、加工中心机床、多坐标数控机床和数控特种加工机床等。

（4）按功能水平分类 可分为经济型数控机床、标准型数控机床和多功能型数控机床等。

(一) 开启式负荷开关

开启式负荷开关又称瓷底胶盖刀开关，简称闸刀开关。生产中常用的是HK系列开启式负荷开关，适用于照明和小容量电动机控制线路中，供手动不频繁地接通和分断电路，并起短路保护作用。

1. 开启式负荷开关结构

HK系列负荷开关由刀开关和熔断器组合而成，结构如图1-3a所示。开关的瓷底座上装有进线座、静触点、熔体、出线座和带瓷质手柄的刀式动触点，上面盖有胶盖以防止操作时触及带电体或分断时产生的电弧飞出伤人。

开启式负荷开关在电路图中的符号如图1-3b所示。

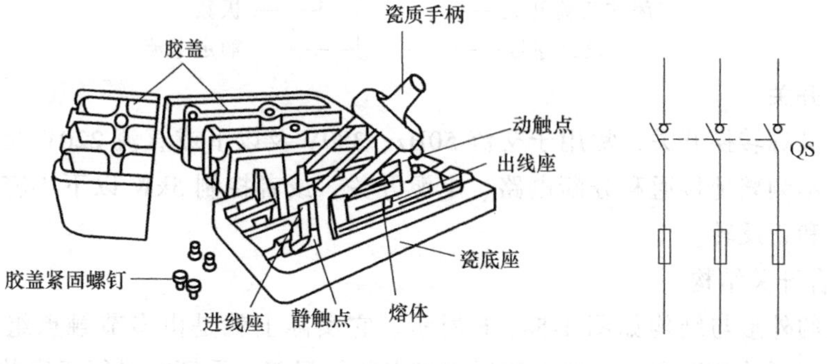

a) 结构　　b) 符号

图1-3　HK系列开启式负荷开关

2. 开启式负荷开关型号

开启式负荷开关型号及含义如下。

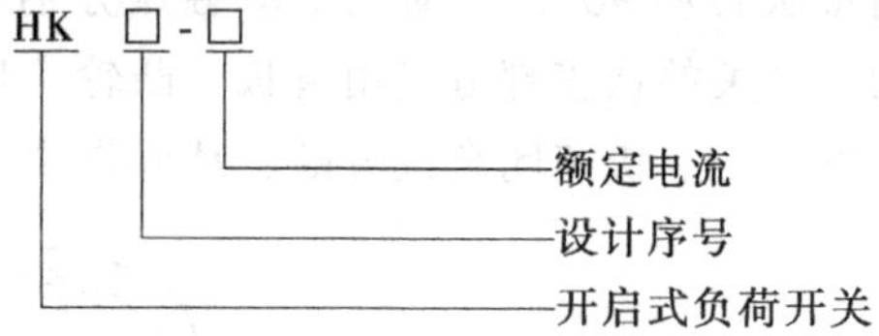


(二) 封闭式负荷开关

封闭式负荷开关是在开启式负荷开关的基础上改进设计的一种开关，可用于手动不频繁地接通和断开带负载的电路以及作为线路末端的短路保护，也可用于控制15kW以下的交流电动机不频繁地直接起动和停止。

1. 封闭式负荷开关结构

常用的封闭式负荷开关有HH和HH4系列，其中HH4系列为全国统一设计产品，其结构如图1-4所示。它主要由触点及灭弧系统、熔断器及操作机构等部分组成。三把闸刀固定在一根绝缘方轴上，由手柄完成分、合闸的操作。在操作机构中，手柄转轴与底座之间装有速动弹簧，使刀开关的接通和

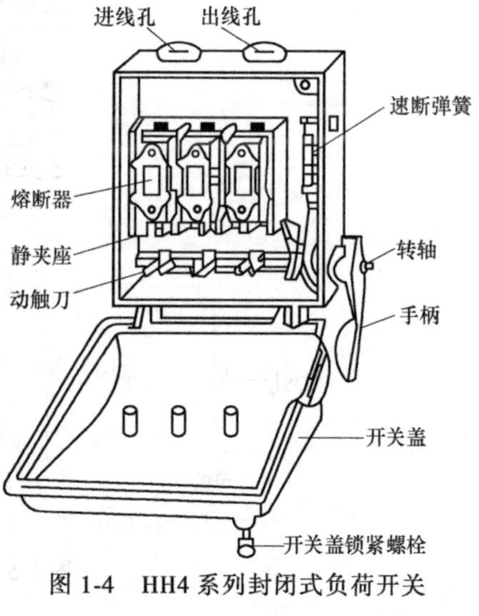

图1-4　HH4系列封闭式负荷开关

断开速度与手柄操作速度无关。封闭式负荷开关的操作机构有两个特点：一是采用了储能合闸方式，利用两根弹簧使开关的分合速度与手柄操作速度无关，这既改善了开关的灭弧性能，又能防止触点停滞在中间位置，从而提高了开关的通断能力，延长其寿命；二是操作机构上装有机械联锁，它可以保证开关合闸时不能打开防护铁盖；而打开防护铁盖时，不能将开关合闸。

封闭式负荷开关在电路图中的符号与开启式负荷开关相同。

2. 封闭式负荷开关型号

封闭式负荷开关型号及含义如下。

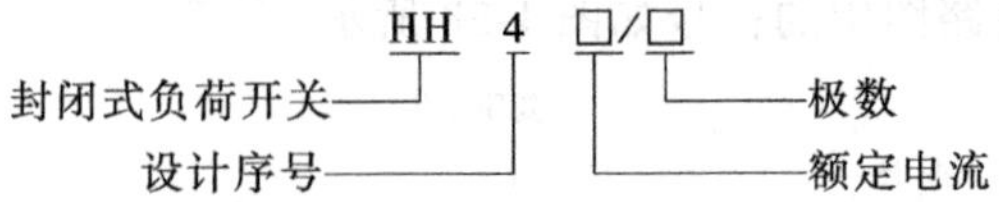


**二、组合开关**

组合开关又称转换开关，常用于交流 50Hz、380V 及以下或直流 220V 及以下的电气线路中，供手动不频繁地接通和分断电路、电源开关，或者控制 5kW 以下小容量异步电动机的起动、停止和正反转。

（一）组合开关结构

组合开关的外形与结构如图 1-5a、b 所示。它实际上就是由多节触点组合而成的刀开关。与普通闸刀开关的区别是组合开关用动触点代替闸刀，手柄在平行于安装面的平面内可左右转动。开关的三对静触点分别装在三层绝缘垫板上，并附有接线柱，用于与电源及用电设备相接。动触点是用磷铜片（或硬紫铜片）与具有良好灭弧性能的绝缘金属栅片铆合而成，并和绝缘垫板一起套在附有手柄的方形绝缘转轴上。手柄和转轴能在平行于安装面的平面内沿顺时针或逆时针方向每次转动 90°，带动三个动触点分别与三对静触点接触或分离，实现接通或分断电路的目的。开关的顶盖部分是由滑板、凸轮、弹簧和手柄等构成的操作机构。由于采用了弹簧储能，可使触点快速闭合或分断，从而提高了开关的通断能力。

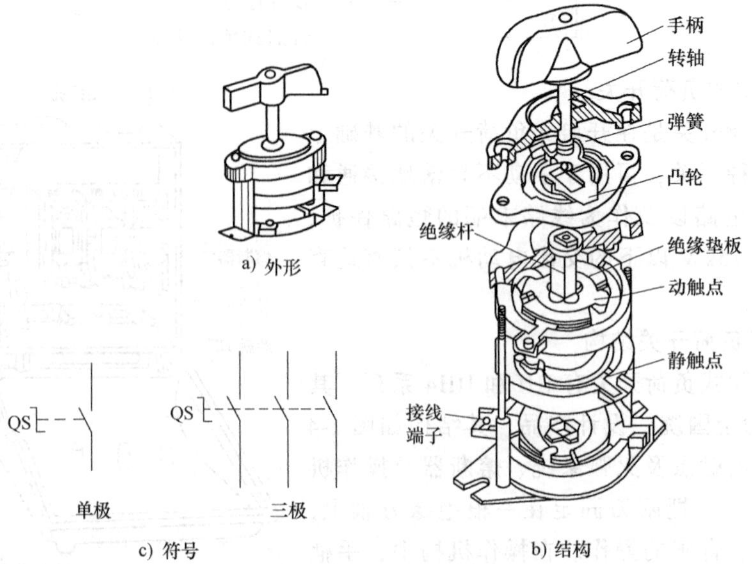


图 1-5 HZ10-10/3 型组合开关

组合开关的常用产品有 HZ6、HZ10、HZ15 系列。一般在电气控制线路中普遍采用的是 HZ10 系列的组合开关。

组合开关有单极、双极和多极之分。普通类型的转换开关各极是同时通断的；特殊类型的转换开关是各极交替通断，以满足不同的控制要求。其表示方法类似于万能转换开关。

（二）组合开关型号

组合开关型号含义如下。

HZ　10 - □　□/□

组合开关——HZ
设计序号——10
额定电流——第一个□
开关专门用途代号——第二个□
极数——第三个□

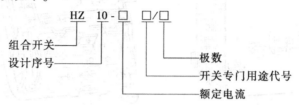

HZ10 系列组合开关在电路图中的符号如图 1-5c 所示。

**三、低压断路器**

低压断路器即低压自动空气开关，又称空气断路器。它既能带负荷通断电路，又能在失压、短路和过负荷时自动跳闸，保护线路和电气设备，是低压配电系统和电力拖动系统中常用的重要保护电器之一。

低压断路器具有操作安全、工作可靠、动作值可调、分断能力较强等优点，因此得到广泛应用。

低压断路器按结构形式可分为塑料壳式和框架式两大类。框架式低压断路器主要用作配电系统的保护开关，而塑料壳式低压断路器除用作配电系统的保护开关外，还用作电动机、照明线路的控制开关。在此重点介绍塑料壳式的低压断路器。

（一）低压断路器结构及工作原理

塑料壳式低压断路器，原称装置式自动空气式断路器。它把所有的部件都装在一个塑料壳里，结构紧凑、安全可靠、轻巧美观，可以独立安装。它的形式有很多种，以前最常用的是 DZ10 型，较新的还有 DZX10、DZ20 等。在电气控制线路中，主要采用的是 DZ5 型和 DZ10 系列低压断路器。

1. DZ5-20 型低压断路器

DZ5-20 型低压断路器为小电流系列，其外形和结构如图 1-6 所示。断路器主要由动触点、静触点、灭弧装置、操作机构、热脱扣器、电磁脱扣器及外壳等部分组成。其结构采用立体布置，操作机构在中间，上面是由加热元件和双金属片等构成的热脱扣器，用于过载保护。热脱扣器还配有电流调节装置，可以调节整定电流。下面是由线圈和铁心等组成的电磁脱扣器，用作短路保护。它也有一个电流调节装置，用于调节瞬时脱扣整定电流。主触点在操作机构后面，由动触点和静触点组成，配有栅片灭弧装置，用以接通和分断主回路的大电流。另外还有动合辅助触点、动断辅助触点各一对。动合触点、动断触点指的是在电器没有外力作用、没有带电时触点的自然状态。当接触器未工作或线圈未通电时，处于断开状态的触点称为动合触点（曾称为常开触点），处于接通状态的触点称为动断触点（曾称为常闭触点）。辅助触点可作为信号指示或控制电路用。主触点、辅助触点的接线柱均伸出壳外，以便于接线。在外壳顶部还伸出接通（绿色）和分断（红色）按钮，通过储能弹簧和杠杆机构实现断路器的手动接通和分断操作。

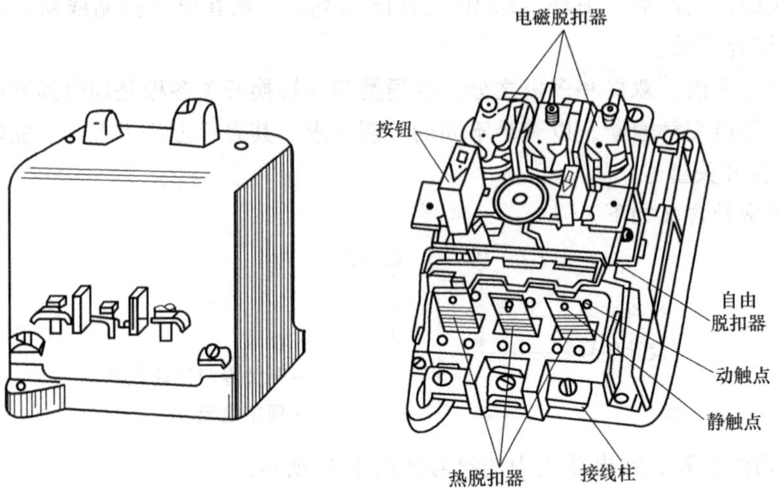


a) 外形　　b) 结构

图 1-6　DZ5-20 型低压断路器

断路器的工作原理如图 1-7 所示。使用时断路器的三对主触点串联在被控制的三相电路中，按下接通按钮时，外力使锁扣克服反作用弹簧的反力，将固定在锁扣上面的动触点与静触点闭合，并由锁扣锁住搭钩使动静触点保持闭合，开关处于接通状态。

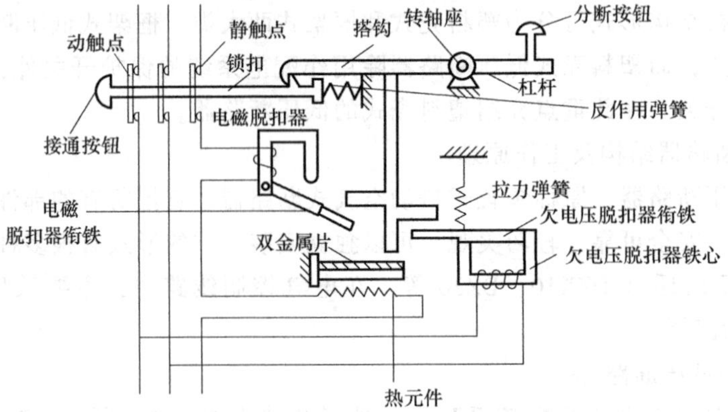


图 1-7　低压断路器工作原理示意图

当线路发生过载时，过载电流流过热元件产生一定的热量，使双金属片受热向上弯曲，通过杠杆推动搭钩与锁扣脱开，在反作用弹簧的推动下，动、静触点分开，从而切断电路，使用电设备不致因过载而烧毁。

当线路发生短路故障时，短路电流超过电磁脱扣器的瞬时脱扣整定电流，电磁脱扣器产生足够大的吸力将衔铁吸合，通过杠杆推动搭钩与锁扣分开，从而切断电路，实现短路保护。低压断路器出厂时，电磁脱扣器的瞬时脱扣整定电流一般整定为 $10I_N$（$I_N$ 为断路器的额定电流）。

欠电压脱扣器的动作过程与电磁脱扣器恰好相反。需要手动分断电路时，按下分断按钮即可。

2. DZ10 型低压断路器

DZ10 系列为大电流系列，其额定电流的等级有 100A、250A、600A 三种，分断能力为

7~50kA。在机床电气系统中常用 250A 以下的等级，作为电气控制柜的电源总开关。通常将它装在控制柜内，将手柄伸在外面，露出“分”与“合”的字样。

DZ10 型低压断路器可根据需要装设热脱扣器（用双金属片作为过负荷保护，电磁脱扣器只作为短路保护）和复式脱扣器（可同时实现过负荷保护和短路保护）。

DZ10 型低压断路器的操作手柄有以下三个位置。

1）合闸位置：手柄向上扳，搭钩被锁扣扣住，主触点闭合。

2）自由脱扣位置：搭钩被释放（脱扣），手柄自动移至中间，主触点断开。

3）分闸和再扣位置：手柄向下扳，主触点断开，使搭钩又被锁扣扣住，从而完成了“再扣”的动作，为下一次合闸做好了准备。如果断路器自动跳闸后，不把手柄扳到再扣位置（即分闸位置），则不能直接合闸。

DZ10 型低压断路器采用钢片灭弧栅，因为脱扣器的脱扣速度快，灭弧时间短，一般断路时间不超过一个周期（0.02s），断流能力就比较大。

3. 漏电保护断路器

漏电保护断路器通常称为漏电开关，是一种安全保护电器，在线路或设备出现对地漏电或人身触电时，迅速自动断开电路，能有效地保证人身和线路的安全。电磁式电流动作型漏电保护断路器工作原理如图 1-8 所示。

漏电保护断路器主要由零序互感器 TA、漏电脱扣器 $W_S$、试验按钮 SB、操作机构和外壳组成。实质上就是在一般的自动开关中增加一个能检测电流的感受元件零序互感器和漏电脱扣器。零序互感器是一个环形封闭的铁心，主电路的三相电源线均穿过零序互感器的铁心，为互感器的一次绕组；环形铁心上绕有二次绕组，其输出端与漏电脱扣器的线圈相接。在电路正常工作时，无论三相负载电流是否平衡，通过零序电流互感器一次侧的三相电流相量和为零，二次侧没有电流。当出现漏电和人身触电时，漏电或触电电流将经过大地流回电源的中性点，零序电流互感器一次侧三相电流的相量和不为零，互感器的二次侧将感应出电流，此电流通过漏电脱扣器线圈使其动作，因此低压断路器分闸切断主电路，从而保障了人身安全。

为了经常检测漏电开关的可靠性，开关上设有试验按钮，与一个限流电阻 $R$ 串联后跨接于两相线路上。当按下试验按钮后，漏电保护断路器立即分闸，证明该开关的保护功能良好。

（二）低压断路器符号

低压断路器在电路图中的符号如图 1-9 所示。

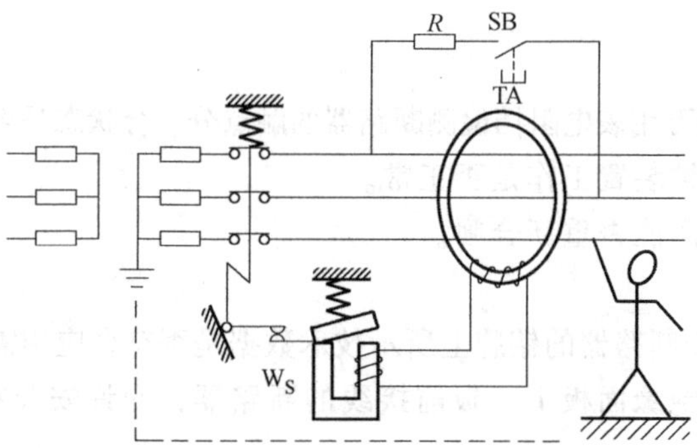


图 1-8　漏电保护断路器工作原理图

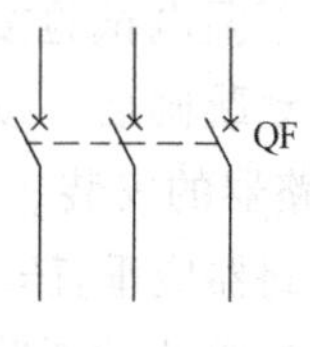


图 1-9　低压断路器的符号

（三）低压断路器型号

低压断路器型号及含义如下。

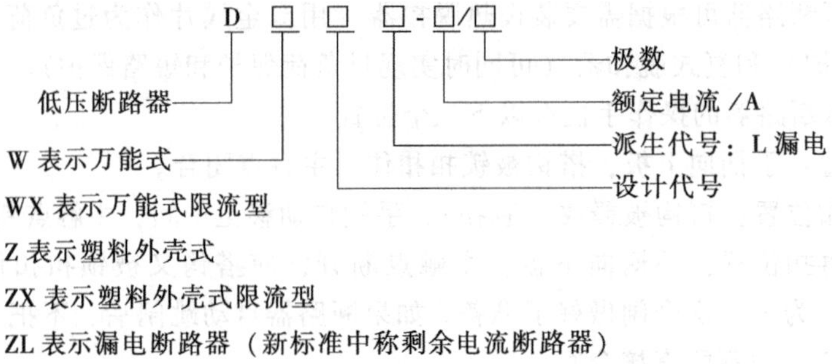


## 实践技能训练 1-1 低压开关安装和检测

**一、训练目标**

1）了解刀开关、组合开关、断路器的结构。

2）掌握组合开关、断路器的检测方法。

3）掌握脱扣器电流的整定方法。

**二、工具材料**

常用电工工具一套（含螺钉旋具、镊子、钢丝钳、尖嘴钳、小刀等），万用表一块。组合开关及断路器根据实际情况准备。

**三、训练指导**

1. 组合开关的检测

1）将手柄旋转到某一挡位置，用万用表电阻挡测试各组触点是否全部接通或全部断开。若不是，则说明开关已坏。

2）将手柄沿顺时针或逆时针方向转动 90°，按上述要求继续测试，直到将所有档位测试完毕。

3）手柄在某一个档位时，若触点全部接通，将手柄沿顺时针或逆时针方向转动 90°，则触点应全部断开。每次转动 90°，所有触头通、断状态应交替变化。

4）外观检测每层叠片配合是否紧密。旋转手柄，操作机构动作应灵活无阻滞，动、静触点的分、合迅速，松紧一致。

2. 断路器的测试

1）合上、断开断路器的操作手柄，用万用表电阻挡检测断路器的触点分、合状态是否正常。

2）按下漏电试验按钮，检测漏电保护装置工作是否正常。

3）自动跳闸后，按下复位按钮，检测能否重新合闸。

3. 断路器的安装、使用及维护

1）断路器应垂直安装，安装前应检查断路器的铭牌上所示技术数据是否符合应用需要。

2）板后接线的断路器，必须安装在绝缘面板上；板前接线的断路器，允许安装在金属骨架上。

3）安装断路器底板结构应平整，否则在旋紧安装螺钉时，断路器胶木底座会受到弯曲应力而损坏。为了防止飞弧，应将断路器的裸母线从胶木壳出线处包以 200mm 宽的绝缘物。

4）电源侧的导线应接在断路器灭弧室侧的接线端上，负载侧的导线应接在脱扣器一端。连接导线的截面积必须和脱扣器的额定电流相适应，以免截面太小时导线发热影响脱扣器性能。

5）要分断断路器时必须将手柄推向“分”字处，要闭合时则将手柄推向“合”字处。

6）装在断路器电流脱扣器双金属片与牵引杆的调节螺钉，不得任意调整，以免影响脱扣器的动作而发生事故。

7）断路器在正常情况下应定期维护，一般为六个月至一年维修一次。转动部分若有不灵活或润滑油已干燥时可添加润滑油。

8）断路器在断开短路电流后，应立即进行外观检查。具体如下。

① 触点接触是否良好？螺钉、螺母是否拧紧（尤其是导电部分）？

② 绝缘部分是否清洁？发现不清洁之处或留有金属粒子残渣时应清除干净。

③ 灭弧室的栅片是否有短路？若有，应用锉刀等工具将其消除，以免再次遇到短路电流时，影响断路器的可靠分断。

9）安装在无显著振动和冲击的地方。

10）安装在没有雨雪侵袭的地方。

4. 选用注意事项

1）断路器的额定工作电压大于或等于线路额定电压。

2）断路器的额定电流大于或等于线路额定电流。

3）断路器的额定短路通断能力大于或等于线路中可能出现的最大短路电流（按有效值计算）。

## 第三节　熔　断　器

熔断器是一种主要用作短路保护的电器。由于它具有结构简单、价格便宜，使用和维护较方便等优点，因此得到广泛应用。

### 一、熔断器结构和工作原理

（一）熔断器结构

熔断器一般由熔断体和底座组成。熔断体主要包括熔体、填料（有的没有填料）、熔管、熔座、触刀、盖板、熔断指示器等部件。熔断器结构图如图 1-10 所示。

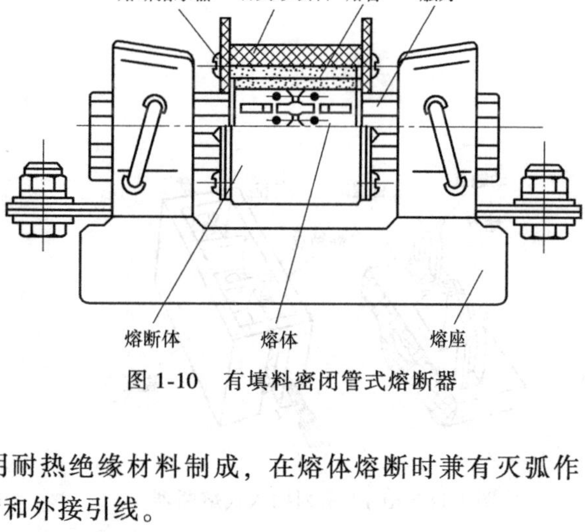

图 1-10　有填料密闭管式熔断器

熔体是熔断器的主要组成部分，常做成丝状、片状或栅状。熔体的材料通常有两种：一种是由铅、铅锡合金或锌等低熔点材料制成，多用于小电流电路；另一种是由银、铜等较高熔点的金属制成，多用于大电流电路。熔管是熔体的保护外壳，用耐热绝缘材料制成，在熔体熔断时兼有灭弧作用。熔座是熔断器的底座，作用是固定熔管和外接引线。

（二）熔断器工作原理

熔断器利用金属导体作为熔体串联在被保护的电路中，当电路发生过载或短路故障，通过熔断器的电流超过某一规定值时，以其自身产生的热量使熔体熔断，从而自动分断电路，实现过载和短路保护。

熔断器对过载反应是很不灵敏的，当电气设备发生轻度过载时，熔断器将持续很长时间才熔断，有时甚至不熔断。因此，除在照明电路中外，熔断器一般不宜用作过载保护，主要用作短路保护。

## 二、常用低压熔断器

熔断器按结构形式分为半封闭插入式、无填料封闭管式、有填料封闭管式和自复式四类。

（一）RC1A 系列插入式熔断器（瓷插式熔断器）

1. RC1A 系列插入式熔断器型号

RC1A 系列插入式熔断器型号及含义如下。

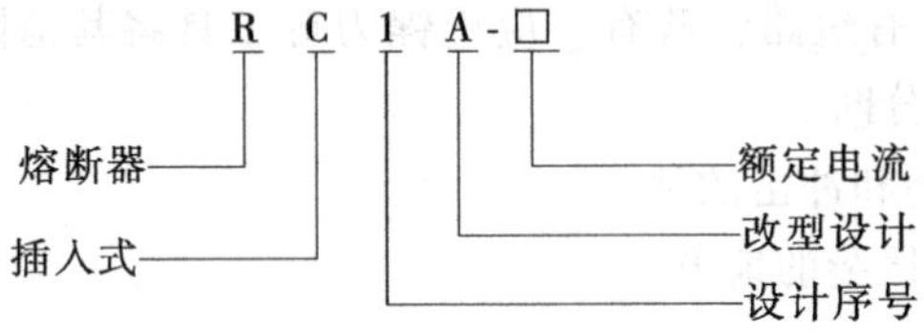


2. RC1A 系列插入式熔断器结构

RC1A 系列插入式熔断器是将熔丝用螺钉固定在瓷盖上，然后插入底座，它由瓷座、瓷盖、动触点、静触点及熔丝等部分组成，其结构如图 1-11 所示。

3. RC1A 系列插入式熔断器用途

RC1A 系列插入式熔断器一般用在交流 50Hz、额定电压 380V 及以下或额定电流 200A 及以下的低压线路末端或分支电路中，作为电气设备的短路保护及一定程度的过载保护。

（二）RL1 系列螺旋式熔断器

1. RL1 系列螺旋式熔断器结构

RL1 系列螺旋式熔断器属于有填料封闭管式，其外形和结构如图 1-12 所示。它主要由瓷帽、熔管、瓷套、上接线座、下接线座及瓷座等部分组成。

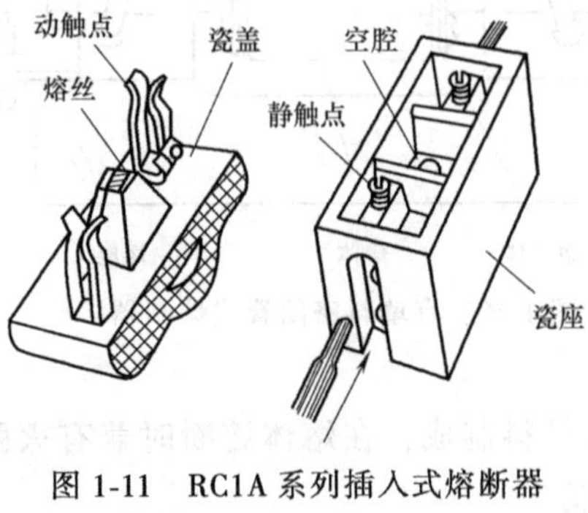


图 1-11 RC1A 系列插入式熔断器

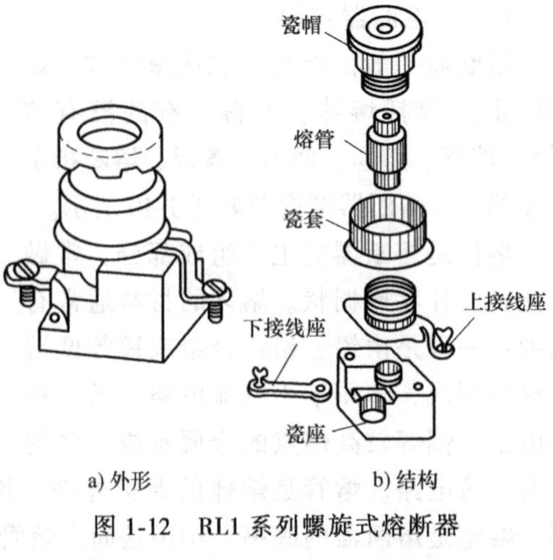


a) 外形 b) 结构

图 1-12 RL1 系列螺旋式熔断器

当熔断器的熔体熔断的同时，金属丝也熔断，弹簧释放，把指示件顶出，以显示熔断器已经动作，透过瓷帽上的玻璃可以看见。熔体熔断后，只要旋开瓷帽，取出已熔断的熔体，装上与此相同规格的熔体，再旋入瓷座内即可正常使用，操作安全方便。

2. RL1 系列螺旋式熔断器用途

RL1 系列螺旋式熔断器广泛应用于控制箱、配电屏、机床设备及振动较大的场合，在交流额定电压 500V、额定电流 200A 及以下的电路中，作为短路保护器件。

（三）RM10 系列无填料封闭管式熔断器

1. RM10 系列无填料封闭管式熔断器型号

RM10 系列无填料封闭管式熔断器型号及含义如下。

R M 10 - □/□ □

- R：熔断器
- M：无填料封闭管式
- 10：设计序号
- 第一个□：熔断器额定电流
- 第二个□：辅助规格代号（Q 表示板前接线，H 表示板后接线）
- 第三个□：熔体额定电流

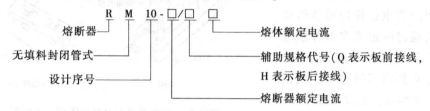

2. RM10 系列无填料封闭管式熔断器结构

RM10 系列无填料封闭式熔断器主要由纤维管、变截面的锌熔片、夹头及夹座等部分组成。RM10 型熔断器的外形与结构如图 1-13 所示。当发生短路时，熔体在最细处熔断，并且多处同时熔断，有助于提高分断能力。熔体熔断时，电弧被限制在封闭管内，不会向外喷出，故使用起来较为安全。另外，在熔断过程中，密闭管内产生高压气体，压迫电弧，加强离子的复合，从而改善了灭弧的特性，使电弧熄灭。

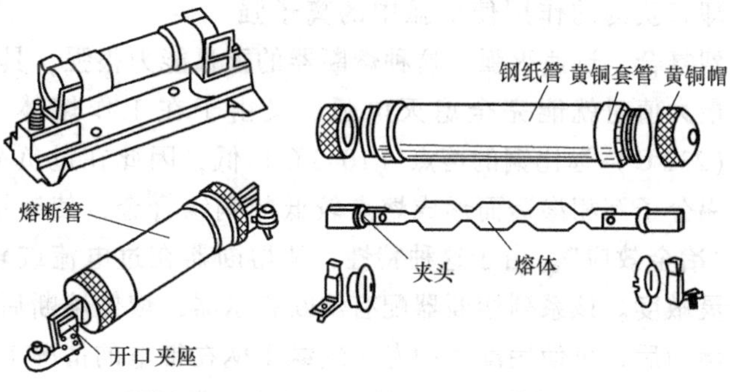


a) 外形　　b) 结构

图 1-13 RM10 系列无填料封闭式熔断器

3. RM10 系列无填料封闭管式熔断器用途

RM10 系列无填料封闭管式熔断器适用于交流 50Hz、额定电压 380V 或直流额定电压 440V 及以下电压等级的动力系统和成套配电设备中，作为导线、电缆及较大容量电气设备的短路和连续过载保护。

（四）RT0 系列有填料封闭管式熔断器

1. RT0 系列有填料封闭管式熔断器型号

RT0 系列有填料封闭管式熔断器型号及含义如下。

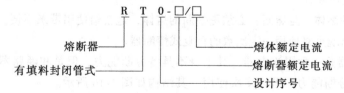

R T 0 - □/□

- R：熔断器
- T：有填料封闭管式
- 0：设计序号
- 第一个□：熔断器额定电流
- 第二个□：熔体额定电流

2. RT0 系列有填料封闭管式熔断器结构

RT0 系列有填料封闭管式熔断器主要由瓷熔管、栅状铜熔体、触刀、底座等部分组成，其外形与结构如图 1-14 所示。

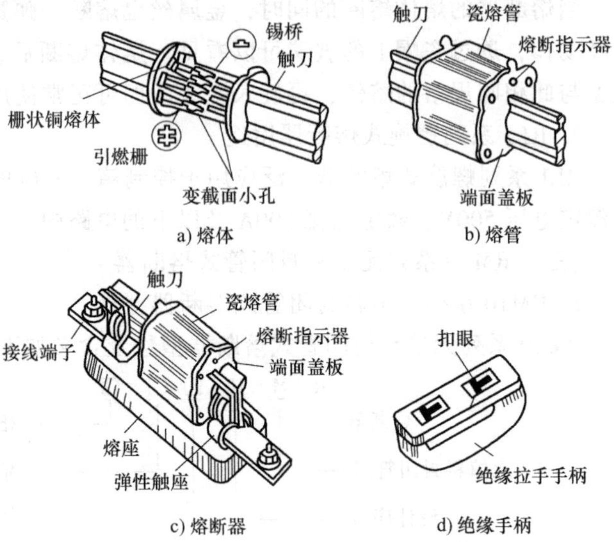


图 1-14 RT0 系列有填料封闭管式熔断器

RT0 系列有填料封闭管式熔断器的熔体是栅状纯铜片，中间用锡桥连接，即在中部弯曲处焊有锡层。由于引燃栅的等电位作用可使熔体在短路电流通过时形成多根并联电弧，熔体上还有若干变截面小孔，可使熔体在短路电流通过时在截面较小的地方先熔断，形成多段短弧。在熔体周围填满了石英砂，由于冷却和狭沟的作用使电弧中的离子强烈复合，迅速灭弧。这种熔断器的灭弧能力很强，具有限流的作用，即在短路电流还未达到最大值时就能完全熄灭电弧。又由于在工作熔体（铜熔丝）上焊有小锡球，锡的熔点（232℃）远比铜的熔点（1083℃）低，因此在过负荷电流通过时，锡球受热首先溶化，铜锡分子互相渗透而形成熔点较低的铜锡合金，使铜熔丝也能在较低的温度下熔断，这称为“冶金效应”。由于这种特性，使熔断器在过电流或较小的短路电流时动作，提高了保护的灵敏度。该系列熔断器配有熔断指示器，熔体熔断后，显示出醒目的红色熔断信号。当熔体熔断后，可使用配备的专用绝缘手柄在带电的情况下更换熔管，装取方便，安全可靠。

3. RT0 系列有填料封闭管式熔断器用途

RT0 系列有填料封闭管式熔断器是一种大分断能力的熔断器，广泛用于短路电流较大的电力输配电系统中，作为电缆、导线和电气设备的短路保护及导线、电缆的过载保护。

（五）快速熔断器

快速熔断器又称半导体器件保护用熔断器，主要用于硅元件变流装置内部的短路保护。由于硅元件的过载能力差，因此要求短路保护元件应具有快速动作的特征。快速熔断器能满足这种要求，且结构简单、使用方便，动作灵敏可靠，因而得到了广泛应用。快速熔断器的典型结构如图 1-15 所示。

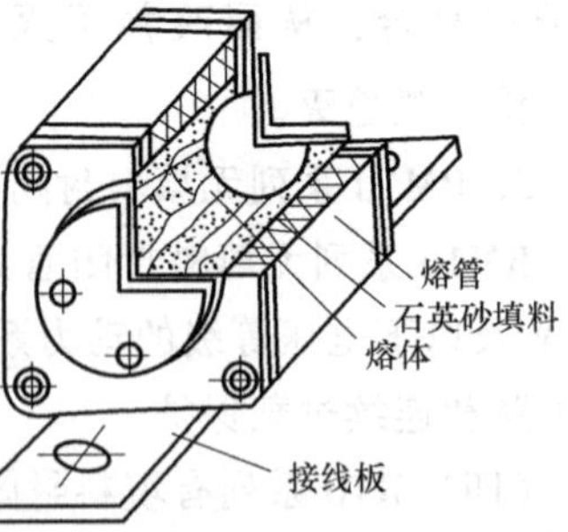


图 1-15 快速熔断器的典型结构图

（六）自复式熔断器

常用熔断器的熔体一旦熔断，必须更换新的熔体，这就给使用带来不便，而且延缓了供电时间。近年来，出现重复使用一定次数的自复式熔断器。

自复式熔断器是一种限流电器，其本身不具备分断能力，但是和断路器串联使用时，可以提高断路器的分断能力，可以多次使用，其结构如图 1-16 所示。

自复式熔断器的熔体是应用非线性电阻元件（如金属钠等）制成，在常温下是固体，电阻值较小，构成电流通路。在短路电流产生的高温下，熔体汽化，阻值剧增，即瞬间呈现高阻状态，从而将故障电流限制在较小的数值范围内。

各种熔断器在电路图中的符号均为图 1-17 所示样式。

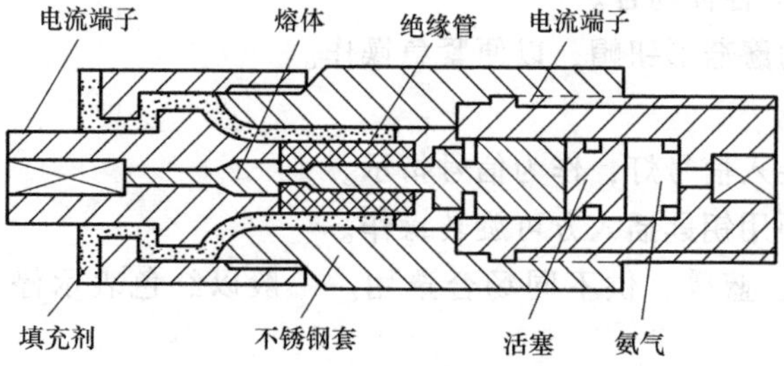


图 1-16 自复式熔断器结构图

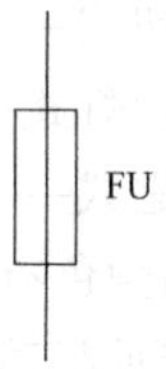


图 1-17 熔断器的符号

# 第四节 主令电器

主令电器主要用于接通或断开控制电路以发出指令或信号，达到对电力拖动系统的控制。主令电器主要有按钮、位置开关和万能转换开关等。

## 一、按钮

按钮是一种用人力（一般为手指或手掌）操作，并具有储能（弹簧）复位的一种控制开关。按钮的触点允许通过的电流较小，一般不超过 5A，因此一般情况下它不直接控制主电路，而是在控制电路中发出指令或信号去控制接触器、继电器等电器，再由它们去控制主电路的通断、功能转换或电气联锁。

### （一）按钮结构

按钮一般由按钮帽、复位弹簧、动触点、动合（常开）触点、动断（常闭）触点、支柱连杆及外壳等部分组成，如图 1-18 所示。

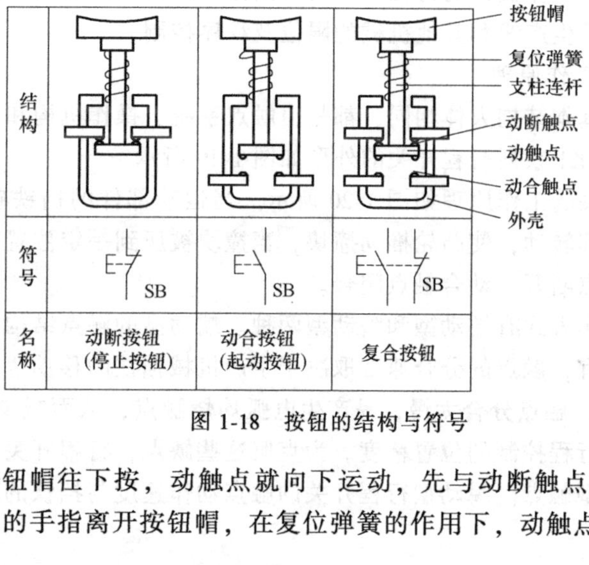


图 1-18 按钮的结构与符号

操作时，将按钮帽往下按，动触点就向下运动，先与动断触点分断，再与动合触点接通，一旦操作人员的手指离开按钮帽，在复位弹簧的作用下，动触点向上运动，恢复初始位置。在复位的过程中，先是动合触点分断，然后是动断触点闭合。

为了便于操作人员识别，避免发生误操作，生产中用不同的颜色和符号标志来区分按钮的功能及作用。按钮的符号如图 1-18 所示。

（二）按钮型号

按钮的结构型式有多种，适合于以下各种场合。

1）紧急式——装有红色突出在外的蘑菇形钮帽，以便紧急操作。

2）旋钮式——用手旋转进行操作。

3）指示灯式——在透明的按钮内装入信号灯，作为信号指示。

4）钥匙式——为使用安全起见，须用钥匙插入方可旋转操作。

按钮的颜色有红、绿、黑、黄、白、蓝等，供不同场合选用。一般以红色表示停止按钮，绿色表示起动按钮。

按钮的型号及含义如下。

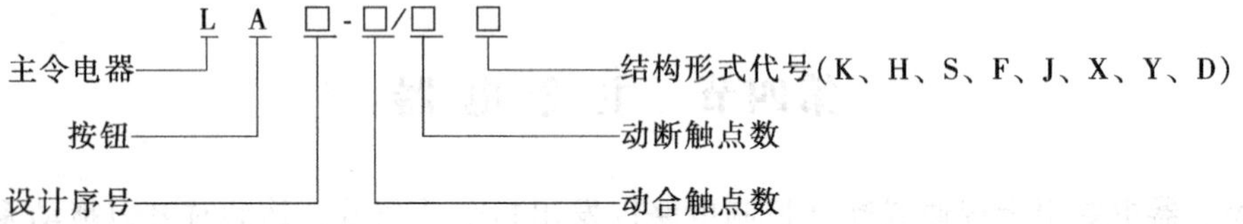


其中结构形式代号的含义如下。

K——开启式，适用于嵌装在操作面板；H——保护式，带保护外壳，可防止内部零件受机械损伤或人偶然触及带电部分；S——防水式，具有密封外壳，可防止雨水侵入；F——防腐式，能防止腐蚀性气体进入；J——紧急式，作为紧急切断电源用；X——旋钮式，用旋钮旋转进行操作，有通和断两个位置；Y——钥匙操作式，用钥匙插入进行操作，可防止误操作或供专人操作；D——光标按钮，按钮内装有信号灯，作为信号指示。

**二、位置开关**

位置开关包括行程开关（限位开关）、微动开关、接近开关等。

（一）行程开关

行程开关是用以反应工作机械的行程位置而发出命令以控制其运动方向和行程大小的开关，主要用于机床、自动生产线和其他机械的限位及程序控制。

1. 行程开关结构及工作原理

各系列行程开关的基本结构大体相同，都是由触点系统、操作机构和外壳组成。常见的有直动式和滚轮式。JLXK1 系列行程开关的外形如图 1-19 所示。

JLXK1 系列行程开关的工作原理如图 1-20 所示。当运动部件的挡铁碰压行程开关的滚轮时，杠杆连同转轴一起转动，使凸轮推动撞块，当撞块被压到一定位置时，推动微动开关快速动作，使其动断触点断开，动合触点闭合。

行程开关的触点动作方式有蠕动型和瞬动型两种。蠕动型的触点结构与按钮相似，其特点是结构简单、价格便宜，触点的分合速度取决于生产机械挡铁的移动速度。当挡铁的移动速度小于 0.47m/min 时，触点分合太慢，易产生电弧灼烧触点，从而减少触点的使用寿命，也影响动作的可靠性及行程控制的位置精度。为克服这些缺点，行程开关一般都采用具有快速换接动作机构的瞬动型触点。瞬动型行程开关的触点动作速度与挡铁的移动速度无关，性能显然优于蠕动型。

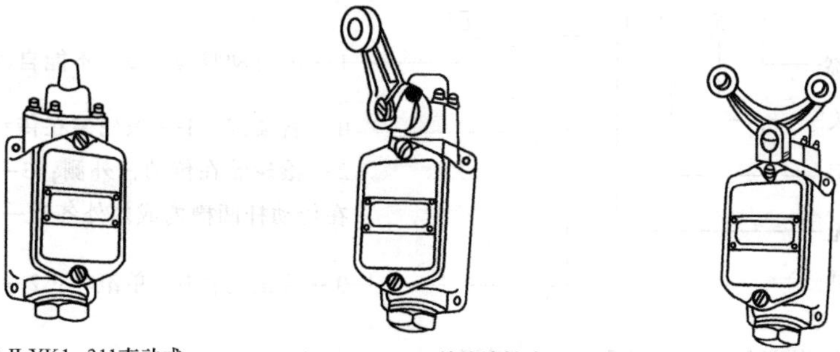

a) JLXK1－311直动式　　b) JLXK1－111单轮旋转式　　c) JLXK1－211双轮旋转式

图 1-19　JLXK1 系列行程开关

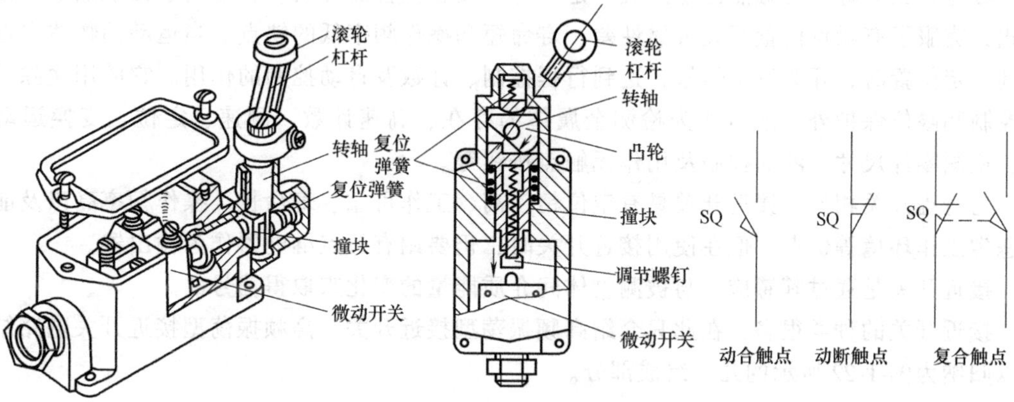


a) 结构　　b) 工作原理　　c) 符号

图 1-20　JLXK1-111 型行程开关的结构和工作原理

LX19K 型行程开关是瞬动型触点，其工作原理如图 1-21 所示。当运动部件的挡铁碰压顶杆时，顶杆向下移动，压缩弹簧使之储存一定的能量。当顶杆移动到一定位置时，弹簧的弹力方向发生改变，同时储存的能量得以释放，完成跳跃式快速换接动作。当挡铁离开顶杆时，顶杆在弹簧的作用下向上移动，上移到一定位置，接触桥瞬时进行快速换接，触点迅速恢复到原状态。

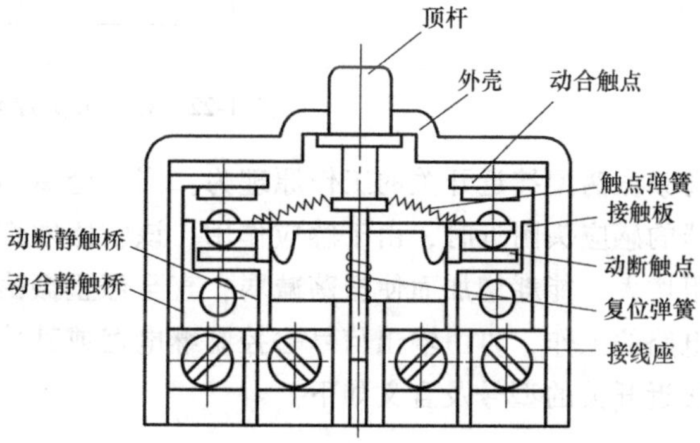


图 1-21　LX19K 型行程开关的工作原理

行程开关动作后，复位方式有自动复位和非自动复位两种，图 1-19a、b 所示的直动式和单轮旋转式均为自动复位式。但有的行程开关动作后不能自动复位，如图 1-19c 所示的双轮旋转式行程开关。只有运动机械反向移动，挡铁从相反方向碰压另一滚轮时，触点才能复位。

2. 行程开关型号

常用的行程开关有 LX19 等系列，其型号含义如下。

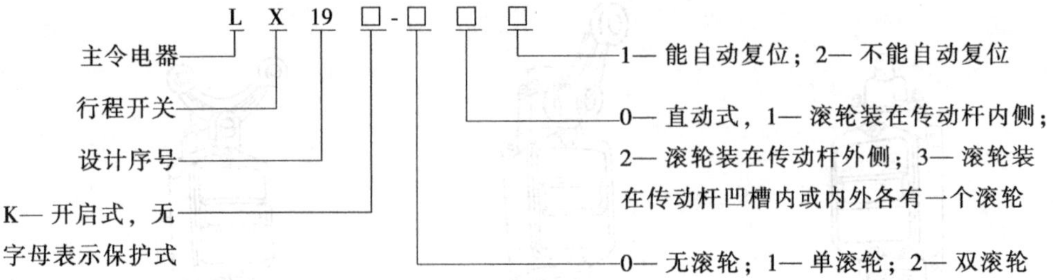


行程开关在电路中的符号如图 1-20c 所示。

（二）接近开关

接近开关又称为无触点位置开关，是一种非接触型检测开关。它采用了无触点电子结构形式，克服了有触点位置开关可靠性差、寿命短和操作频率低的缺点。当运动的物体靠近开关到一定位置时，开关发出信号，达到行程控制、计数及自动控制的作用。它的用途除了行程控制和限位保护外，还可作为检测金属体的存在、高速计数、测速、定位、变换运动方向、检测零件尺寸、液面控制及用作无触点按钮等。

与行程开关相比，接近开关具有定位精度高、工作可靠、寿命长、操作频率高以及能适应恶劣工作环境等优点。但在使用接近开关时，仍要用有触点继电器作为输出器。

接近开关是通过其感应头与被测物体间介质能量的变化来取得信号的。

接近开关的种类很多，在此只介绍高频振荡型接近开关。高频振荡型接近开关电路结构可以归纳为图 1-22 所示的几个组成部分。

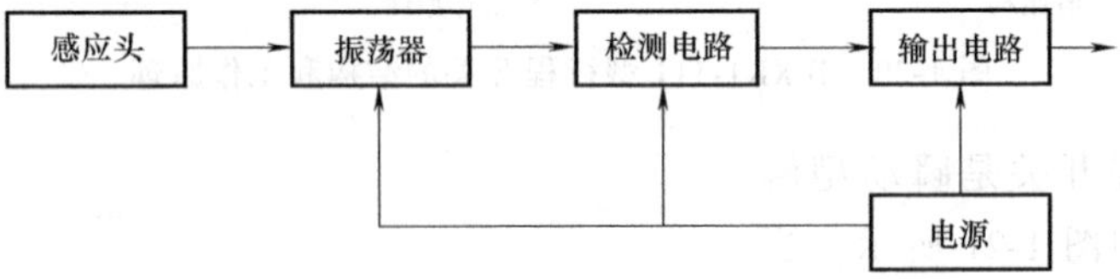


图 1-22 接近开关原理框图

高频振荡型接近开关的工作原理为：当有金属物体靠近一个以一定频率稳定振荡的高频振荡器的感应头附近时，由于感应作用，该物体内部会产生涡流及磁滞损耗，以致振荡回路因电阻增大、能耗增加而使振荡减弱，直至停止振荡。检测电路根据振荡器的工作状态控制输出电路的工作，再由输出信号去控制继电器或其他电器，以达到控制目的。

接近开关的型号及含义如下。

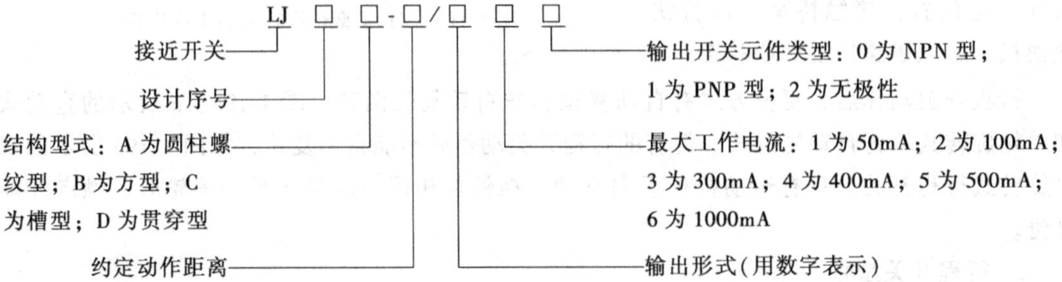

## 三、万能转换开关

万能转换开关实际是多挡位、控制多回路的组合开关，主要用作控制线路的转换及电气测量仪表的转换，也可用于控制小容量异步电动机的起动、换向及调速。由于触点挡数多、换接线路多、能控制多个回路，适应复杂线路的要求，故称为万能转换开关。

### （一）万能转换开关结构与工作原理

万能转换开关主要由接触系统、操作机构、转轴、手柄、定位机构等部件组成，用螺栓组装成整体，其外形及工作原理如图 1-23 所示。

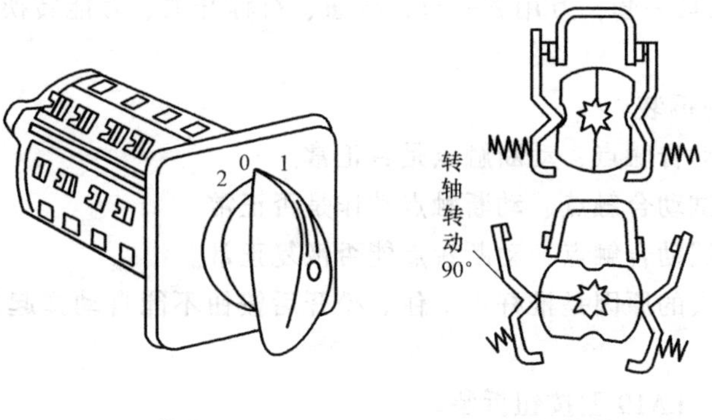


a) 外形　　b) 凸轮通断触点示意图

图 1-23　LW5 系列万能转换开关

万能转换开关的接触系统由许多接触元件组成，每一接触元件均有一胶木触点座，中间装有一对或三对触点，分别由凸轮通过支架操作。操作时，手柄带动转轴和凸轮一起旋转，凸轮可推动触点接通或断开，如图 1-23b 所示。由于凸轮的形状不同，当手柄处于不同的操作位置时，触点的分合情况也不同，从而达到换接电路的目的。

万能转换开关在电路图中的符号如图 1-24a 所示。图中“-○○-”代表一路触点，竖的虚线表示手柄位置。当手柄置于某一位置上时，就在处于接通状态的触点下方的虚线上标注黑点“●”表示。触点的通断也可用图 1-24b 所示的触点分合表来表示。表中“×”号表示触点闭合，空白表示触点分断。

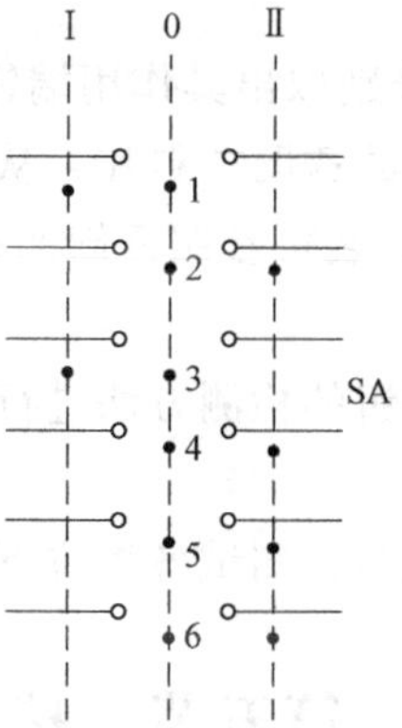


a) 符号

| 触点号 | I | 0 | II |
|---|---|---|---|
| 1 | × | × | |
| 2 | | × | × |
| 3 | × | × | |
| 4 | | × | × |
| 5 | | × | × |
| 6 | | × | × |

b) 触点分合表

图 1-24　万能转换开关的符号

### (二) 万能转换开关型号

LW5 系列的型号及含义如下。

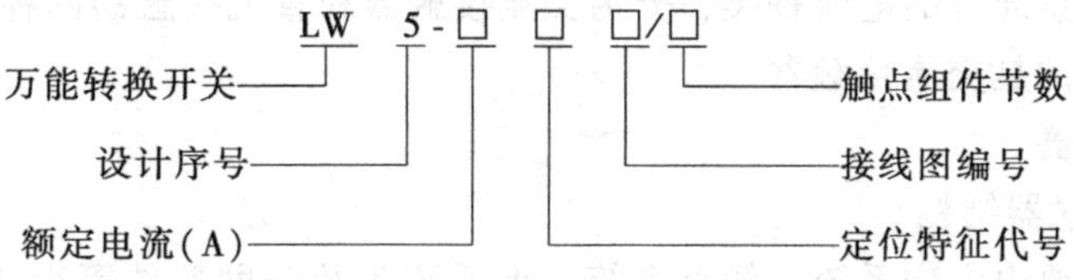

## 实践技能训练1-2 主令电器安装和检修

**一、训练目标**

1）熟悉常用主令电器的类型及安装方法。

2）掌握常用电器的检修方法。

**二、工具材料**

常用电工组合工具一套，万用表一只，按钮、行程开关、万能转换开关各一个。

**三、训练指导**

1. 按钮的检测与拆装

1）常态下测试动合触点、动断触点是否正常。

2）按下按钮测试动合触点、动断触点动作是否正常。

3）松开按钮测试动合触点、动断触点能否恢复正常。

4）按钮按不下去的原因是推杆被卡住。松开后按钮不能自动弹起的原因是恢复弹簧弹力不足。

5）按钮的拆卸；LA19型按钮拆装。

① 旋开按钮底部的两只紧固螺钉，将按钮分三部分，即按钮帽、触点开关和安放在两者之间绝缘垫片。

② 旋下按钮帽里的紧固螺钉，取出端钮作用簧片，取下按钮及复位弹簧。

③ 分别旋下触点两侧外壳上的紧固螺钉，并将开关分成三部分，即两侧的两组动合、动断触点和中间的绝缘支架。

④ 将两侧的开关拆开，分别取出其作用端钮、复位弹簧、弹簧垫片、动触点作用弹簧、动触点，取下装在静触点中间的透明塑料片，从外侧分别取出静触点。

6）按钮的安装。按钮的安装可参照拆卸的相反过程进行。

2. 行程开关的测试

行程开关的测试可参照按钮的检测方法进行。

3. 万能转换开关的测试

根据万能转换开关的电气图，测试各挡位下触点的通断状态是否符合要求。

## 第五节 接 触 器

接触器是一种自动的电磁式开关，适用于远距离频繁地接通或断开交、直流主电路及大容量控制电路。其主要控制对象是电动机，也可用于控制其他负载。它不仅能实现远距离自动操作和欠电压释放保护功能，而且具有控制容量大、工作可靠、操作频率高、寿命长等优点。

接触器按主触点通过的电流种类，分为交流接触器和直流接触器两种。在机床电气控制线路中，主要采用的是交流接触器。

**一、交流接触器**

（一）交流接触器结构

交流接触器主要由电磁系统、触点系统、灭弧装置及辅助部件等组成。CJ10-20型交流接触器的结构如图 1-25 所示。

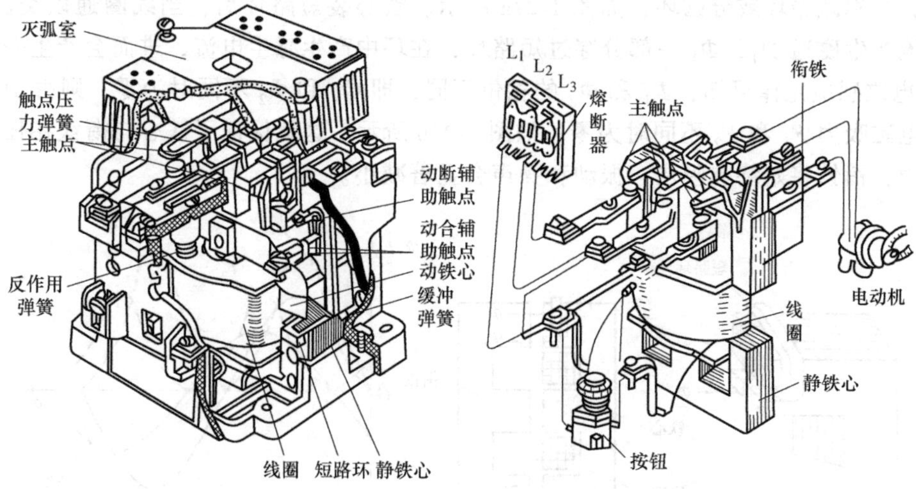


a) 结构　　b) 工作原理

图 1-25 交流接触器的结构和工作原理

1. 电磁系统

交流接触器的电磁系统主要由线圈、静铁心和衔铁三部分组成。其作用是利用电磁线圈的通电或断电，使衔铁和静铁心吸合或释放，从而带动动触点与静触点闭合或分断，实现接通或断开电路的目的。

CJ10 系列交流接触器的衔铁运动方式有两种，对于额定电流为 40A 及以下的接触器，采用图 1-26a 所示的衔铁直线运动螺管式；对于额定电流为 60A 及以上的接触器，采用图 1-26b 所示的衔铁绕轴转动拍合式。

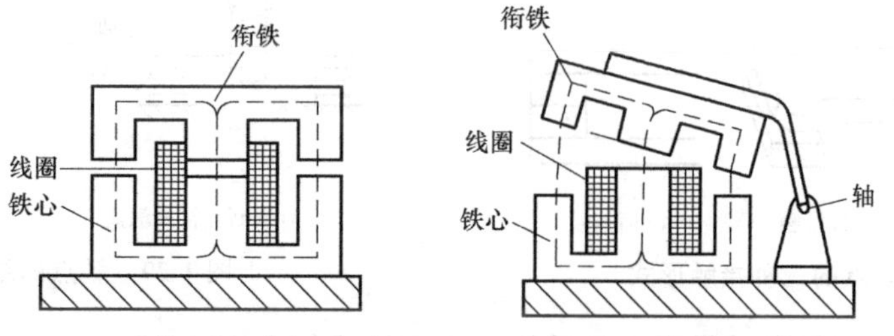


a) 衔铁直线运动式　　b) 衔铁绕轴转动拍合式

图 1-26 交流接触器电磁系统结构图

为了减少工作过程中交变磁场在铁心中产生的涡流及磁滞损耗，避免铁心过热，交流接触器的铁心和衔铁一般用 E 形硅钢片叠压铆成。尽管如此，铁心仍是交流接触器发热的主要部件。为增大铁心的散热面积，避免线圈与铁心直接接触而受热烧损，交流接触器的线圈一般做成粗而短的圆筒形，并且绕在绝缘骨架上，使铁心与线圈之间有一定间隙。另外，E 形铁心的中柱端面需留有 0.1~0.2mm 的空气隙，以减小剩磁影响，避免线圈断电后衔铁粘住不能释放。

交流接触器在运行过程中，线圈中通入的交流电在铁心中产生交变的磁通，因此铁心与衔铁间的吸力也是变化的。这会使衔铁产生振动，发出噪声。为消除这一现象，在交流接触器铁心和衔铁的两个不同端部各开一个槽，槽内嵌装一个用铜、康铜或镍铬合金材料制成的短路环，又称减振环或分磁环，如图 1-27a 所示。铁心装短路环后，当线圈通以交流电时，线圈电流产生磁通 $\Phi_1$，$\Phi_1$ 一部分穿过短路环，在环中产生感生电流，进而会产生一个磁通 $\Phi_2$，由电磁感应定律可知，$\Phi_1$ 和 $\Phi_2$ 的相位不同，即 $\Phi_1$ 和 $\Phi_2$ 不同时为零，则由 $\Phi_1$ 和 $\Phi_2$ 产生的电磁吸力 $F_1$ 和 $F_2$ 不同时为零，如图 1-27b 所示。这就保证了铁心与衔铁在任何时刻都有吸力，衔铁将始终被吸住，振动和噪声会显著减小。

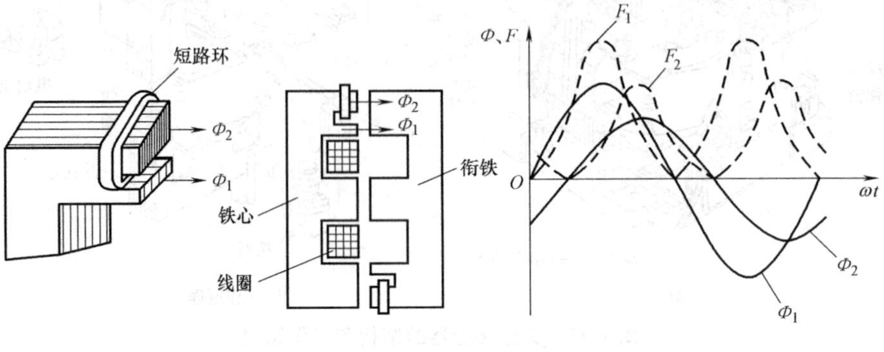


a) 磁通示意图　　b) 电磁吸力图

图 1-27　加短路环后的磁通和电磁吸力图

2. 触点系统

触点按接触情况可分为点接触式、线接触式和面接触式三种，如图 1-28 所示。按触点的结构形式划分，有桥式触点和指形触点两种，如图 1-29 所示。

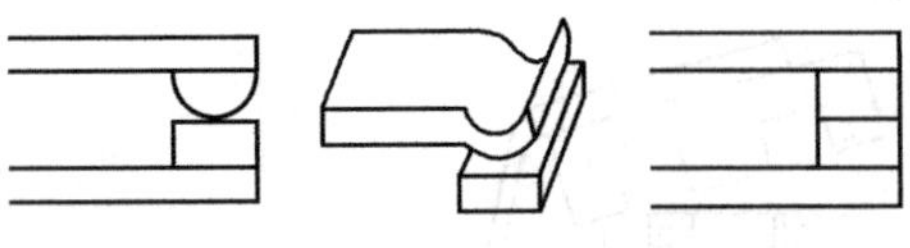

a) 点接触　　b) 线接触　　c) 面接触

图 1-28　触点的三种接触形式

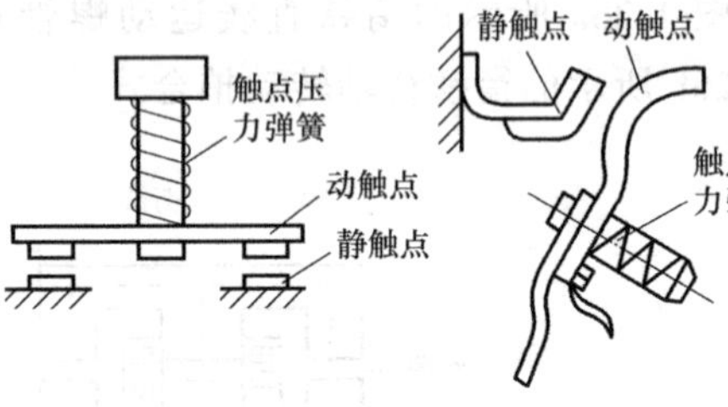


a) 双断点桥式触点　　b) 指形触点

图 1-29　触点的结构形式

CJ10 系列交流接触器的触点一般采用双断点桥式触点。

按通断能力划分，交流接触器的触点分为主触点和辅助触点。主触点用以通断电流较大的主电路，一般由三对接触面较大的动合触点组成。辅助触点用以通断电流较小的控制电路，一般由两对动合触点和两对动断触点组成。

3. 灭弧装置

交流接触器在断开大电流或高电压电路时，在动、静触点之间会产生很强的电弧。电弧的产生，一方面会灼伤触点，减少触点的寿命；另一方面会使电路切断时间延长，甚至造成弧光短路或引起火灾事故。容量在 10A 以上的接触器中都装有灭弧装置。在交流接触器中常用的灭弧方法有以下几种。

(1) 双断口电动力灭弧　双断口结构的电动力灭弧装置如图 1-30a 所示。这种灭弧方法是将整个电弧分割成两段，同时利用触点回路本身的电动力 $F$ 使电弧向两侧运动并拉长，使电弧热量在拉长的过程中散发、冷却而熄灭。

(2) 纵缝灭弧 纵缝灭弧装置如图 1-30b 所示。由高温陶土、石棉水泥等材料制成的灭弧罩内每相有个或多个纵缝，缝的下部较宽以便放置触点；缝的上部较窄，以便压缩电弧，使电弧与灭弧室壁有很好的接触。当触点分断时，电弧被外磁场或电动力吹入缝内，其热量传递给灭弧室壁，电弧被迅速冷却熄灭。

(3) 栅片灭弧 栅片灭弧装置的结构及工作原理如图 1-31 所示。灭弧栅片由镀铜或镀锌铁片制成，形状一般为人字形，栅片插在灭弧罩内，各片之间相互绝缘。当动触点与静触点分断时，在触点间产生电弧，电弧电流在其周围产生磁场。由于灭弧栅片的磁阻远小于空气的磁阻，因此电弧上部的磁通容易通过金属栅片而形成闭合磁路，这就造成了电弧周围空气中的磁场上疏下密。磁场对电弧产生向上的作用力，将电弧拉到栅片间隙中，灭弧栅片将电弧分割成若干个串联的短电弧。每个灭弧栅片成为短电弧的电极，将总电弧压降分成几段，灭弧栅片间的电弧电压都低于燃弧电压，同时灭弧栅片将电弧的热量吸收散发，使电弧迅速冷却，促使电弧尽快熄灭。

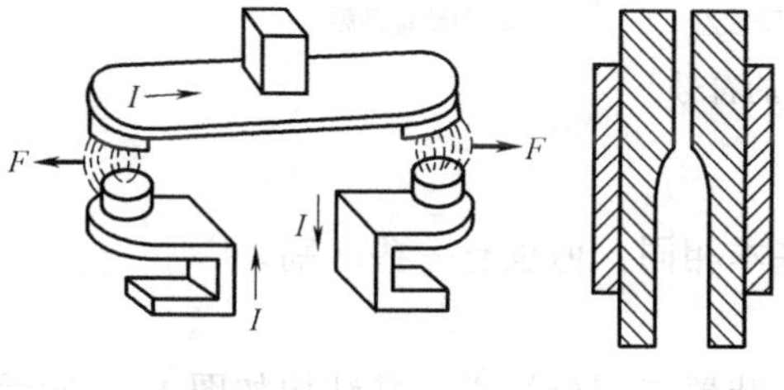


a) 双断口电动力灭弧　　b) 纵缝灭弧

图 1-30 灭弧装置图

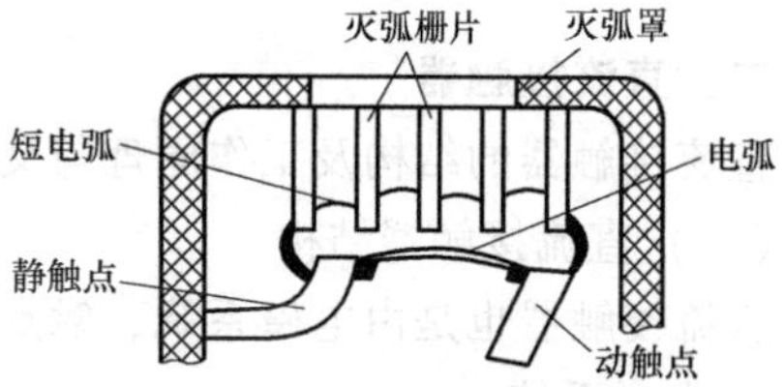


图 1-31 栅片灭弧装置

4. 辅助部件

交流接触器的辅助部件有反作用弹簧、缓冲弹簧、触点压力弹簧、传动机构及底座、接线柱等。反作用弹簧的作用是线圈断电后，推动衔铁释放，使各触点恢复原状态。缓冲弹簧的作用是缓冲衔铁在吸合时对静铁心和外壳的冲击力。触点压力弹簧作用是增加动、静触点间的压力，从而增大接触面积，以减小接触电阻。传动机构的作用是在衔铁或反作用弹簧的作用下，带动动触点实现与静触点的接通或分断。

(二) 交流接触器型号

交流接触器型号及含义如下。

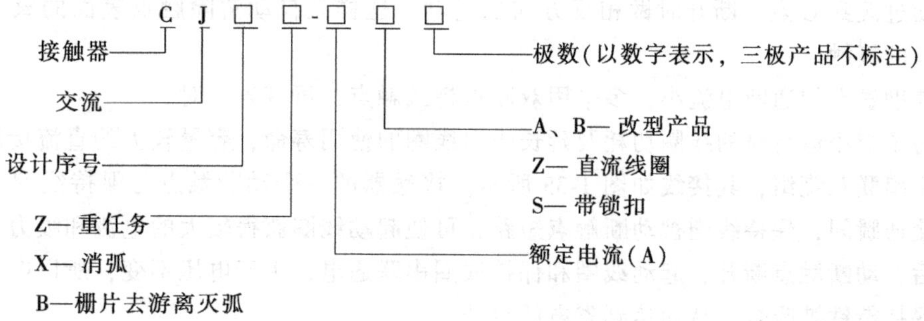

（三）交流接触器工作原理

交流接触器的工作原理如图1-25b所示。当接触器的线圈通电后，线圈中流过的电流产生磁场，使静铁心产生足够大的吸力，克服反作用弹簧的反作用力，将衔铁吸合，通过传动机构带动三对主触点和动合辅助触点闭合，动断辅助触点断开。当接触器线圈断电或电压显著下降时，由于电磁吸力消失或过小，衔铁在反作用弹簧力的作用下复位，带动各触点恢复到原始状态。

常用的CJ0、CJ10等系列的交流接触器在0.85～1.05倍的额定电压下，能保证可靠吸合。

交流接触器在电路图中的符号如图1-32所示。

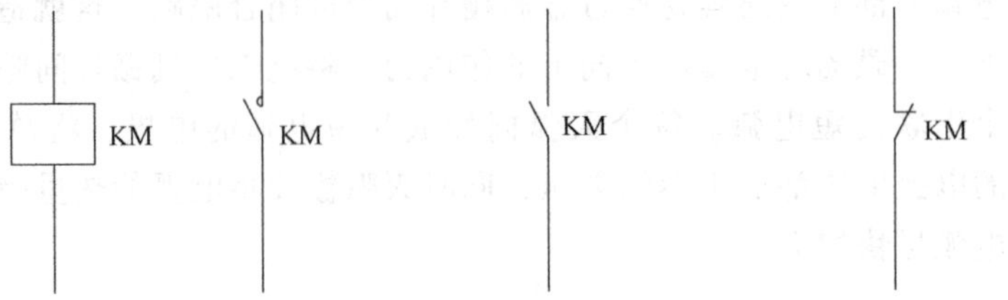

a) 线圈　b) 主触点　c) 动合辅助触点　d) 动断辅助触点

图1-32　接触器的符号

## 二、直流接触器

直流接触器的结构及工作原理与交流接触器基本相同，但也有一些区别。

（一）直流接触器结构

直流接触器也是由电磁系统、触点系统和灭弧装置三部分组成，其结构如图1-33所示。

1. 电磁系统

直流接触器的电磁系统由线圈、铁心和衔铁组成，其电磁系统采用衔铁绕棱角转动的拍合式。由于线圈通过的是直流电，铁心中不会因产生涡流和磁滞损耗而发热，因此铁心可用整块铸钢或铸铁制成，铁心端面也不需嵌装短路环。为保证线圈断电后衔铁能可靠释放，在磁路中常垫有非磁性垫片，以减少剩磁影响。直流接触器线圈的匝数比交流接触器多，电阻值大，铜损大，是接触器中发热的主要部件。为使线圈散热良好，通常把线圈做成长而薄的圆筒形且不设骨架，使线圈与铁心间距很小，以借助铁心来散发部分热量。

2. 触点系统

由于主触点接通和断开的电流较大，多采用滚动接触的指形触点，以延长触点的使用寿命。其结构如图1-34所示，在触点闭合过程中，动触点与静触点先在A点接触，然后经B点滑动过渡到C点。断开时做相反方向的运动，这样就自动清除触点表面的氧化膜，保证了可靠的接触。

辅助触点的通断电流小，多采用双断点桥式触点，可有若干对。

为了减小运行时的线圈功耗及延长吸引线圈的使用寿命，容量较大的直流接触器线圈往往采用串联双绕组，其接线如图1-35所示。接触器的一个动断触点与保持线圈并联。在电路刚接通瞬间，保持线圈被动断触点短路，可使起动线圈获得较大的电流和吸力。当接触器动作后，动断触点断开，起动线圈和保持线圈串联通电，由于电压不变，所以电流较小，但仍可保持衔铁被吸合，从而达到省电的目的。

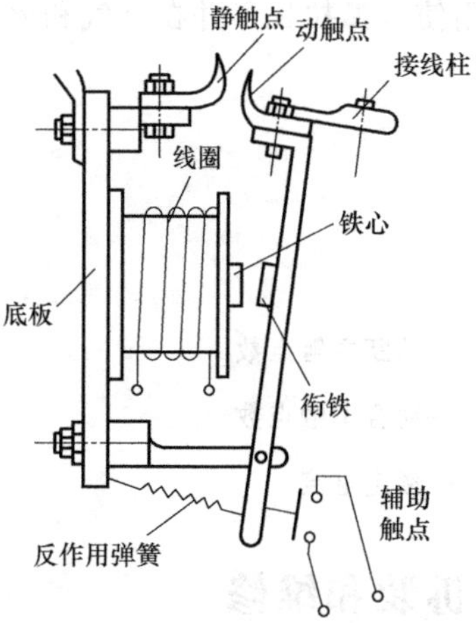


图 1-33 直流接触器的结构图

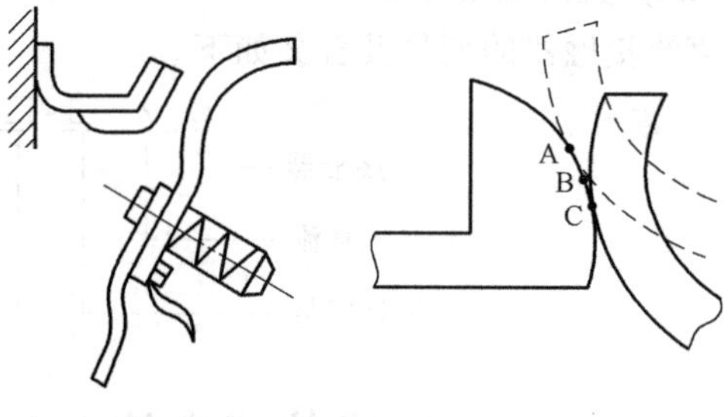


a) 外形结构 b) 触点接触过程示意图

图 1-34 滚动接触的指形触点

3. 灭弧装置

直流接触器一般采用磁吹灭弧装置结合其他灭弧方法灭弧。磁吹灭弧装置主要由磁吹线圈、铁心、两块导磁夹板、灭弧罩和引弧角等部分组成，其结构如图 1-36 所示。

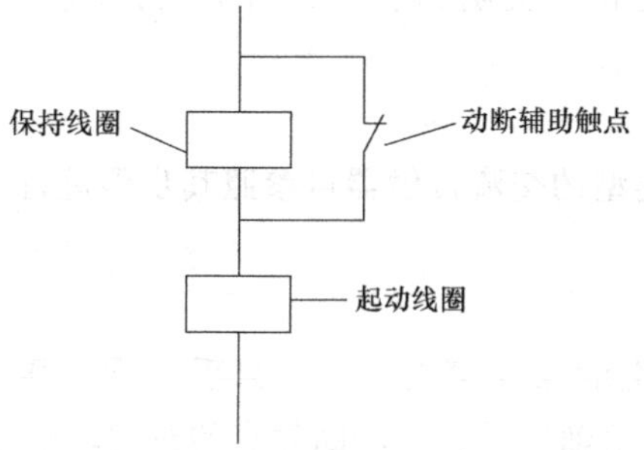


图 1-35 直流接触器双绕组线圈接线图

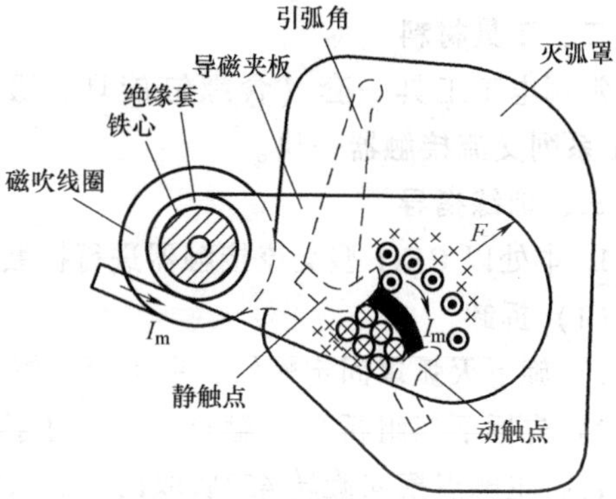


图 1-36 磁吹灭弧装置

磁吹灭弧装置的工作原理为：当接触器的动、静触点分断时，在触点间产生电弧，短时间内电弧通过自身仍维持负载电流继续存在，此时该电流便在电弧未熄灭之前形成两个磁场。一个是该电流在电弧周围形成的磁场，其方向可用右手定则确定，如图 1-36 所示。另外，在电弧周围同时还存在一个由该电流流过磁吹线圈在两块导磁夹板间形成的磁场，该磁场经过铁心，从一块导磁夹板穿过夹板间的空气隙进入另一块导磁夹板，形成闭合磁路。显然外面一块导磁夹板上的磁场方向是进入纸面的。可见，在电弧的上方，导磁夹板间的磁场与电弧周围的磁场方向相反，磁场强度削弱；在电弧下方两个磁场方向相同，磁场强度增强。因此，电弧将从磁场强的一边被拉向弱的一边，电弧向上运动。电弧在向上运动的过程中被迅速拉长并和空气发生相对运动，使电弧温度降低。同时电弧被吹进灭弧罩上部时，电弧的热量又被传递给灭弧罩，进一步降低了电弧温度，促使电弧迅速熄灭。另外，电弧在向上运动的过程中，在静触点上的弧根将逐渐转移到引弧角上，从而减轻了触点的灼伤。引弧角引导弧根向上移动又使电弧被继续拉长，当电源电压不足以维持电弧燃烧时，电弧就熄灭。由此可见，磁吹式火弧装置的灭弧是靠磁吹力的作用使电弧拉长，并在空气和灭弧罩中快速冷却，从而使电弧迅速熄灭的。

直流接触器在电路图中的符号与交流接触器相同。

（二）直流接触器型号

直流接触器的型号及含义如下。

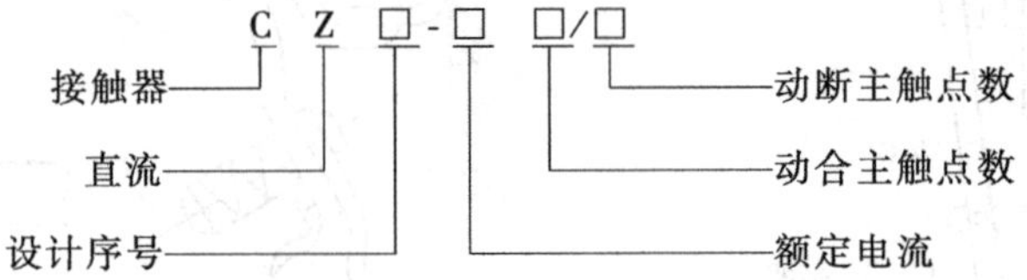


## 实践技能训练1-3　接触器拆装和维修

### 一、训练目标

1）熟悉常用交流接触器的工作原理、选用方法及安装方法。

2）熟练掌握交流接触器的拆卸与装配，熟悉交流接触器的静态检测及基本维护。

3）了解交流接触器的故障检修。

### 二、工具材料

常用电工工具一套（含螺钉旋具、镊子、钢丝钳、尖嘴钳、小刀等），万用表一块，CJX1系列交流接触器一块。

### 三、训练指导

1. 本处以CJX1型交流接触器进行拆装，其他类型的交流接触器可参照其步骤进行

（1）拆卸

1）旋下灭弧罩固定螺钉，取下灭弧罩。

2）先拆下三组桥形主触点，一只手拎起桥形主触点弹簧夹，另一只手先推出压力簧片，再将主触点横向旋转45°后取出。然后再取出两组辅助动合、动断触点的桥型动触点。

3）将接触器底部朝上，一只手按住底板，另一只手旋下接触器底座盖板上的螺钉，小心取下弹起的盖板。

4）取下静铁心及其缓冲垫，取出静铁心支架和放在静铁心与线圈间的缓冲弹簧。

5）将线圈的两个引线端接线卡从两侧的卡槽中取出，然后拿出线圈。

6）取出动铁心及动铁心与底座盖板之间的两根反作用弹簧。

7）取出与动铁心相连的动触点支架中的各个压力弹簧及垫片。

8）旋下外壳上各静触点紧固螺钉并取下各静触点。

（2）装配　按与拆卸的步骤相反进行。

（3）检测

1）用万用表电阻挡检测线圈的静态电阻值是否正常，若电阻小于正常值或为零，则表明线圈已短路。若电阻为无穷大，则表明线圈已开路。

2）检测各个触点的通断状态是否正常。

3）用手按动主触点动触片，检查运动机构动作是否灵活。

4）通电检查接触器各触点动作是否正常，噪声是否太大。

2. 接触器的选用及常见故障

(1) 接触器的选用

1) 接触器类型的选择。根据所控对象电流类型来选用交流或直流接触器。如控制系统中主要是交流对象，而直流对象容量较少，也可全用交流接触器，但触点的额定电流要选大一些。

2) 接触器主触点额定电压的选择。通常触点的额定电压应大于或等于负载回路的额定电压。

3) 接触器主触点额定电流的选择。主触头的额定电流应大于或等于负载的额定电流。若负载是电动机，其额定电流，可按下式计算，即

$$I_N = \frac{P_N 10^3}{\sqrt{3} U_N \eta \cos\phi}$$

式中 $I_N$——电动机额定电流 (A)；

$U_N$——电动机额定电压 (V)；

$P_N$——电动机额定功率 (kW)；

$\cos\phi$——功率因数；

$\eta$——电动机效率。

4) 接触器线圈电压的选择。控制电路简单，使用器件少时，可选用 380V 或 220V 电压的线圈。如果线路复杂，使用时间超过 5h，从人身及设备安全考虑，则可选用 24V、48V 或 110V 电压的线圈。

5) 接触器操作频率的选择。操作频率是指接触器每小时通断的次数。当通断电流较大及通断频率过高时，会引其触点过热，甚至熔焊。操作频率若超过规定值，应选用额定电流大一级的接触器。

6) 接触器触点数量、种类选择应满足控制电路要求。

(2) 接触器常见故障

1) 触点过热。主要原因有接触压力不足，表面接触不良，表面被电弧伤、烧毛等。这些原因造成触点接触电阻过大，使触头发热。

2) 触点磨损。有两种原因：一种是电气磨损，由电弧的高温使触头上的金属氧化和蒸发所造成；另一种是机械磨损，由于触点闭合时的撞击，触点表面产生相对滑动所造成。

3) 线圈失电后触点不能复位其原因有：触点被电弧熔焊在一起；铁心剩磁太大，复位弹簧弹力不足；活动部分被卡住。

4) 衔铁振动有噪声其主要原因有：短路环损坏或脱落；衔铁歪斜；铁心端面有锈蚀尘垢，使动静铁心接触不良；复位弹簧弹力太大；活动部分有卡滞，使衔铁不能完全吸合等。

5) 线圈过热或烧坏其主要原因有：线圈匝间短路；衔铁闭合后有间隙；操作频繁，超过允许操作频率；外加电压高于线圈额定电压等，引起线圈中电流过大所造成。

3. 交流接触器的使用和维护

1) 交流接触器安装前应检查线圈的额定电压等技术数据是否与实际相符，然后将铁心极面上的防锈油脂或粘结在极面上的锈垢用汽油擦净，以免多次使用后被油垢粘住，造成接触器断电时不能释放。

2）接触器安装时，除特殊订货外，一般应垂直安装，其倾斜角不得超过 5°，否则会影响接触器的动作性能。安装有散热孔的接触器时，应将散热孔放在上下位置，以利于散热，从而降低线圈的温度。

3）接触器安装接线时，注意不要把零件落入接触器内，以免引起卡阻而烧毁线圈，同时应将螺钉拧紧，以防振动松脱。

4）接触器的触点应定期清扫和保持清洁，但不允许涂油。当触点表面因电弧作用形成金属小珠时，应及时铲除，但银及银合金触点表面产生的氧化膜，由于接触电阻小，可不必铲除。

## 第六节 继 电 器

继电器是一种根据某种输入信号接通或断开小电流电路，实现远距离自动控制和保护的自动控制电器。其输入量可以是电流、电压等电量，也可以是温度、时间、速度、压力等非电量，而输出则是触点的动作或是电路参数的变化。继电器不直接控制电流较大的主电路，而是通过接触器或其他电器对主电路进行控制。同接触器相比，继电器具有触点分断能力小、结构简单、体积小、重量轻、反应灵敏、动作准确、工作可靠等特点。

继电器的分类方法有多种，按输入信号的性质可分为电压继电器、电流继电器、时间继电器、速度继电器、压力继电器等；按工作原理可分为电磁式继电器、电动式继电器、感应式继电器、热继电器和电子式继电器等；按输出方式可分为有触点式继电器和无触点式继电器。按用途可分为控制用继电器与保护用继电器等。下面介绍几种在电气控制系统中常用的继电器。

### 一、电磁式继电器

电磁式继电器结构简单、价格低廉、使用维护方便，广泛地用在控制系统中。

电磁式继电器的结构和工作原理与接触器类似，也是由电磁机构和触点系统等组成。主要的区别在于继电器可对多种输入量的变化做出反应，而接触器只有在一定的电压信号下才动作；接触器是用于切换小电路的控制电路和保护电路，而接触器是用来控制大电流电路；继电器没有灭弧装置，也无主、辅触点之分等。

继电器的主要特性是用它的输入-输出特性表示的，如图 1-37 所示。

通常将继电器开始动作并顺利吸合的输入量称为动作值，记为 $X_i$；使继电器开始释放并顺利分开的输入量称为释放值，记为 $X_r$；把动合触点闭合后继电器的输出量记为 $Y_0$，触点断开后的输出量记为 $Y'_0$。将 $X$ 与 $Y$ 的关系画出来，就是继电器的继电特性。在图 1-37 中，$X_w$ 为正常工作时的输入量，它必须大于 $X_i$，以免输入量发生波动时引起继电器误动作。

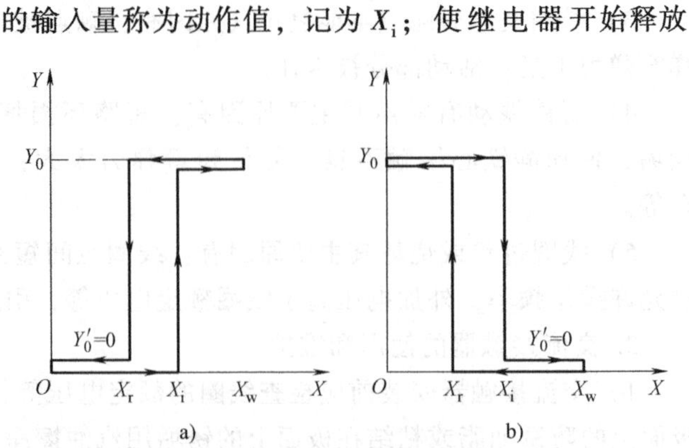


图 1-37 电磁式继电器的继电特性

从继电器的输入-输出特性图中可看出：当继电器获得一个输入信号

时，不论信号幅值有多大，只要没有达到动作值 $X_i$，继电器就不动作，输出量 $Y$ 保持原状态；当输入量 $X$ 达到动作值 $X_i$ 时，继电器立即动作，输出量 $Y$ 状态发生了变化。在这以后，即使继电器继续增大输入量，输出量仍将保持不变。在继电器动作以后，如果输入量减弱了，工作点并不沿原路变化，即在 $X$ 略小于动作值 $X_i$ 时，继电器继续保持动作状态。只有当 $X$ 减弱到继电器的释放值 $X_r$ 时，继电器的状态才发生改变，恢复到未动作时的状态。

（一）电磁式电流继电器

根据继电器线圈中电流的大小而接通或断开电路的继电器称为电流继电器。使用时，电流继电器的线圈串联在被测电路中。为了使串入电流继电器线圈后不影响电路正常工作，电流继电器线圈的匝数要少，导线要粗，阻抗值要小。

电流继电器分为过电流继电器和欠电流继电器两种。

1. 过电流继电器

当继电器中的电流超过预定值时，引起开关电器有延时或无延时动作的继电器称为过电流继电器。它主要用于频繁起动和重载起动的场合，作为电动机和主电路的过载和短路保护。

（1）过电流继电器结构及工作原理　JT4 系列过电流继电器的外形结构及工作原理如图 1-38 所示。它主要由线圈、铁心、衔铁、触点系统和反作用弹簧等组成。

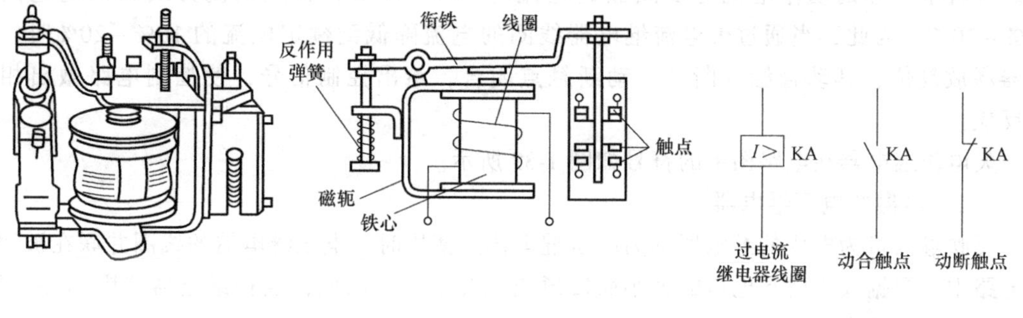


a) 外形　　b) 结构　　c) 符号

图 1-38　JT4 系列过电流继电器

当线圈通过的电流为额定值时，它所产生的电磁吸力不足以克服弹簧的反作用力，此时衔铁不动作。当线圈通过的电流超过整定值时，电磁吸力大于弹簧的反作用力，铁心吸合衔铁动作，带动动断触点断开，动合触点闭合。调整反作用弹簧的作用力，可整定继电器的动作电流值。该系列中有的过电流继电器带有手动复位机构，这类继电器发生过电流动作后，当电流再减小至零时，衔铁也不能自动复位，只有当操作人员检查并排除故障后，手动松掉锁扣机构，衔铁才能在复位弹簧的作用下返回，从而避免重复过电流事故的发生。

JT4 系列为交流通用继电器，在这种继电器的磁系统上装设不同的线圈，便可制成过电流、欠电流、过电压或欠电压等继电器。JT4 都是瞬动型过电流继电器，主要用于电动机的短路保护。

过电流继电器在电路图中的符号如图 1-38c 所示。

（2）过电流继电器型号　常用的过电流继电器有 JT4 系列交流通用继电器和 JL14 系列交直流通用继电器，其型号及含义分别如下。

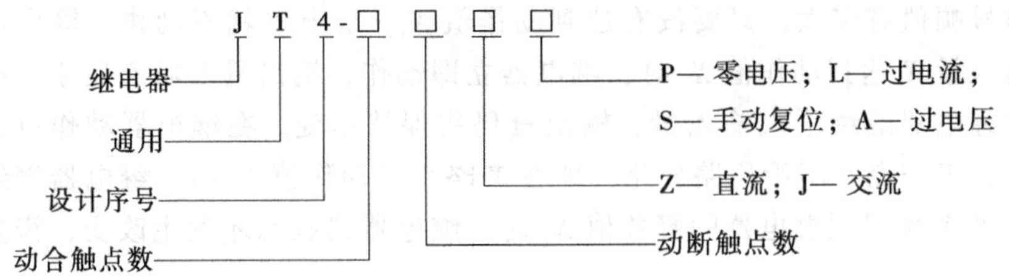


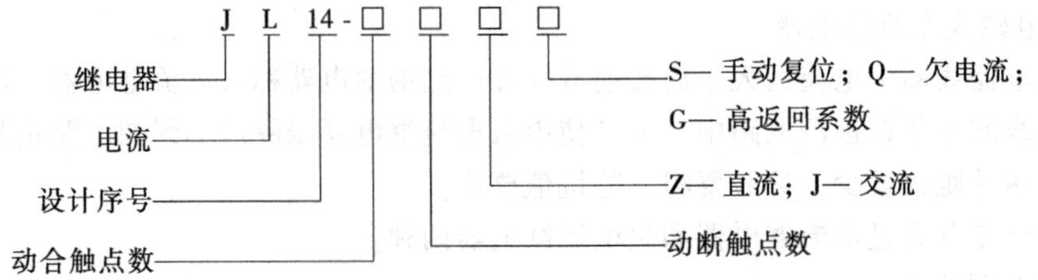


2. 欠电流继电器

当通过继电器的电流减小到低于其整定值时动作的继电器称为欠电流继电器。在线圈电流正常时，这种继电器的衔铁与铁心是吸合的。它常用于直流电动机励磁电路和电磁吸盘的弱磁保护。

常用的欠电流继电器有 JL14-Q 等系列产品，其结构与工作原理和 JT4 系列继电器相似。这种继电器的动作电流为线圈额定电流的 30%～65%，释放电流为线圈额定电流的 10%～20%。因此，当通过欠电流继电器线圈的电流降低到额定电流的 10%～20%时，继电器释放复位，其动合触点断开，动断触点闭合，给出控制信号，使控制电路做出相应的反应。

欠电流继电器在电路图中的符号如图 1-39 所示。

（二）电磁式电压继电器

反映输入量为电压的继电器称为电压继电器。使用时，电压继电器的线圈并联在被测量的电路中，根据线圈两端电压的大小而接通或断开电路。因此，这种继电器线圈的导线细、匝数多、阻抗值大。

根据实际应用的要求，电压继电器分为过电压继电器、欠电压继电器和零电压继电器。

过电压继电器是当电压大于其整定值时动作的电压继电器，主要用于对电路或设备做过电压保护。常用的过电压继电器为 JT4-A 系列，其动作电压可在 105%～120%额定电压范围内调整。

欠电压继电器是当电压降至某一规定范围时动作的电压继电器；零电压继电器是欠电压继电器的一种特殊形式，是当继电器的端电压降至零或接近消失时才动作的电压继电器。可见欠电压继电器和零电压继电器在线路正常工作时，铁心与衔铁是吸合的，当电压降至低于整定值时，衔铁释放，带动触点动作，对电路实现欠电压或零电压保护。常用的欠电压继电器和零电压继电器有 JT4-P 系列，欠电压继电器的释放电压可在 40%～70%额定电压范围内整定，零电压继电器的释放电压可在 10%～35%额定电压范围内调节。

电压继电器的选择，主要依据继电器的线圈额定电压、触点的数目和种类进行。

电压继电器在电路图中的符号如图 1-40 所示。

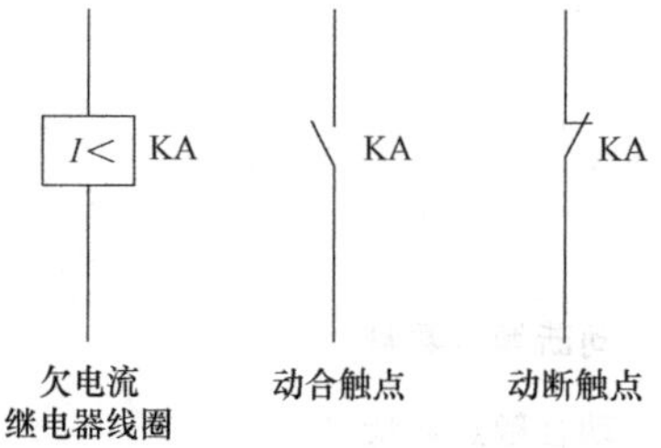


图 1-39　欠电流继电器的符号

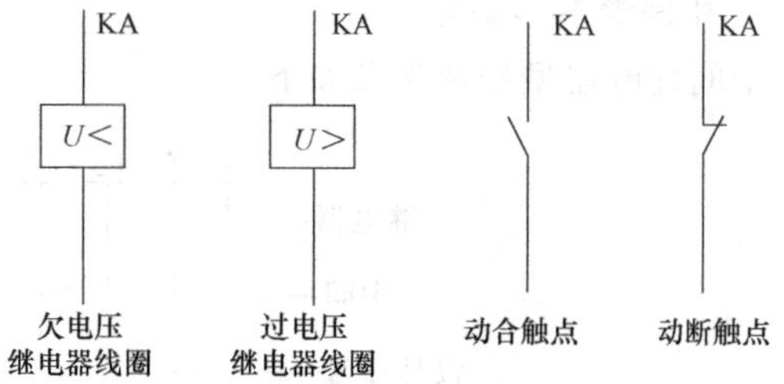


图 1-40　电压继电器的符号

（三）电磁式中间继电器

中间继电器实质上是一个电压继电器，是用来增加控制电路中的信号数量或将信号放大的继电器。其输入信号是线圈的通电和断电，输出信号是触点的动作。它具有触点多、触点容量大、动作灵敏等特点。由于触点的数量较多，因此用来控制多个元件或回路。

1. 中间继电器结构及工作原理

中间继电器的结构及工作原理与接触器基本相同，但中间继电器的触点对数多，且没有主、辅之分，各对触点允许通过的电流大小相同，多数为 5A。因此，对于工作电流小于 5A 的电气控制线路，可用中间继电器代替接触器实施控制。JZ7 系列为交流中间继电器，其结构如图 1-41a 所示。

JZ7 系列中间继电器采用立体布置，由铁心、衔铁、线圈、触点系统、反作用弹簧和复位弹簧等组成。触点采用双断点桥式结构，上、下两层各有四对触点，下层触点只能是动合触点，故触点系统可按八动合触点、六动合触点及两动断触点、四动合触点及四动断触点组合。继电器吸引线圈额定电压有直流 12V、36V 和交流 110V、220V、380V 等。

JZ14 系列中间继电器有交流操作和直流操作两种类型，该系列继电器带有透明外罩，可防止尘埃进入其内部而影响其工作的可靠性。

中间继电器在电路图中的符号如图 1-41b 所示。

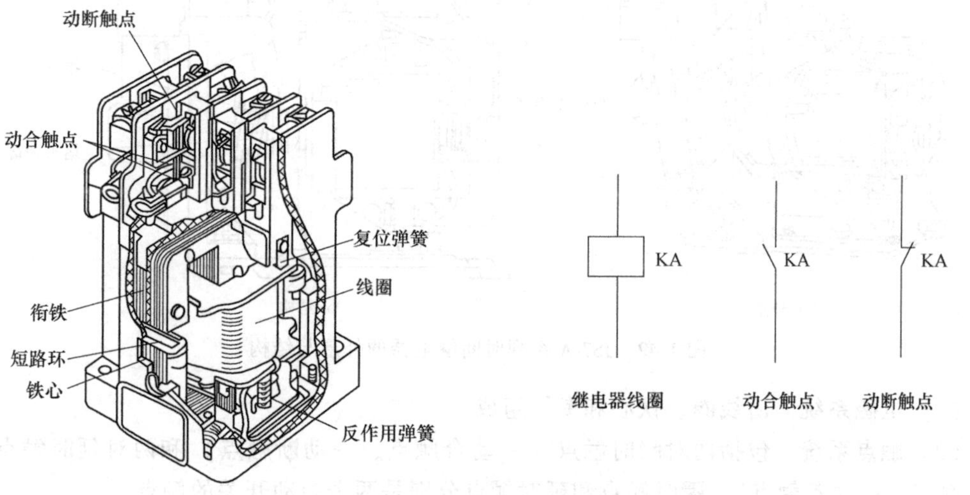


a) 结构　　b) 符号

图 1-41　JZ7 系列中间继电器

2. 中间继电器型号

中间继电器型号及含义如下。

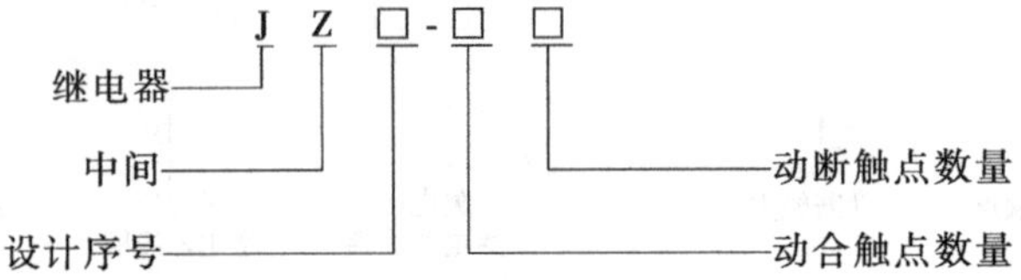


## 二、时间继电器

时间继电器是一种利用电磁原理或机械的动作原理实现触点延时闭合和断开的自动控制电器，广泛用于需要按时间顺序进行控制的电气控制线路中。常用的时间继电器主要有电磁式、电动式、空气阻尼式、电子式等。延时方式有通电延时和断电延时两种。其中，电磁式时间继电器的结构简单、价格低廉，但体积和重量较大，延时较短（如 JT3 型只有 0.3～5.5s），它利用电磁阻尼产生延时，只能用于直流断电延时，主要用在配电系统；电动式时间继电器的延时精度高，延时可调范围大，但结构复杂、价格昂贵。目前在电力拖动线路中应用较多的是空气阻尼式时间继电器。下面主要介绍空气阻尼式时间继电器和电子式时间继电器。

（一）JS7-A 系列空气阻尼式时间继电器

空气阻尼式时间继电器又称气囊式时间继电器，是利用气囊中的空气通过小孔节流的原理来获得延时动作的。根据触点延时的特点，可分为通电延时动作型和断电延时复位型两种。

1. JS7-A 系列时间继电器结构

JS7-A 系列时间继电器的外形和结构如图 1-42 所示，它主要由以下几部分组成。

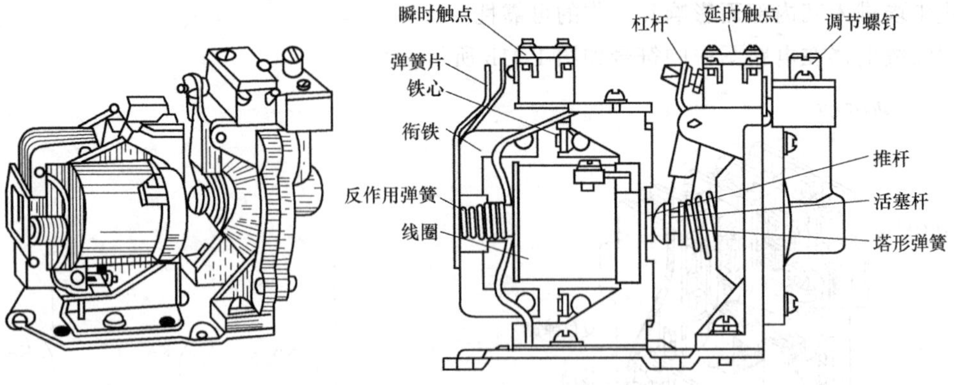


a) 外形　　b) 结构

图 1-42 JS7-A 系列时间继电器的外形与结构

（1）电磁系统　由线圈、铁心和衔铁组成。

（2）触点系统　包括两对瞬时触点（一动合触点、一动断触点）和两对延时触点（一动合触点、一动断触点），瞬时触点和延时触点分别是两个微动开关的触点。

（3）空气室　空气室为一个空腔，由橡皮膜、活塞等组成。橡皮膜可随空气的增减而移动，顶部的调节螺钉可调节延时时间。

(4) 传动机构　由推杆、活塞杆、杠杆及各种类型的弹簧等组成。

(5) 基座　用金属板制成，用以固定电磁机构和气室。

2. JS7-A 系列时间继电器工作原理

JS7-A 系列时间继电器的工作原理示意图如图 1-43 所示。

(1) 通电延时型时间继电器的工作原理　JS7-A 系列通电延时型时间继电器的结构如图 1-43a 所示。当线圈通电后，铁心产生吸力，衔铁克服反作用弹簧的阻力与铁心吸合，带动推板立即动作，压合微动开关 2，使其动断触点瞬时断开，动合触点瞬时闭合。同时活塞杆在塔形弹簧的作用下向上移动，带动与活塞相连的橡皮膜向上运动，运动速度受进气孔进气速度的限制。这时橡皮膜下面形成空气较稀薄的空间，与橡皮膜上面的空气形成压力差，对活塞的移动产生阻尼作用。活塞杆带动杠杆只能缓慢地移动。经过一段时间，活塞才完成全部行程而压动微动开关 1，使其动断触点断开，动合触点闭合。由于从线圈通电到触点动作需延时一段时间，因此微动开关 1 的两对触点分别称为延时闭合瞬时断开的动合触点和延时断开瞬时闭合的动断触点。这种时间继电器延时时间的长短取决于进气的快慢，旋动调节螺钉可调节进气孔的大小，即可达到调节延时时间长短的目的。JS7-A 系列时间继电器的延时范围有 0.4~60s 和 0.4~180s 两种。

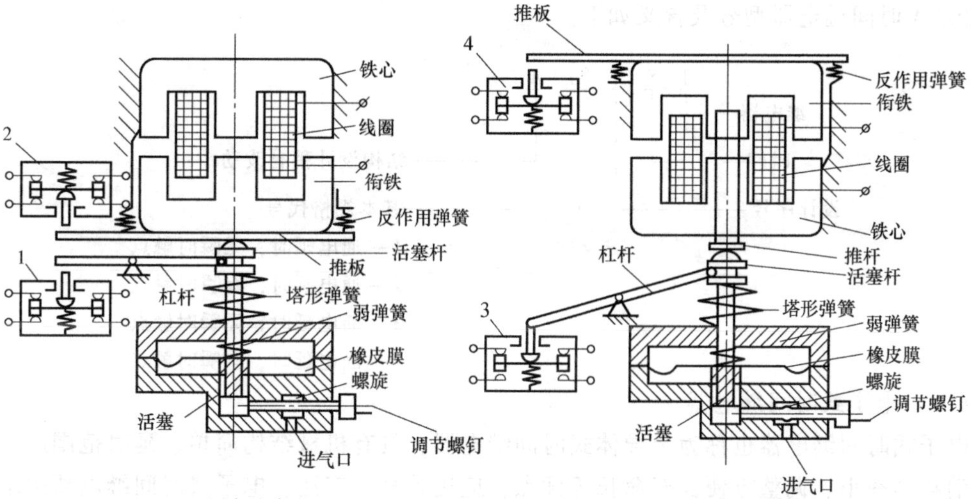


a) 通电延时型　　b) 断电延时型

图 1-43　空气阻尼式时间继电器的结构

1、2、3、4—微动开关

当线圈断电时，衔铁在反作用弹簧的作用下，通过活塞杆将活塞推向下端，这时橡皮膜下方腔内的空气通过橡皮膜、弱弹簧和活塞局部所形成的单向阀迅速从橡皮膜上方的气室缝隙中排掉，使微动开关 SQ1、SQ2 的各对触点均瞬时复位。

(2) 断电延时型时间继电器的工作原理　JS7-A 系列断电延时型和通电延时型时间继电器的组成元件是通用的。如果将通电延时型时间继电器的电磁机构翻转 180°安装，即成为断电延时型时间继电器，如图 1-43b 所示。

空气阻尼式时间继电器的优点是：延时范围较大（0.4~180s），且不受电压和频率波动的影响；可以做成通电和断电两种延时形式；结构简单，寿命长，价格低。其缺点是：延时误差大，难以精确地整定延时值，且延时值易受周围环境温度、尘埃等的影响。因此，对延时精度要求较高的场合不宜采用。

时间继电器在电路图中的符号如图 1-44 所示。

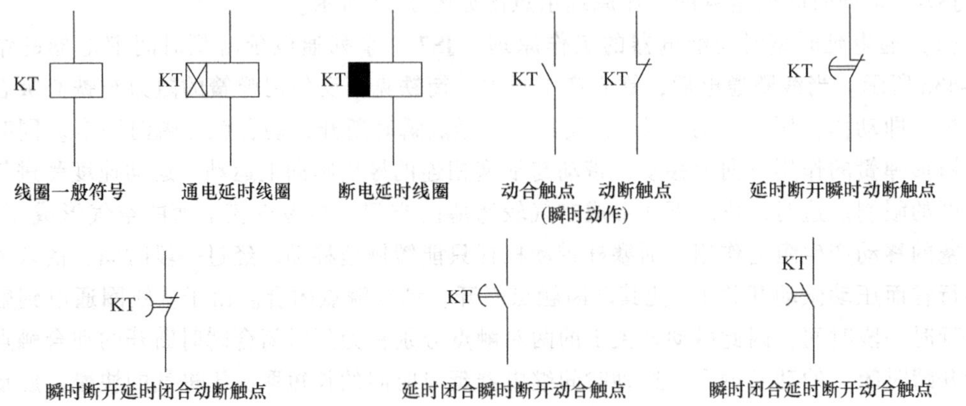


图 1-44　时间继电器的符号

3. JS7-A 系列时间继电器型号

JS7-A 时间继电器型号及含义如下。

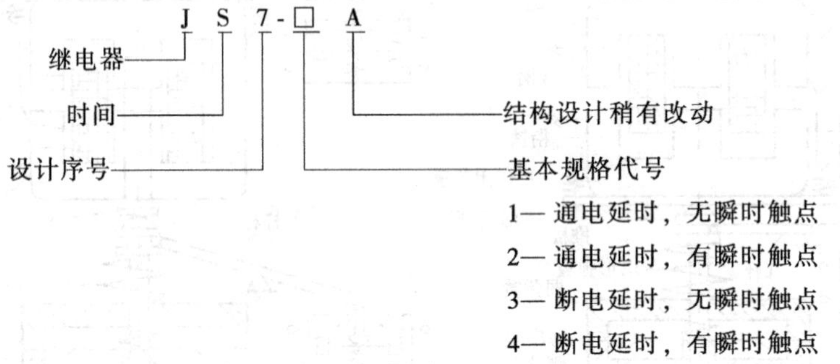


（二）电子式时间继电器

电子式时间继电器也称为半导体式时间继电器，具有机械结构简单、延时范围广、精度高、消耗功率小、调整方便及寿命长等优点，应用越来越广泛。电子式时间继电器按结构分为阻容式和数字式两类；按延时方式分为通电延时型、断电延时型及带瞬动触点的通电延时型。

常用的电子式时间继电器产品 JS20 系列适用于交流 50Hz、电压 380V 及以下或直流 110V 及以下的控制电路，作为时间控制元件，按预订的时间延时，周期性地接通或分断电路。

1. JS20 系列电子式时间继电器结构

JS20 系列通电延时型电子时间继电器的外形和接线示意图如图 1-45 所示。

2. JS20 系列电子式时间继电器工作原理

JS20 系列通电延时型时间继电器的线路如图 1-46 所示。它由电源、电容充放电电路、电压鉴别电路、输出和指示电路等部分组成。电源接通后经整流滤波和稳压后的直流电经过 $R_{P1}$ 和 $R_2$ 向电容 $C_2$ 充电。当场效应管 V6 的栅源电压 $U_{gs}$ 低于夹断电压 $U_P$ 时，V6 截止，

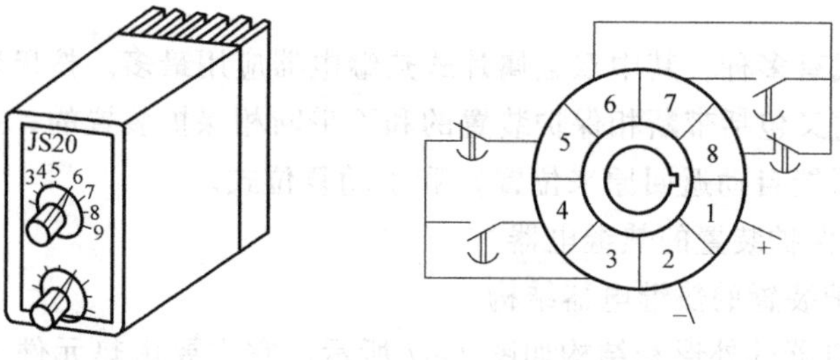


a) 外形　　b) 接线示意图

图 1-45　JS20 系列电子式时间继电器的外形与接线

因而 V7、V8 也处于截止状态。随着充电的不断进行，电容 $C_2$ 的电位按指数规律上升，当满足 $U_{gs}$ 高于 $U_P$ 时，V6 导通，V7、V8 也导通，中间继电器 KA 吸合，输出延时信号。同时电容 $C_2$ 通过 $R_g$ 和 KA 的动合触点放电，为下次动作做好准备。当切断电源时，继电器 KA 释放，电路恢复原始状态，等待下次动作。调节 $R_{P1}$ 和 $R_{P2}$ 即可调整延时时间。

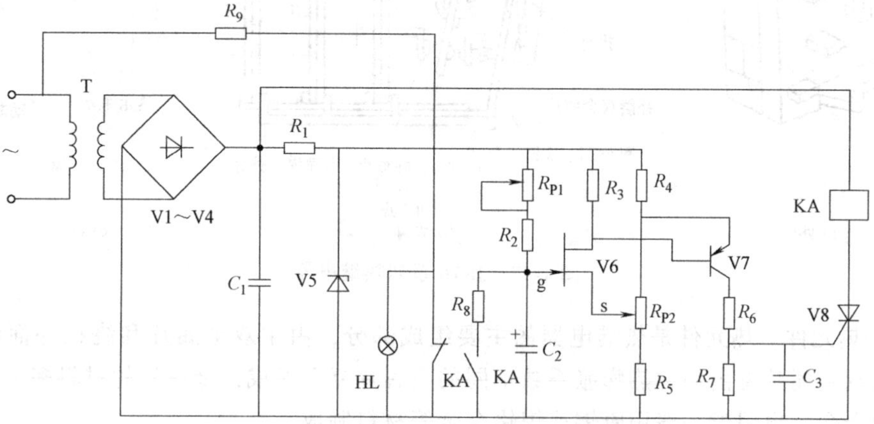


图 1-46　JS20 系列通电延时型时间继电器的线路

3. JS20 系列电子式时间继电器型号

JS20 系列电子式时间继电器型号及含义如下。

J S 20 - □ □ / □ □

- 继电器 —— J
- 时间 —— S
- 设计序号 —— 20
- 基本规格代号；以数字表示延时时间上限值 —— 第一个□
- 派生代号：D— 断电延时，无字母 — 通电延时 —— 第二个□
- 辅助规格代号：0— 无波段开关，1— 带波段开关 —— 第三个□
- 辅助规格代号：0— 装置式；1— 面板式；2— 外接式；3— 装置式带瞬动触点；4— 面板式带瞬动触点；5— 外接式带瞬动触点 —— 第四个□

## 三、热继电器

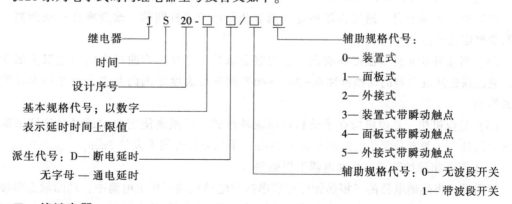

热继电器是电流通过发热元件加热使双金属片弯曲，推动执行机构动作的继电器。热继电器主要用于电动机的过载保护、断相保护、三相电流不平衡运行的保护及其他电气设备发

热状态的控制。

热继电器的形式有多种，其中双金属片式热继电器应用最多。按极数可分为单极、两极和三极，其中三极的又包括带断相保护装置的和不带断相保护装置的；按复位方式分为自动复位式（触点动作后能自动返回原来位置）和手动复位式。

（一）不带断相保护装置的热继电器

1. 不带断相保护装置的热继电器结构

JR16系列热继电器的外形和结构如图1-47所示。它主要由热元件、动作机构、触点系统、整定电流装置、复位机构和温度补偿元件等部分组成。

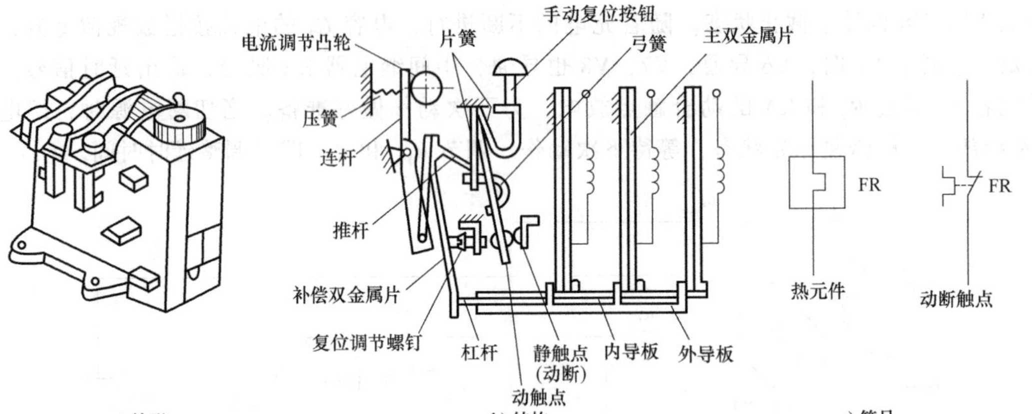

a) 外形 b) 结构 c) 符号

图1-47 JR16系列热继电器

（1）热元件 热元件是热继电器的主要组成部分，由主双金属片和绕在外面的电阻丝组成。主双金属片是由两种热膨胀系数不同的金属片复合而成，金属片的材料多为铁镍铬合金和铁镍合金。电阻丝一般用康铜或镍铬合金等材料制成。

（2）动作机构和触点系统 动作机构利用杠杆传递及弓簧式瞬跳机构来保证触点动作的迅速和可靠。

触点为单断点弓簧跳跃式动作，一般为一个动合触点、一个动断触电。

（3）整定电流装置 通过旋钮和电流调节凸轮调节推杆间隙，改变推杆移动距离，从而调节整定电流值。

（4）温度补偿元件 温度补偿元件也为双金属片，其受热弯曲的方向与主双金属片一致，它能保证热继电器的动作特性在-20～+40℃的环境温度范围内基本上不受周围介质温度的影响。

（5）复位机构 复位机构有手动和自动两种形式，可根据使用要求通过复位调节螺钉来自由调整。一般自动复位的时间不大于5min，手动复位时间不大于2min。

2. 不带断相保护装置的热继电器工作原理

使用时，将热继电器的三相热元件分别串接在电动机的三相主电路中，动断触点串接在控制电路的接触器线圈回路中，当电动机过载时，流过电阻丝的电流超过热继电器的整定电流，电阻丝发热，主双金属片向右弯曲，推动导板向右移动，通过温度补偿双金属片推动推杆线轴转动，从而推动触点系统动作，动触点与动断触点分开，使接触器线圈断电，接触器触点断开，将电源切除起保护作用。电源切除后，主双金属片逐渐冷却恢复原位，于是动触点在失去作用力的情况下，靠弹簧的弹性自动复位。

这种热继电器也可采用手动复位，以防止故障排除前设备带故障再次投入运行。将复位调节螺钉向外调节到一定位置，使动触点弓簧的转动超过一定角度失去反弹性，此时即使双主金属片冷却复原，动触点也不能自动复位，必须采用手动复位。按下复位按钮，动触点弓簧恢复到具有弹性的角度，推动动触点与静触点恢复闭合。

当环境温度变化时，主双金属片会发生零点漂移，即热元件未通过电流时主双金属片即产生变形，使热继电器的动作性能受环境温度影响，导致热继电器的动作产生误差。为补偿这种影响，设置了温度补偿双金属片，其材料与主双金属片相同。当环境温度变化时，温度补偿双金属片与主双金属片产生同一方向上的附加变形，从而使热继电器的动作特性在一定温度范围内基本不受环境温度的影响。

热继电器整定电流的大小可通过旋转电流整定旋钮来调节。所谓热继电器的整定电流，是指热继电器连续工作而不动作的最大电流。

（二）带断相保护装置的热继电器

JR16系列热继电器有带断相保护装置的和不带断相保护装置的两种类型。三相异步电动机的电源或绕组断相是导致电动机过热烧毁的主要原因之一。

对定子绕组采用Y形联结的电动机而言，若运行中发生断相，通过另外两相的电流会增大，而流过热继电器的电流就是流过电动机绕组的电流，普通结构的热继电器都可以对此做出反应。而绕组采用△形联结的电动机若运行中发生断相，流过热继电器的电流与流过电动机非故障绕组的电流的增加比例不相同，在这种情况下，电动机非故障相流过的电流可能超过其额定电流，而流过热继电器的电流却未超过热继电器的整定值，热继电器不动作，但电动机的绕组可能会因过载而烧毁。

为了对定子绕组采用△形联结的电动机实行断相保护，必须采用三相结构带断相保护装置的热继电器。JR16系列中部分热继电器带有差动式断相保护装置，其结构及工作原理如图1-48所示。图1-48a所示为未通电时的位置；图1-48b所示为三相均通有额定电流时的情况，此时三相主双金属片均匀受热，同时向左弯曲，内、外导板一起平行左移一段距离但未超过临界位置，触点不动作；图1-48c所示为三相均过载时，三相主双金属片均受热向左弯曲，推动外导板并带动内导板一起左移，超过临界位置，通过动作机构使动断触点断开，从而切断控制回路，达到保护电动机的目的；图1-48d所示为电动机在运行中发生一相（如W相）断线故障时的情况，此时该相主双金属片逐渐冷却，向右移动，并带动内导板同时右移，这样内导板和外导板产生了差动放大作用，通过杠杆的放大作用使继电器迅速动作，切断控制电路，使电动机得到保护。

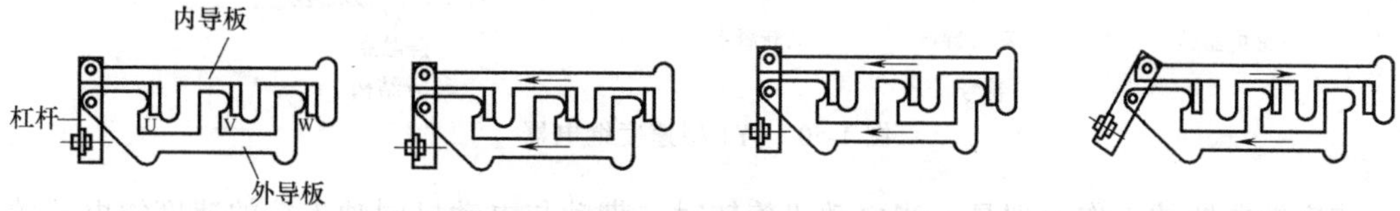


a) 未通电　b) 三相通额定电流　c) 三相同时过载　d) 一相断线

图1-48　差动式断相保护装置动作原理

由于热继电器主双金属片受热膨胀的热惯性及动作机构传递信号的惰性原因，热继电器从电动机过载到触点动作需要一定的时间，因此热继电器不能用作短路保护。但也正是这个热惯性和机械惰性，保证了热继电器在电动机起动或短时过载时不会动作，从而满足了电动机的运行要求。

热继电器在电路图中的符号如图 1-47c 所示。

（三）热继电器型号

热继电器型号及含义如下。

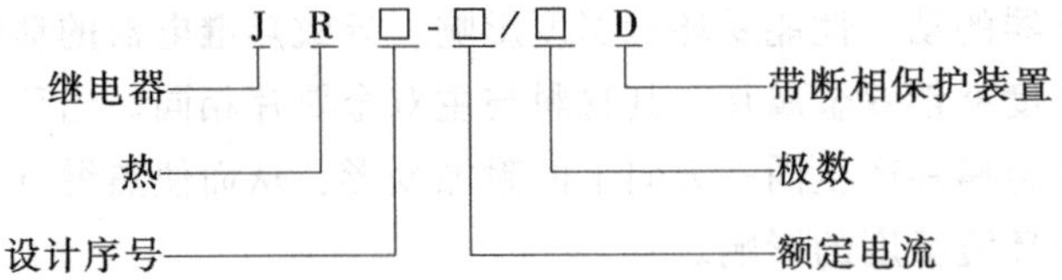


## 四、速度继电器

速度继电器是反映转速和转向的继电器，其主要作用是以旋转速度的快慢为指令信号，与接触器配合实现对电动机的反接制动控制，故又称为反接制动继电器。机床控制线路中常用的速度继电器有 JY1 型和 JFZ0 型，其外形如图 1-49 所示。

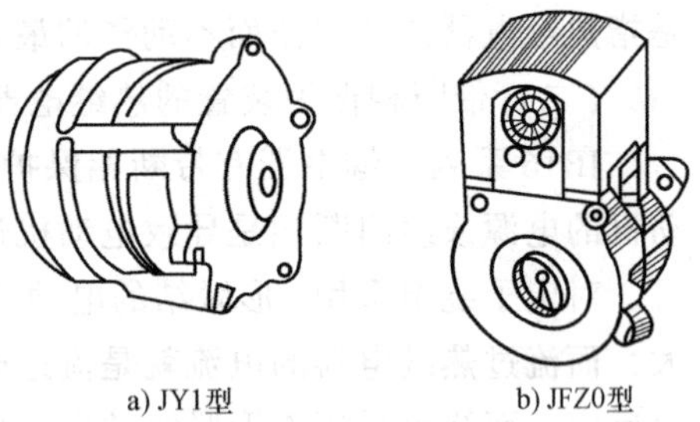


图 1-49　速度继电器的外形

（一）JY1 型速度继电器结构及工作原理

JY1 型速度继电器的结构和工作原理如图 1-50 所示，它主要由定子、转子、可动支架、触点系统及端盖等部分组成。转子由永久磁铁制成，固定在转轴上；定子由硅钢片叠成并装有笼型短路绕组，能做小范围偏转；触点系统由两组转换触点组成，一组在转子正转时动作，另一组在转子反转时动作。

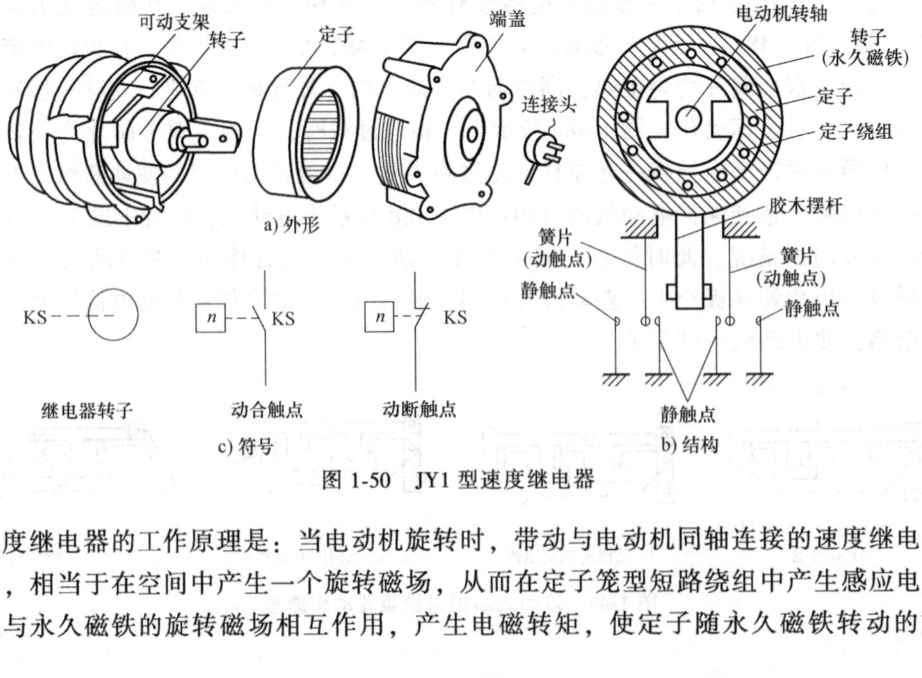


图 1-50　JY1 型速度继电器

速度继电器的工作原理是：当电动机旋转时，带动与电动机同轴连接的速度继电器的转子旋转，相当于在空间中产生一个旋转磁场，从而在定子笼型短路绕组中产生感应电流，感应电流与永久磁铁的旋转磁场相互作用，产生电磁转矩，使定子随永久磁铁转动的方向偏转，与定子相连的胶木摆杆也随之偏转。当定子偏转到一定角度，胶木摆杆推动簧片，使继电器的触点动作。

当转子转速低于某一数值时，定子的电磁转矩减小，胶木摆杆恢复原状态，触点在簧片作用下复位。

速度继电器的动作转速一般为 120r/min，复位转速小于 100r/min。常用的速度继电器中，JY1 型能在 3000r/min 以下的转速可靠工作，JFZ0 型的两组触点改用两个微动开关，使其触点的动作速度不受定子偏转速度的影响，额定工作转速有 300～1000r/min（JFZ0-1 型）和 1000-3600r/min（JFZ0-2 型）两种。

速度继电器在电路图中的符号如图 1-50c 所示。

（二）速度继电器型号

速度继电器型号及含义如下。

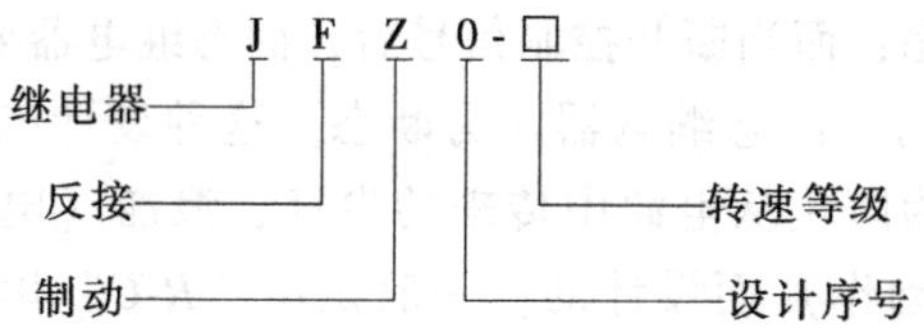


## 五、压力继电器

压力继电器经常用于机械设备的液压或气压控制系统中，它能根据压力源压力的变化情况决定触点的断开或闭合，以便对机械设备提供某种保护或控制。

压力继电器的结构如图 1-51a 所示。它主要由缓冲器、橡皮膜、顶杆、压缩弹簧、调节螺母和微动开关等组成。微动开关和顶端的距离一般大于 0.2mm。压力继电器装在油路（或气路、水路）的分支管路中。当管路压力超过整定值时，通过缓冲器和橡皮膜顶起顶杆，推动微动开关动作，使触点动作。当管路中的压力低于整定值时，顶杆脱离微动开关，微动开关的触点复位。

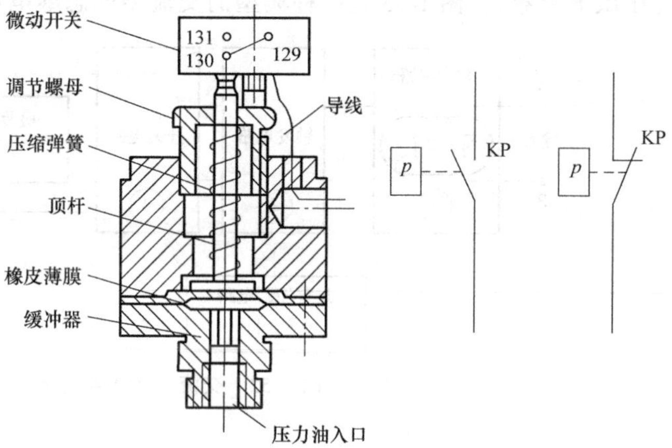


a) 结构原理图　　b) 符号

图 1-51　压力继电器

压力继电器的调整非常方便，只要放松或拧紧螺母即可改变控制压力。压力继电器在电路图中的符号如图 1-51b 所示。常用的压力继电器有 YJ 系列、YT-126 系列和 TE52 系列。

## 六、固态继电器

固态继电器（SSR）是一种全部由固态电子元件组成的新型无触点开关器件，它利用电子元件（如开关三极管、双向晶闸管等半导体器件）的开关特性，可达到无触点无火花地接通和断开电路的目的，因此又被称为无触点开关。

（一）原理与结构

固态继电器按使用场合可以分成交流型和直流型两大类，它们分别在交流或直流电源上做负载的开关。

图1-52是交流型固态继电器的工作原理框图，图中的部件①~④构成交流固态继电器的主体，从整体上看，固态继电器只有两个输入端（A和B）及两个输出端（C和D），是一种四端器件。工作时只要在A、B上加上一定的控制信号，就可以控制C、D两端之间的“通”和“断”，实现“开关”的功能，其中耦合电路的功能是为A、B端输入的控制信号提供一个输入/输出端之间的通道，但又在电气上断开固态继电器中输入端和输出端之间的(电)联系，以防止输出端对输入端的影响，耦合电路用的元件是光耦合器，它动作灵敏、响应速度高、输入/输出端间的绝缘（耐压）等级高；由于输入端的负载是发光二极管，这使固态继电器的输入端很容易做到与输入信号电平相匹配，在使用时可直接与计算机输出接口相接，即受“1”与“0”的逻辑电平控制。触发电路的功能是产生合乎要求的触发信号，驱动开关电路④工作，但由于开关电路在不加特殊控制电路时，将产生射频干扰并以高次谐波或尖峰等污染电网，为此特设过零控制电路。所谓过零是指当加入控制信号，交流电压过零时，固态继电器即为通态；而当断开控制信号后，固态继电器要等待交流电的正半周与负半周的交界点（零电位）时，固态继电器才为断态。这种设计能防止高次谐波的干扰和对电网的污染。吸收电路是为防止从电源中传来的尖峰、浪涌（电压）对开关器件双向晶闸管的冲击和干扰（甚至误动作）而设计的，一般是用“*R-C*”串联吸收电路或非线性电阻(压敏电阻器)。图1-53是一种典型的交流型固态继电器的原理图。

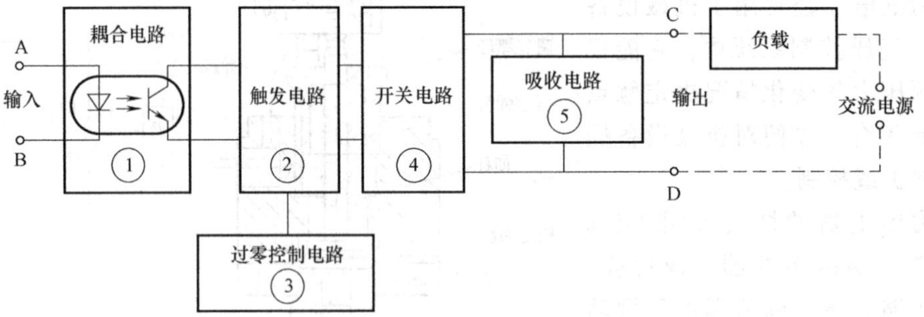


图1-52 交流型固态继电器工作原理框图

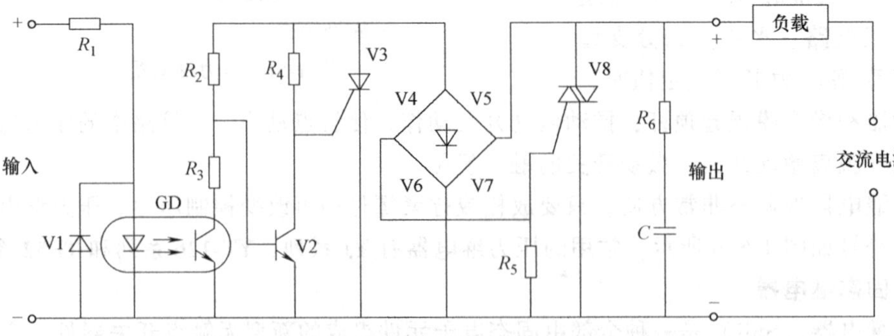


图1-53 典型的交流型固态继电器原理图

直流型固态继电器与交流型的固态继电器相比，无过零控制电路，也不必设置吸收电路，开关器件一般用大功率开关极管，其他工作原理相同。不过，直流型固态继电器在使用时应注意：负载为感性负载时，如直流电磁阀或电磁铁，应在负载两端并联一只二极管，极性如图1-54所示，二极管的电流应等于工作电流，电压应大于工作电压的4倍；SSR工作时应尽量靠近负载，其输出引线应满足负荷电流的需要；使用的电源是经交流降压整流所得的，其滤波电解电容应足够大。

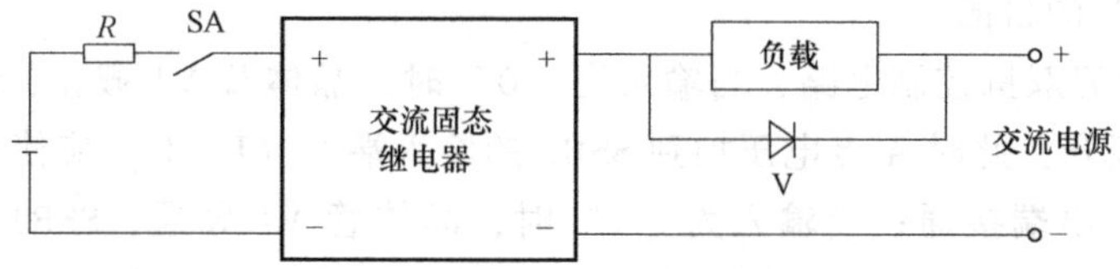


图 1-54 直流型固态继电器原理图

图 1-55 给出了几种国内外常见的固态继电器的外形。

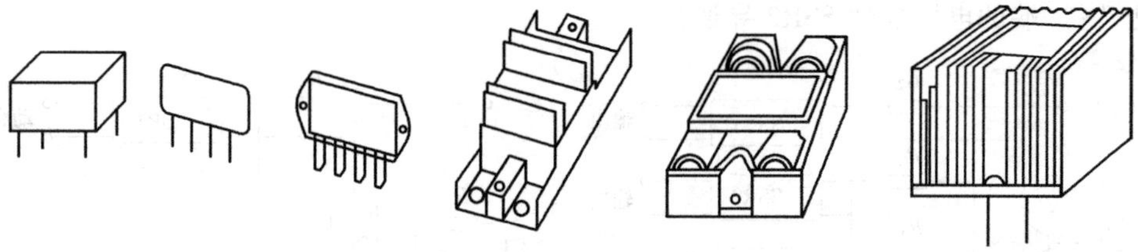

图 1-55 直流型固态继电器外形图

固态继电器对温度的敏感性很强，工作温度超过标称值后，必须降温或外加散热器。

（二）固态继电器的特点

固态继电器成功地实现了弱信号（$V_{sr}$）对强电（输出端负载电压）的控制。由于光耦合器的应用，使控制信号所需的功率极低（十余毫瓦就可正常工作），而且 $V_{sr}$ 所需的工作电平与 TTL、HTL、CMOS 等常用集成电路兼容，可以实现直接连接。这使固态继电器在数控和自控设备等方面得到广泛应用。在相当程度上可取代传统的线圈-簧片触点式继电器（简称 MER）。

固态继电器由于是全固态电子元件组成，与 MER 相比，它没有任何可动的机械部件，工作中也没有任何机械动作。固态继电器由电路的工作状态变换实现“通”和“断”的开关功能，没有电接触点，所以它有一系列 MER 不具备的优点，即工作可靠性高、寿命长，无动作噪声，耐振耐机械冲击，安装位置无限制，很容易用绝缘防水材料灌封做成全密封形式，而且具有良好的防潮防霉防腐性能，在防爆和防止臭氧污染方面的性能也极佳。

交流型固态继电器由于采用过零触发技术，因而可以使固态继电器安全地用在计算机输出接口上，不必为在接口上采用 MER 而产生的一系列对计算机的干扰而烦恼。

此外，固态继电器还有能承受在数值上可达额定电流 10 倍左右的浪涌电流的特点。

虽然固态继电器的性能与电磁式继电器相比有着很多的优越性，但它也存在一些弱点，比如导通电阻（几欧~几十欧）、通态压降（小于 2V）、断态漏电流（5~10mA）等的存在，易发热损坏；截止时存在漏电阻，不能使电路完全分开；易受温度和辐射的影响，稳定性差；灵敏度高，易产生误动作；在需要联锁、互锁的控制电路中，保护电路的增设，使得成本上升、体积增大。

（三）应用电路

1. 多功能控制电路

图 1-56a 为多组输出电路，当输入为“0”时，晶体管 V 截止，SSR1、SSR2、SSR3 的

输入端无输入电压，各自的输出端断开；当输入为“1”时，晶体管V导通，SSR1、SSR2、SSR3的输入端有输入电压，各自的输出端接通，因而达到了由一个输入端口控制多个输出端“通”和“断”的目的。

图1-56b为单刀双掷控制电路，当输入为“0”时，晶体管V1截止，SSR1输入端无输入电压，输出端断开，此时A点电压加到SSR2的输入端上（$U_A$-$U_{V2}$应使SSR2输出端可靠接通），SSR2的输出端接通；当输入为“1”时，晶体管V1导通，SSR1输入端有输入电压，输出端接通，此时A点虽有电压，但$U_A$-$U_{V2}$的电压值已不能使SSR2的输出端接通而处于断开状态，因而达到了“单刀双掷控制电路”的功能（注意：选择稳压二极管V2的稳压值时，应保证在导通的SSR1“+”端的电压不会使SSR2导通，同时又要兼顾到SSR1截止时期“+”端的电压能使SSR2导通）。

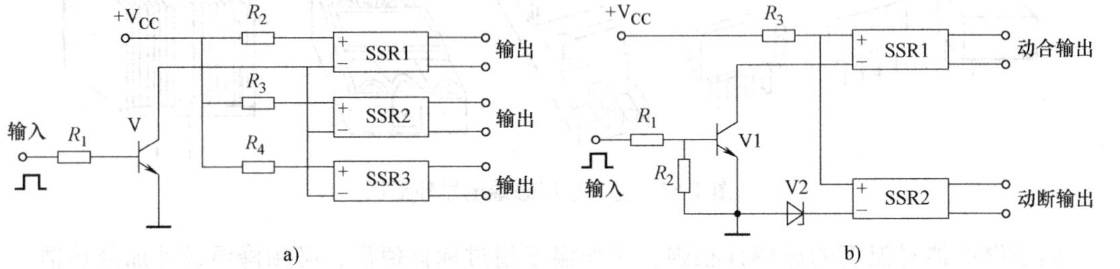


图1-56 多功能控制电路

2. 用计算机控制电机正反转的接口及驱动电路

图1-57为计算机控制三相交流电动机正反转的接口及驱动电路，图中采用了4个与非门，用2个信号通道分别控制电动机的起动、停止和正转、反转。当改变电动机转动方向时，给出指令信号的顺序应是“停止—反转—起动”或“停止—正转—起动”。延时电路的最小延时不小于1.5个交流电源周期。其中FU1、FU2、FU3为熔断器。当电动机允许时，可以在$R_1$~$R_4$位置接入限流电阻，以防止当万一两线间的任意2只继电器均误接通时，限

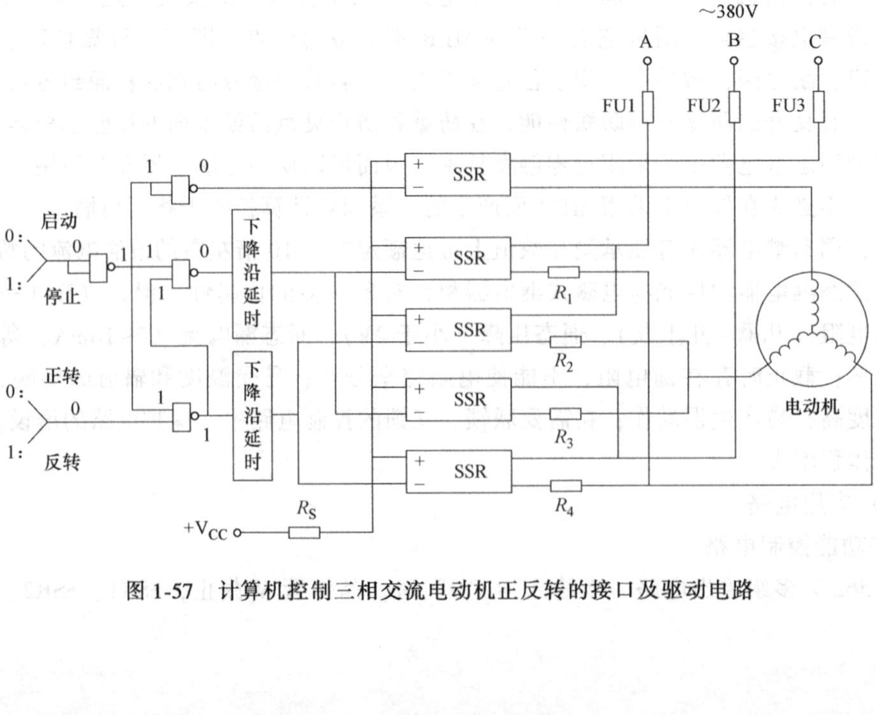


图1-57 计算机控制三相交流电动机正反转的接口及驱动电路

制产生的半周线间短路电流不超过继电器所能承受的浪涌电流，从而避免发生烧毁继电器等事故，确保安全性；但副作用是正常工作时电阻上将产生压降和功耗。该电路建议采用额定电压为 660 V 或更高一点的 SSR 产品。

## 实践技能训练 1-4　常用继电器安装和检测

### 一、训练目标

1）熟悉各种继电器的使用和安装方法。

2）掌握常用继电器的检测方法。

### 二、工具材料

常用电工工具一套（含螺钉旋具、镊子、钢丝钳、尖嘴钳、小刀等），万用表一块，JS7-2A 时间继电器及其他时间继电器、中间继电器、热继电器、速度继电器任选一种或几种。

### 三、训练指导

1. 时间继电器的识别与检验

1）将 JS7 系列通电延时时间继电器改装成断电延时时间继器或进行相反操作。

① 松开电磁机构与底座间的固定螺钉，取下电磁机构。

② 将电磁机构掉转 180°，调整好电磁机构与推杆之间的间隙，然后将电磁机构用螺钉固定住。

③ 用手推动电磁机构，观察延时机构能否正常动作。若不能，重新调整电磁机构与推杆之间的间隙。

2）时间继电器的检测与延时时间调整

① 静态下测试各触点的状态是否正常。

② 静态下测试 JS7 系列时间继电器的线圈电阻是否正常，若 $R=0$，则说明线圈已短路。若 $R=\infty$，则说明线圈已断路。电阻远少于正常值，则说明线圈匝间短路。

③ 通电测试延时触头是否具有延时功能。

④ 调整 JS7 系列、JS14A、JS14P 系列时间继电器的延时时间。

2. 中间继电器的识别与检验

JZ7 中间继电器的检验，可参照交流接触器的检验方法进行。

3. 热继电器的识别与检验（以 JR36 系列为例）

测试热元件导通是否正常；测试辅助触点是否正常；检查复位按钮工作是否正常；调整整定电流。

### 思考练习题

1-1　什么是低压电器？常用低压电器有哪些？

1-2　熔断器在电路中的作用是什么？它由哪些主要部件组成？

1-3　为什么要采用变截面的熔体？如何选取熔体和熔断器的规格？

1-4　熔断器的额定电流、熔体的额定电流和熔体的极限分断电流三者有何不同？

1-5　熔断器用于保护交流三相笼型异步电动机时，若电动机过电流为电动机额定电流的两倍，熔断器能不能起到保护作用？

1-6 安装螺旋式熔断器和刀开关时应当注意些什么？

1-7 封闭式负荷开关与开启式负荷开关在结构和性能上有什么区别？

1-8 常用的低压断路器有哪两种型式？电气控制中常用哪一种？一般它具有哪些保护功能？

1-9 塑料外壳式断路器有哪些脱扣器？各起什么作用？按下分励脱扣器后断路器不分闸是什么原因？怎样处理？

1-10 接触器的主要作用是什么？接触器主要由哪些部分组成？交流接触器和直流接触器的铁心和线圈的结构各有什么特点？

1-11 单相交流电磁铁的短路环断裂和脱落后，会出现什么现象？为什么？三相交流电磁铁要不要装短路环？为什么？

1-12 交流接触器双断口触点灭弧的原理是怎样的？简述交流接触器栅片灭弧的原理。

1-13 交流电磁线圈误接到额定电压相等的直流电源上，或直流电磁线圈误接到额定电压相等的交流电源上，各会发生什么问题？为什么？

1-14 线圈电压为220V的交流接触器，误接到交流380V电源上会发生什么问题？为什么？

1-15 从接触器的结构上，如何区分是交流接触器还是直流接触器？如何选用接触器？

1-16 中间继电器有何用途？试比较中间继电器和交流接触器的相同之处和不同之处。

1-17 简述速度继电器的结构、工作原理及用途。

1-18 空气阻尼式时间继电器利用什么原理达到延时目的？如何调整延时时间的长短？

1-19 试比较熔断器和热继电器的保护功能与原理。

1-20 既然在电动机的主电路中装有熔断器，为什么还要装热继电器？装有热继电器是否可以不装熔断器？为什么？

1-21 电动机的起动电流很大，当电动机起动时，热继电器会不会动作？为什么？

1-22 △形联结的电动机为什么要选用带断相保护装置的热继电器？热继电器有何用途？看图分析它的动作过程。热继电器有哪些常见故障？如何处理？

1-23 能否用过电流继电器作为电动机的过载保护？为什么？

1-24 什么是主令电器？常用的主令电器有哪些？行程开关在机床控制中一般的用途有哪些？与按钮开关有何不同和相同之处？

1-25 画出下列电气元件的图形符号，并标出其文字符号：

（1）熔断器；（2）热继电器的动断触点；（3）时间继电器的动合延时触点；（4）时间继电器的动断延时触点；（5）热继电器的热元件；（6）接触器的线圈；（7）中间继电器的线圈；（8）断路器。

# 第二章
# 继电器-接触器控制的基本环节

【学习目的】

了解电动机的基本控制线路组成和绘制原则；掌握点动、自锁、联锁、位置控制，自动往复循环控制，顺序控制，多地控制，降压起动、制动等基本控制线路工作原理及线路安装；会分析控制线路的故障及排除故障。

【学习重点】

会分析基本控制线路工作原理；熟练安装电动机的基本控制线路，进行常见故障维修。

## 第一节　电动机基本控制线路图的绘制及安装步骤

由于对各种生产机械的工作要求和加工工艺不同，使得对电动机的控制要求也不同。由电动机和各种控制电器组成的控制线路必须使生产机械能正常安全地运转，在生产实践中，一台生产机械的控制线路可能比较简单，也可能相当复杂，但任何复杂的控制线路都是由一些基本控制线路组合起来的。

### 一、绘制电气控制线路图的基本原则

生产机械电气控制线路有电路图、接线图和布置图三种形式。

（一）电路图

电路图又称电气原理图，是采用国家统一规定的图形符号和项目代号表示各个电器元件

连接关系和电气工作原理的，其特点是考虑各元件在电气方面的联系，而不考虑其实际位置。电路图能充分表达电气设备和电器的用途、作用和工作原理，是电气线路安装、调试及维修的理论依据。

绘制、识读电路图时应遵循以下原则。

1）电路图一般分电源电路、主电路和辅助电路三部分绘制。

① 电源电路：电源电路画成水平线，三相交流电源相序 L1、L2、L3 自上而下依次画出，中线 N 和保护地线 PE 依次画出在相线之下。直流电源的“+”端画在上边，“-”端在下面画出，电源开关要水平画出。

② 主电路：主电路是指受电的动力装置及控制、保护电器的支路等，它是由主熔断器、接触器的主触点、热继电器的热元件以及电动机等组成。主电路通过的电流是电动机的工作电流，电流较大。主电路图要画在电路图的左侧并垂直电源电路。

③ 辅助电路：辅助电路一般包括控制主电路工作状态的控制电路、显示主电路工作状态的指示电路、提供机床设备局部照明的照明电路等。它是由主令电器的触点、接触器线圈及辅助触点、指示灯和照明灯等组成。辅助电路通过的电流都较小，一般不超过 5A。画辅助电路图时，一般按照控制电路、指示电路和照明电路的顺序依次垂直画在主电路图的右侧，且电路中与下边电源线相连的耗能元件（如接触器和继电器的线圈、指示灯、照明灯等）要画在电路图的下方，而继电器的触点要画在耗能元件与上边电源线之间。为读图方便，一般应按照自左至右、自上而下的排列来表示操作顺序。

2）电路图中，各种电器的接点都按常态画出，即线圈未通电动作时的状态。分析原理时，应从触点的常态位置出发。

3）电路图中，不画各电器元件实际的外形图，而采用国家统一规定的电气图形符号和文字符号。

4）电路图中，同一电器的各元件不按它们的实际位置画在一起，而是按其在线路中所起的作用分画在不同电路中，但它们的动作却是相互关联的，必须标以相同的文字符号。接触器 KM 的线圈和三对常开主触点分画在两个不同的位置，但它们属于同一个接触器，所以均标以相同的文字符号 KM。若图中相同的元件较多时，需要在元件文字符号后面加注不同的数字，以示区别，如 KM1、KM2 等。

5）画电路图时，应尽可能减少线条和避免线条交叉。对有直接电联系的交叉导线连接点，要用小黑圆点表示；无直接电联系的交叉导线则不画小黑圆点。

6）电路图采用电路编号法，即对电路中的各个接点用字母或数字编号。

① 主电路在电源开关的出线端按相序依次编号为 U11、V11、W11。然后按从上至下、从左至右的顺序，每经过一个电器元件后，编号要递增，如 U12、V12、W12，U13、V13、W13 等。单台三相交流电动机的三根引出线按相序依次编号为 U、V、W。对于多台电动机引出线的编号，可在字母前用不同的数字加以区别，如 1U、1V、1W；2U、2V、2W 等。电动机绕组首端分别用 U1、V1、W1 标注，尾端分别用 U2、V2、W2 标注。

② 辅助电路编号按从上至下原则、从左至右的顺序，每经过一个电器元件后，编号要依次递增。控制电路编号的起始数字必须是 1，其他辅助电路编号的起始数字依次递增 100，如照明电路编号从 101 开始；信号电路编号从 201 开始。

(二) 接线图

接线图是根据电气设备和电器元件的实际位置和安装情况绘制的，以表示电气设备和电器元件间的接线关系。主要用于安装接线、线路的检查维修和故障处理。

绘制、识读接线图应遵循以下原则。

1) 接线图中一般标出如下内容：电气设备和电器元件的相对位置、文字符号、端子号、导线号、导线类型、导线截面积、屏蔽和导线胶合等。

2) 所有的电气设备和电器元件都按其所在的实际位置绘制在图样上，并且图形符号及文字符号必须与原理图一致，以便对照检查接线。每一个电器元件的所有部件应画在一起，并用点画线框上。

3) 接线图中凡导线走向相同的可以合并，用线束来表示，到达接线端子板或电器元件的连接点时再分别画出。

4) 安装板内、外的电器元件之间的连线，都应通过接线端子板进行连接。

(三) 布置图

布置图是根据电器元件在控制板上的 实际安装位置，采用简化的外形符号（如正方形、矩形、圆形等）而绘制的一种简图。它不表达各电器的具体结构、作用、接线情况以及工作原理，主要用于电器元件的布置和安装。图中各电器的文字符号必须与电器图与接线图的标注互相一致。

**二、基本控制线路的安装步骤及要求**

1) 识读电路图，明确线路所用电器元件及其作用，熟悉线路的工作原理。

2) 根据电路图及负载电动机功率大小配齐电器元件，并对外壳有无裂纹、部件是否齐全、电器元件的电磁机构动作是否灵活、电器元件触点有无熔焊、变形等进行检验。

3) 根据电器元件选配安装工具和接线板，确定电器元件安装位置，按布置图固定电器元件，绘制接线图，并贴上醒目的文字符号。

4) 根据电动机容量选配主电路导线的截面。控制电路导线一般采用截面为 $1mm^2$ 的铜芯线（BVR）；按钮线一般采用截面为 $0.75mm^2$ 铜芯线（BVR）；接地线一般采用截面不小于 $1.5mm^2$ 的铜芯线（BVR）。

5) 主电路和控制电路的线号套管必须齐全，将剥去绝缘层的两端线头套上标有与电路图相一致的编号的编码套管，套管上的线号可用环乙酮与龙胆紫调和，不易褪色。

6) 安装电动机，将电动机和所有的电器元件金属外壳接地，连接电源、电动机等控制板外部的导线。

7) 安装完毕的控制线路板，必须经过认真检查后，才能通电试车。

## 第二节　三相笼型异步电动机的正转控制线路

电动机接通电源后由静止状态逐渐加速到稳定运行状态的过程称为电动机的起动。

直接起动又称全压起动，它是通过开关或接触器将额定电压直接加在电动机的定子绕组上而使电动机起动的方法。下面介绍直接起动的各种控制线路。

**一、手动正转控制线路**

图 2-1 所示是一种最简单手动正转控制线路。它是用瓷底胶盖刀开关、转换开关或铁壳

开关控制电动机的起动和停止，线路中开关 QS 起接通或断开电源的作用，熔断器 FU 用作短路保护。

线路的工作原理比较简单，叙述如下。

起动：合上转换开关或铁壳开关 QS，电动机 M 接通电源起动运转。

停止：拉开转换开关或铁壳开关 QS，电动机 M 断开电源停转。

这种线路比较简单，对容量较小、起动不频繁的电动机来说，是经济方便的控制方法。工厂中常被用来控制三相电风扇和砂轮机等设备。但在容量较大、起动频繁的场合，使用这种方法既不方便，也不安全，还不能进行自动控制。因此，目前广泛采用按钮与接触器来控制电动机的运行。

## 二、点动正转控制线路

点动控制线路是用按钮、接触器来控制电动机的最简单的控制线路，点动正转控制线路如图 2-2 所示。

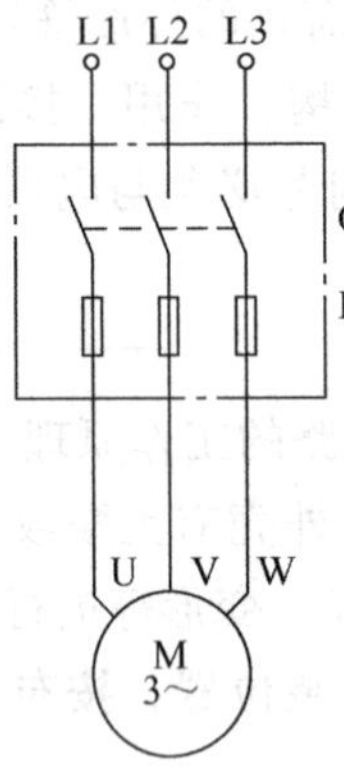


图 2-1 铁壳开关起动控制线路

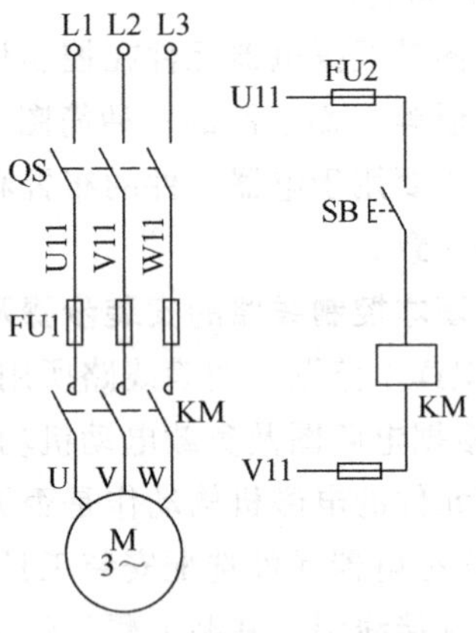


图 2-2 点动正转控制线路

所谓点动控制是指：按下按钮，电动机得电运转；松开按钮，电动机断电停转。这种控制方法常用于电动葫芦的起重电动机和车床溜板箱快速移动的电动机控制。

控制线路通常采用国家标准规定的电气图形符号和文字符号，画成控制线路原理图来表示。它是依据实物接线电路绘制的，用来表达控制线路的工作原理。

上述的点动正转控制线路可分成主电路和控制电路两大部分。主电路是从电源 L1、L2、L3 经电源开关 QS、熔断器 FU1、接触器 KM 的主触头到电动机 M 的电路，它流过的电路较大。由熔断器 FU2、按钮 SB 和接触器 KM 的线圈组成的控制电路，流过的电流较小。

当电动机需点动时，先合上电源开关 QS，按下点动按钮 SB，接触器线圈 KM 便通电，衔铁吸合，带动它的三对常开主触点 KM 闭合，电动机 M 便接通电源起动运转。SB 按钮放开后，接触器线圈断电，衔铁受弹簧力的作用而复位，带动它的三对常开主触点断开，电动机断电停转。

后面在分析各种控制线路的原理图时，为了简单起见，可以用符号和箭头配以少量文字说明来表示其工作原理。如上述点动控制线路的工作原理可表示如下。

合上电源开关 QS 后。

起动：按下 SB→KM 线圈通电→KM 主触点闭合→电动机 M 运转

停止：松开 SB→KM 线圈断电→KM 主触点断开→电动机 M 停转

**三、接触器自锁的正转控制线路**

如果要求电动机起动后连续运行，起动按钮必须始终用手按住，这显然是不符合生产实际要求的。为了实现电动机的连续运行，可采用图 2-3 所示接触器自锁的正转控制线路，需要用接触器的一个常开辅助触点并联在起动按钮 SB2 的两端，在控制电路中再串联一个停止按钮 SB1，可以将电动机停止。工作原理如下。

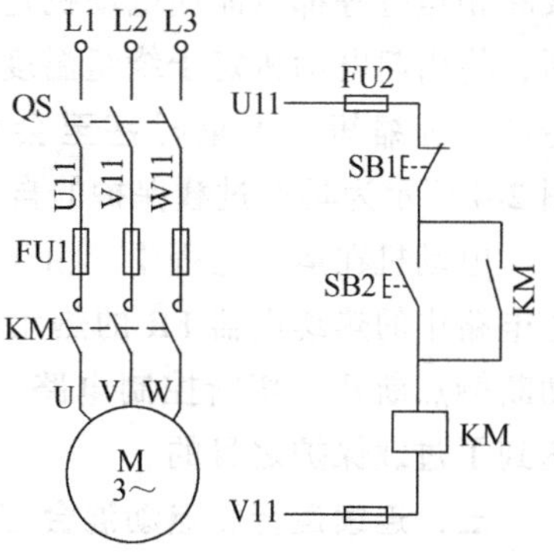


图 2-3 具有接触器自锁的正转控制线路

合上电源开关 QS 后。

起动：按下起动按钮 SB2→KM 线圈通电→KM 动合辅助触点闭合(进行自锁)；KM 主触点闭合→电动机 M 运行

这时松开 SB2，其动合触点恢复分断后，因为接触器 KM 动合辅助触点闭合时已将 SB2 短接，控制电路仍保持接通，接触器 KM 继续接通，电动机 M 保持运转。这种当起动按钮松开后，控制线路电路仍能自动保持接通的线路，称为具有自锁的控制线路。与起动按钮 SB2 并联起自锁作用的 KM 动合辅助触点称为自锁触点。

停止：按下停止按钮 SB1→KM 线圈断电→KM 动合辅助触点断开(解锁)；KM 主触点断开→电动机 M 停转

这种接触器自锁的正转控制线路不但能使电动机连续运转，还具有欠电压保护和失电压(零压) 保护的功能。

(一) 欠电压保护

“欠电压” 是指线路电压低于电动机应加的额定电压。“欠电压保护” 是指线路电压低于某一数值时，电动机能自动脱离电源电压停转，避免电动机在欠电压下运行的一种保护。电动机为什么要有欠电压保护呢？因为电动机运行时当电源电压下降，电动机的电流就会上升，电压下降的幅度越大电流上升的幅度也越大，严重时会烧坏电动机。在接触器自锁的正转控制线路，当电动机运转，电源电压降低到较低（一般在工作电压的 85%以下）时，接触器线圈的磁通变得很弱，电磁吸力不足，衔铁在反作用弹簧的作用下释放，自锁触点断开，失去自锁，同时主触点也断开，电动机停转，电动机得到了保护。

(二) 失电压（或零电压）保护

“失电压保护” 是指电动机运行时，由于外界某种原因使电源临时停电时，能自动切断电动机电源。在恢复供电时，而不能让电动机自行起动。如果未加防范措施，很容易造成人身事故。采用接触器自锁的正转控制线路，由于自锁触点和主触点在停电时已一起断开，控制电路和主电路都不会自行接通。所以，在恢复供电时，如果没有按下按钮，电动机就不会自行起动。

**四、具有过载保护的自锁正转控制线路**

过载保护是指当电动机出现过载时能自动切断电动机电源，使电动机停转的一种保护。最常用的是利用热继电器进行过载保护。电动机在运行过程中，如长期负载过大、操作频繁或断相运行等都可能使电动机定子绕组的电流超过它的额定值，但电流又未达到使熔断器熔断，将引起电动机定子绕组温度升高。如果温度超过允许温升，就会使绝缘损坏，电动机的寿命大为缩短，严重时甚至会烧坏电动机。因此，对电动机必须采取过载保护的措施。图 2-4 所示为具有过载保护的自锁正转控制线路。

电动机在运行过程中，由于过载或其他原因使电流超过额定值，经过一定时间，串接在主电路中的热继电器 FR 的热元件受热发生弯曲，通过动作机构使串接在控制电路中的 FR 动断触点断开，切断控制电路，接触器 KM 的线圈断电，主触点断开，电动机 M 便停转，达到了过载保护之目的。

**五、连续运行和点动混合控制的控制线路**

机床设备在正常工作时，一般需要电动机处在连续运转状态，但在试车或调整刀具与工件相对位置时，要求电动机能点动控制。实现这种工艺要求的线路是连续与点动混合控制的正转控制线路，如图 2-5 所示。它们的主电路相同，线路的工作原理如下。

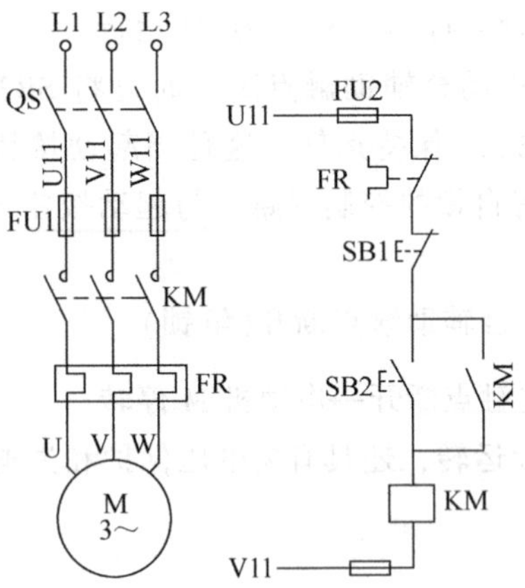


图 2-4 具有过载保护的自锁正转控制线路

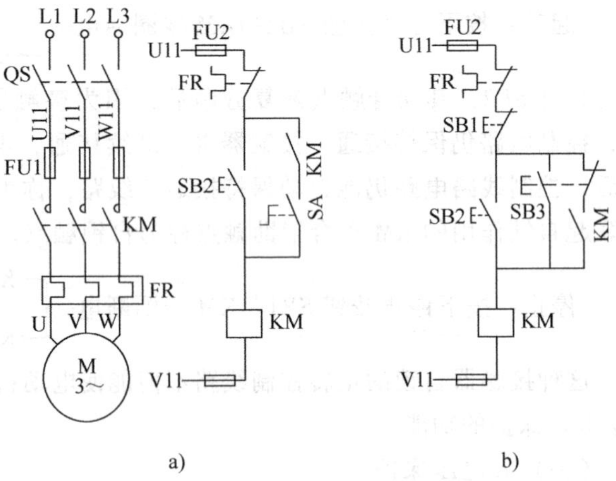


图 2-5 连续运行和点动控制线路

图 2-5a 是在接触器正转控制线路的基础上，把一个手动开关 SA 串联在自锁电路中实现混合控制的。先合上电源开关 QS，当 SA 断开时，按下 SB2，为点动控制；当 SA 合上时，按一下 SB2，为具有自锁的连续控制。

图 2-5b 是在起动按钮 SB2 两端并接一个复合按钮 SB3 来实现混合控制的。工作时，先合上电源开关 QS。

# 实践技能训练 2-1 接触器自锁正转控制线路的安装

**一、训练目标**

掌握接触器自锁正转控制线路的安装。

**二、工具、仪表及器材**

(1) 工具 试电笔、电工螺钉旋具（各种规格）、尖嘴钳、斜口钳、电工刀等。

(2) 仪表 5050 型兆欧表、T301-A 型钳型电流表，MF30 型万用表。

（3）器材

1）控制板一块（500mm×400mm×20mm）。

2）导线规格：主电路采用 $BV1.5mm^2$ 和 $BVR1.5mm^2$；控制电路采用 $BV1mm^2$；按钮线采用 $BVR0.75mm^2$；接地线采用 $BVR1.5mm^2$（黄绿双色）。导线数量由教师根据实际情况确定。

对导线的颜色在初级阶段训练时，除接地线外，可不必强求，但应使主电路与控制电路有明显区别。

3）紧固体和编码套管按实际需要发给，简单线路可不用编码套管。

4）接触器自锁正转控制线路电器元件明细表见表 2-1。

**表 2-1 接触器自锁正转控制线路电器元件明细表**

| 代号 | 名称 | 型号 | 规格 | 数量 |
|---|---|---|---|---|
| M | 三相异步电动机 | Y112M-4 | 4kW、380V、△联结、8.8A、1440r/min | 1 |
| QS | 组合开关 | HZ10-25/3 | 三极、额定电流 25A | 1 |
| FU1 | 螺旋式熔断器 | RL1-60/25 | 500V、60A、配熔体额定电流 25A | 3 |
| FU2 | 螺旋式熔断器 | RL1-15/2 | 500V、15A、配熔体额定电流 2A | 2 |
| KM | 交流接触器 | CJ10-20 | 20A、线圈电压 380V 或 220V | 1 |
| SB | 按钮 | LA10-3H | 保护式、按钮数 3 | 1 |
| XT | 端子板 | JX2-1015 | 10A、15 节、380V | 1 |

## 三、安装步骤和工艺要求

1）识读接触器自锁正转控制线路（见图 2-3），明确线路所用电器元件及作用，熟悉线路的工作原理。

2）按表 2-1 配齐所用电器元件，并进行检验。

① 电器元件的技术要求数据（如型号、规格、额定电压、额定电流等）应完整并符合要求，外观无损伤，附件齐全完好。

② 电器元件的电磁机构动作是否灵活，有无衔铁卡阻等不正常现象。用万用表检查电磁线圈的通断情况以及各触点的分合情况。

③ 接触器线圈额定电压与电源电压是否一致。

④ 对电动机的质量进行常规检查。

3）在控制板上按图 2-6 所示布置图安装电器元件，并贴上醒目的文字符号。工艺要求如下。

① 组合开关、熔断器的受电端子应安装在控制板的外侧，并使熔断器的受电端为底座中心端。

② 各元件的安装位置应整齐、匀称、间距合理，便于元件的更换。

③ 紧固各元件时要用力均匀，紧固程度适当。紧固熔断器、接触器等易碎裂元件时，应用手按住元件一边轻轻摇动，一边用旋具轮换旋紧对角线上的螺钉，直到手摇不动后再适当旋紧些即可。

4）按图 2-6 所示接线图的走线方法进行板前明线布线和套编码套管。板前明线布线的工艺要求如下。

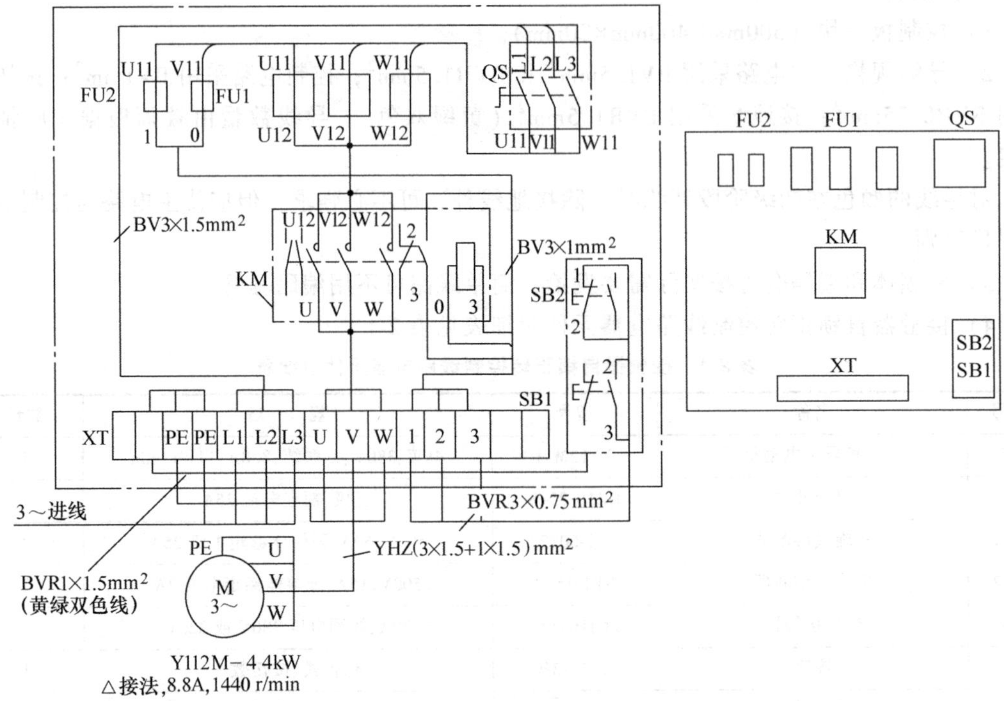


图 2-6 接触器自锁正转控制线路接线图、布置图

① 布线通道尽可能少，同路并行导线按主、控电路分类集中，单层密排紧贴安装面布线。

② 同一平面的导线应高低一致或前后一致，不能交叉。非交叉不可时，该根导线应在接线端子引出时，就水平架空跨越，但必须走线合理。

③ 布线应横平竖直，分布均匀，变换走向时应垂直。

④ 布线时严禁损伤线芯和导线绝缘。

⑤ 布线顺序一般以接触器为中心，由里向外，由低到高，先控制电路，后主电路进行，以不妨碍后续布线为原则。

⑥ 在每根剥去绝缘层导线的两端套上编码套管。所有从一个接线端子（或接线柱）到另一个接线端子（或接线柱）的导线必须连续，中间无接头。

⑦ 导线与接线端子或接线柱连接时，不得压绝缘层，不反圈及不露铜过长。

⑧ 同一电器元件、同一回路的不同接点的导线间距离应保持一致。

⑨ 一个电器元件接线端子的连接导线不得多于两根，每节接线端子板上的连接导线一般只连接一根。

5）根据电路图检查控制板布线的正确性。

6）安装电动机。

7）连接电动机和按钮金属外壳的保护接地线。

8）连接电源、电动机等控制板外的导线。

9）自检。安装完毕的控制板，必须经过认真检查以后，才允许通电试车，以防止错接、漏接造成不能正常运转或短路事故。

① 按电路图或接线图从电源端开始，逐段核对接线及接线端子处线号是否正确，有无漏接、错接之处。检查导线接点是否符合要求，压接是否牢固。接触应良好，以免带负载运行时产生闪弧现象。

② 用万用表检查线路的通断情况。检查时，应选用倍率适当的电阻挡，并进行校零，以防短路故障的发生。对控制电路的检查（可断开主电路），将表棒分别搭在 U11、V11 线端上，读数应为“∞”。按下 SB2 时，读数应为接触器线圈的直流电阻值，然后断开控制电路再检查主电路有无开路或短路现象，此时可以用手动来代替接触器通电进行检查。

③ 用兆欧表检查线路的绝缘电阻应不得小于 1MΩ。

10）校验。

11）通电试车。为保证人身安全，在通电试车时，要认真执行安全操作规程的有关规定，一人监护，一人操作。试车前，应检查与通电试车有关的电器设备是否有不安全的因素存在。若查出应立即整改，然后方能试车。

① 通电试车前，必须征得教师同意，并由教师接通三相电源 L1、L2、L3，同时在现场监护。学生合上电源开关 QS 后，用试电笔检查熔断器出线端，氖管亮说明电源接通。按下 SB2，观察接触器情况是否正常，是否符合线路功能要求；观察电器元件动作是否灵活，有无卡阻及噪声过大等现象；观察电动机运行是否正常。但不得对线路接线是否正确进行带电检查。在观察过程中，若有异常现象应马上停车。当电动机运行平稳后，用钳形电流表测量三相电流是否平衡。

② 出现故障后，学生应单独进行维修。若带电进行检查时，教师必须在现场监护。检修完毕后，如需再次试车，也应该有教师监护。

③ 通电试车完毕，停转，切断电源。先拆除三相电源线，再拆除电动机线。

**四、注意事项**

1）电动机及按钮的金属外壳必须可靠接地。接至电动机的导线必须穿在导线通道内加以保护，或采用坚韧的四芯橡皮线或塑料护套线进行临时通电校验。

2）电源进线应接在螺旋式熔断器的下接线座上，出线则应接在上接线座上。

3）按钮内接线时，用力不可过猛，以防螺钉打滑。

4）训练应在规定时间内完成。

## 第三节　三相笼型异步电动机的正反转控制线路

前面介绍的正转控制线路只能使电动机向一个方向旋转，带动生产机械的运动部件朝一个方向运动。但许多生产机械往往要求运动部件实现正反两个方向的运动，如机床工作台的前进与后退、万能铣主轴的正转与反转、起重机的提升与下降等，这些生产机械都要求电动机能够实现正反转控制。

由三相异步电动机的工作原理可知，当改变通入电动机定子绕组三相电源的相序，即把接电动机的三相电源进线中的任意两根对调接线时，电动机就可以反转。根据这个原理，下面介绍接触器联锁正反转控制线路。

接触器联锁正反转控制线路如图 2-7 所示。线路中采用了两个接触器，即正转接触器 KM1 与反转接触器 KM2，它们分别由正转按钮 SB1 和反转按钮 SB2 控制。当 KM1 主触点接通时，三相电源 L1、L2、L3 按 U—V—W 相序接入电动机；当 KM2 主触点接通时，三相电源 L1、L2、L3 按 W—V—U 相序接入电动机，即 W 和 U 两相相序反了一下。相应地控制电路有两条，一条是由正转按钮 SB1 和 KM1 线圈等组成的正转控制电路；另一条是由反转按钮 SB2 和 KM2 线圈等组成的反转控制电路。所以，当两只接触器分别工作时，电动机的旋转方向相反。

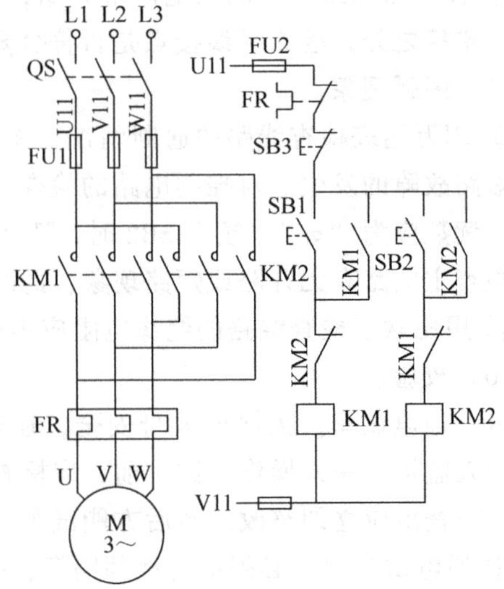

图 2-7 接触器联锁正反转控制线路

必须指出，线路要求接触器 KM1 和 KM2 不能同时接电，否则，它们的主触点同时闭合，将造成 L1、L2、L3 两相电源短路。因此，在接触器 KM1 和 KM2 线圈各自的支路中相互串联了对方的一对动断辅助触点，即在正转控制电路串接反转接触器 KM2 的动断辅助触点，而在反转控制电路串接了正转接触器 KM1 的动断辅助触点，以保证接触器 KM1 和 KM2 不会同时通电。KM1 与 KM2 的这两对动断辅助触点在线路中所起的作用称为互锁（或联锁），这两对触点称为互锁触点（或联锁触点）。

接触器联锁正反转控制线路工作原理如下。

合上电源开关 QS。

正转控制：

按下 SB1→KM1 线圈通电
- →KM1 辅助动合触点闭合自锁
- →KM1 主触头闭合→电动机 M 正转
- →KM1 辅助动断触点断开，实现互锁(切断反转控制线路)

反转控制：

先按下 SB3→KM1 线圈断电
- →KM1 辅助动合触点断开解锁
- →KM1 主触头断开→电动机 M 停转
- →KM1 互锁触点恢复闭合

再按下 SB2→KM2 线圈通电
- →KM2 辅助动合触点闭合自锁
- →KM2 主触点闭合→电动机 M 反转
- →KM2 辅助动断触点断开，实现互锁(切断正转控制电路)

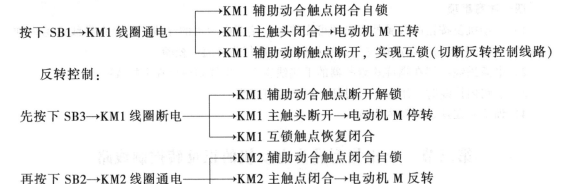

图 2-7 是电动机正反转控制的一种典型线路，但这种线路要改变电动机的转向时，必须先按停止按钮 SB3，再按反转按钮 SB2，才能使电动机反转，显然操作不方便。读者可自学其他电路。

## 实践技能训练 2-2 接触器联锁正反转控制线路的安装

### 一、训练目标

掌握接触器联锁正反转控制线路的安装。

## 二、工具、仪表及器材

（1）工具　试电笔、电工螺钉旋具（各种规格）、尖嘴钳、斜口钳、电工刀等。

（2）仪表　5050 型兆欧表、T301-A 型钳型电流表、MF30 型万用表。

（3）器材　控制板一块（500mm×400mm×20mm）；导线规格：主电路采用 BV1.5$mm^2$ 和 BVR1.5$mm^2$（黑色）塑铜线；控制电路采用 BVR1$mm^2$ 塑铜线（红色），接地采用 BVR（黄绿双色）塑铜线（截面至少 1.5$mm^2$）；紧固体及编码套管等。其数量按需要而定。接触器联锁正反转电器元件明细表见表 2-2。

**表 2-2　接触器联锁正反转电器元件明细表**

| 代号 | 名称 | 型号 | 规格 | 数量 |
|---|---|---|---|---|
| M | 三相异步电动机 | Y112M-4 | 4kW、380V、△联结、8.8A、1440r/min | 1 |
| QS | 组合开关 | HZ10-25/3 | 三极、额定电流 25A | 1 |
| FU1 | 螺旋式熔断器 | RL1-60/25 | 500V、60A、配熔体额定电流 25A | 3 |
| FU2 | 螺旋式熔断器 | RL1-15/2 | 500V、15A、配熔体额定电流 2A | 2 |
| KM1、KM2 | 交流接触器 | CJ10-20 | 20A、线圈电压 380V 或 220V | 2 |
| SB1～SB3 | 按钮 | LA10-3H | 保护式、按钮数 3 | 1 |
| FR | 热继电器 | JR16-20/3 | 三极、20A、整定电流 8.8A | 1 |
| XT | 端子板 | JX2-1015 | 10A、15 节、380V | 1 |

## 三、安装步骤和工艺要求

1）按表 2-2 配齐所用电器元件，并进行质量检验。电器元件应完好无损，各项技术指标符合规定要求，否则应予以更换。

2）在控制板上，按图 2-8 所示接线图安装所有的电器元件，并贴上醒目的文字符号。安装时，组合开关、熔断器的受电端子应安装在控制板的外侧；元件排列要整齐、匀称、间距合理，且便于元件的更换；紧固电器元件时用力要均匀，坚固程度适当，做到既要使元件安装牢固，又不使其损坏。

3）按图 2-8 所示接线图进行板前明线布线和套编码套管，做到布线横平竖直整齐，分布均匀，紧贴安装面，走线合理；套编码套管要正确；严禁损伤线芯和导线绝缘；接点牢靠，不得松动，不能压绝缘层，不反圈及露铜不过长。

4）根据图 2-7 所示电路图检查控制板布线的正确性。

5）安装电动机。做到安装牢固平稳，以防止在换向时产生滚动而引起的事故。

6）可靠连接电动机和按钮金属外壳的保护接地线。

7）连接电源、电动机等控制板外部的导线。导线要敷设在导线通道内，或采用绝缘良好的橡胶线进行通电校验。

8）自检。安装完毕的控制板，必须按要求进行认真检查，确保无误后才可通电试车。

9）校验合格后，通电试车。通电时，必须经指导教师同意后，由指导教师接通电源，并在现场进行监护。出现故障后，学生应独立进行检修。若须带电检查时，必须有教师在现场进行监护。

10）通电试车完毕，停转，切断电源。先拆除三相电源线，再拆除电动机负载线。

## 四、注意事项

1）螺旋式熔断器的接线要正确，以确保用电安全。

2）接触器联锁触点接线必须正确，否则将会造成主电路中两相电源短路事故。

3）通电试车时应先合上电源开关QS，再按下SB1（或SB2）及SB3，查看控制是否正常，并在按下SB1后再按下SB2，观察有无联锁作用。

4）训练应在规定时间内完成，同时要做到安全操作和文明生产。

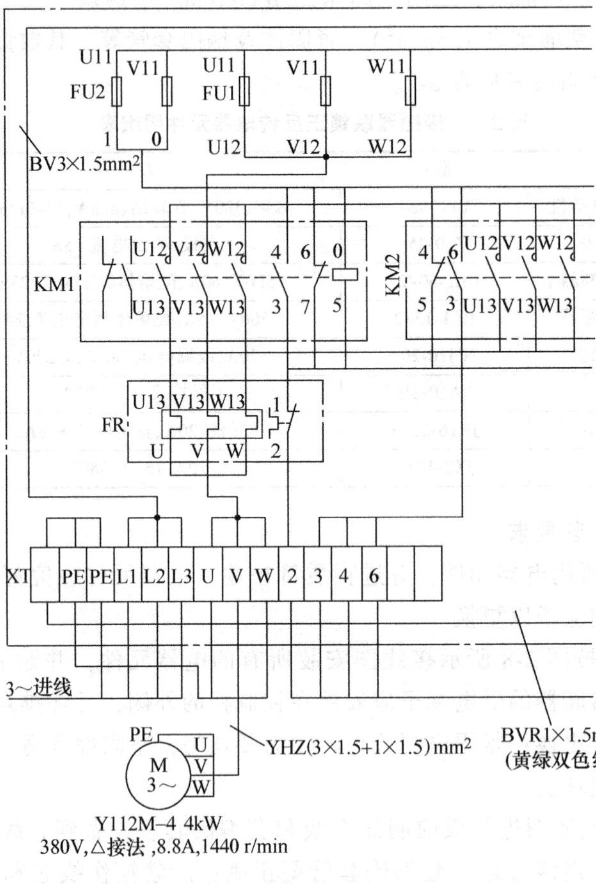


图2-8 接触器联锁正反转控制线路接线图

## 第四节 位置控制与自动循环控制线路

### 一、位置控制（又称行程控制、限位控制）线路

位置开关（又称行程开关、限位开关）是一种将机械信号转换为电气信号以控制运动部件位置或行程的控制电器。位置控制线路就是用运动部件上的挡铁碰撞位置开关而使其触点动作，以接通或断开电路，来控制机械行程或实现加工过程的自动往返。线路简单不受各种参数影响，只反映运动部件的位置。

图2-9所示为位置控制线路。工厂车间里的行车常采用这种线路。电路图下面是行车示意图，在行程的两端处各安装一个限位开关SQ1和SQ2，并将这两个限位开关的动断触点串接在正转控制电路和反转控制电路中，行车前后各装有一块挡铁，就可以达到限位保护的目的。其工作原理如下。

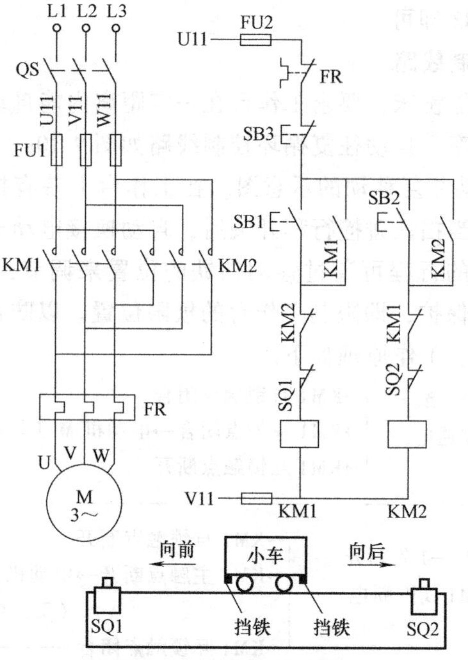


图 2-9 位置控制线路

先合上电源开关 QS。

（一）小车向前运动

按一下 SB1 → KM1 线圈通电 →
- →KM1 自锁触点闭合
- →KM1 主触点闭合→电动机 M 起动正转（小车向前移）
- →KM1 互锁触点断开

→移至限定位置，挡铁碰 SQ1→SQ1 动断触点断开→KM1 线圈断电 →
- →KM1 自锁触点断开
- →KM1 主触点断开→电动机 M 断电停转（小车停止前移）
- →KM1 互锁触点恢复闭合

此时，即使再按 SB1，由于 SQ1 动断触点已断开，接触器 KM1 线圈也不会通电，保证了小车不会超过 SQ1 所在的位置。

（二）小车向后运动

按一下 SB2 → KM2 线圈通电 →
- →KM2 自锁触点闭合
- →KM2 主触点闭合→电动机 M 反转（小车后移）SQ1 动断触点恢复闭合）
- →KM2 互锁触点断开

→移至限定位置，挡铁碰 SQ2→SQ2 动断触点断开→KM2 线圈断电 →
- →KM2 自锁触点断开
- →KM2 主触点断开→电动机 M 断电停转（小车停止后移）
- →KM2 互锁触点恢复闭合

停车时只需按一下 SB3 即可。

## 二、自动往复循环控制线路

有些生产机械，如万能铣床，要求工作台在一定距离内能自动往复，不断循环，以便工件能连续加工，提高生产率。自动往复循环控制线路如图 2-10a、b 所示。

图 2-10c 为工作台自动往复移动的示意图。在工作台上装有挡铁 1 和 2，机床床身上装有行程开关 SQ1 和 SQ2，当挡铁碰撞行程开关后，自动换接电动机正反转控制电路，使工作台自动往返移动。工作台的行程可通过移动挡铁的位置来调节，以适应加工零件的不同要求。SQ3 和 SQ4 用作限位保护，即限制工作台的极限位置。以防止 SQ1、SQ2 失灵，工作台越过限定位置而造成事故。工作原理如下。

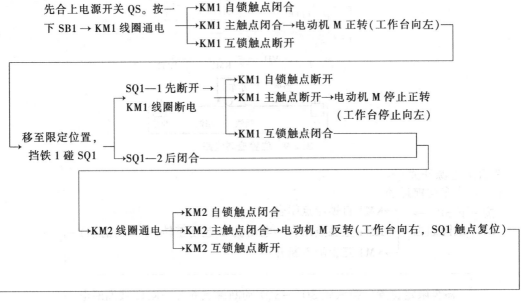

先合上电源开关 QS。按一下 SB1 → KM1 线圈通电
→KM1 自锁触点闭合
→KM1 主触点闭合→电动机 M 正转(工作台向左)
→KM1 互锁触点断开

→移至限定位置，挡铁 1 碰 SQ1
→SQ1—1 先断开 → KM1 线圈断电
→KM1 自锁触点断开
→KM1 主触点断开→电动机 M 停止正转（工作台停止向左）
→KM1 互锁触点闭合
→SQ1—2 后闭合

→KM2 线圈通电
→KM2 自锁触点闭合
→KM2 主触点闭合→电动机 M 反转(工作台向右，SQ1 触点复位)
→KM2 互锁触点断开

→移至限定位置，挡铁 2 碰 SQ2
→SQ2—1 先断开→KM2 线圈断电
→KM2 自锁触点断开
→KM2 主触点断开→电动机 M 停止反转（工作台停止向右）
→KM2 互锁触点闭合
→SQ2—2 后闭合

→KM1 线圈通电
→KM1 自锁触点闭合
→KM1 主触点闭合→电动机 M 又正转(工作台停止又左移，SQ2 触点复位)
→KM1 互锁触点断开

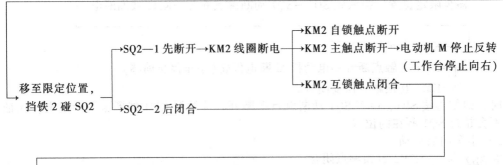

→… 以后重复上述过程，工作台就在限定的行程内自动往复运动。

停车时，按下 SB3→整个控制电路失电→KM1、KM2 主触点断开→电动机 M 停转→工作台停止运动。

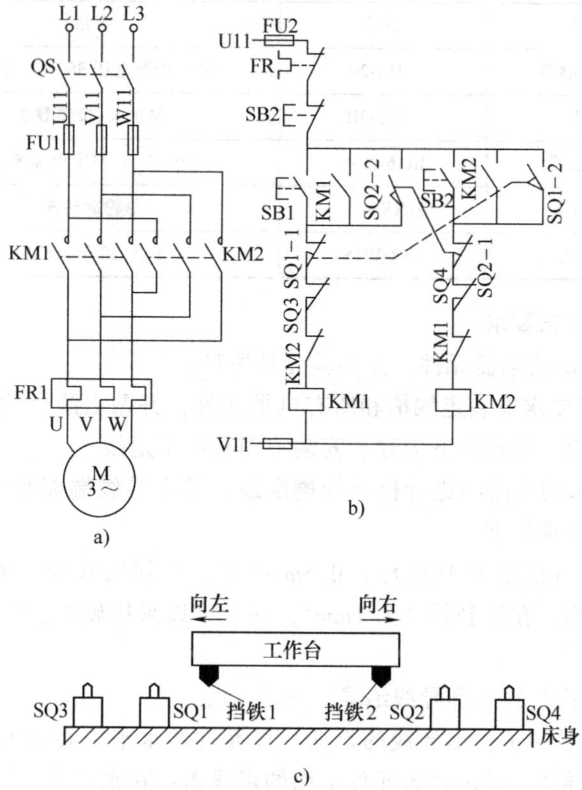


图 2-10 自动往复循环控制线路

# 实践技能训练 2-3 工作台自动往返控制线路的安装与检修

## 一、训练目标

掌握工作台自动往返控制线路的安装与检修。

## 二、工具、仪表及器材

(1) 工具 试电笔、电工螺钉旋具（各种规格）、尖嘴钳、偏口钳、电工刀等。

(2) 仪表 5050 型兆欧表、T301-A 型钳型电流表、MF30 型万用表。

(3) 器材 各种规格紧固体、金属软管及编码套管等，其数量按需要而定。电器元件见表 2-3。

表 2-3 元件明细表

| 代号 | 名称 | 型号 | 规格 | 数量 |
|---|---|---|---|---|
| M | 三相异步电动机 | Y112M-4 | 4kW、380V、△联结、8.8A、1440r/min | 1 |
| QS | 组合开关 | HZ10-25/3 | 三极、额定电流 25A | 1 |
| FU1 | 螺旋式熔断器 | RL1-60/25 | 500V、60A、配熔体额定电流 25A | 3 |
| FU2 | 螺旋式熔断器 | RL1-15/2 | 500V、15A、配熔体额定电流 2A | 2 |

（续）

| 代号 | 名称 | 型号 | 规格 | 数量 |
|---|---|---|---|---|
| KM1、KM2 | 交流接触器 | CJ10-20 | 20A、线圈电压380V或220V | 2 |
| SB1～SB3 | 按钮 | LA10-3H | 保护式、按钮数3 | 1 |
| FR | 热继电器 | JR16-20/3 | 三极、20A、整定电流8.8A | 1 |
| SQ1～SQ4 | 位置开关 | JLXK1-11 | 单轮旋转式 | 4 |
| XT | 端子板 | JX2-1015 | 10A、20节、380V | 1 |

## 三、安装步骤和工艺要求

1）按表2-3配齐所用电器元件，并检验元件质量。

2）在控制板上按要求安装走线槽和所有电器元件，并贴上醒目的文字符号。安装走线槽时，应做到横平竖直、排列整齐匀称、安装牢固和便于走线。

3）按图2-10所示的电路图进行板前线槽配线，并在导线端部套编码套和冷压接线头。板前线槽配线的具体要求如下。

① 所有导线的截面积在等于或大于0.5$mm^2$时，必须用软线。考虑机械强度的原因，所用导线的最小截面积，在控制箱外为1$mm^2$，并且可以采用硬线，但只能用于不移动又无振动的场合。

② 布线时，严禁损伤线芯和导线绝缘。

③ 各电器元件接线端子引出导线的走向，以元件的水平中心线为界限，在水平中心线以上接线端子引出的导线，必须进入元件上面的走线槽；在水平中心线以下接线端子引出的导线，必须进入元件下面的走线槽。任何导线都不允许从水平方向进入走线槽内。

④ 各电器元件接线端子上引出或引入的导线，除间距很小和元件机械强度很差允许架空敷设外，其他导线必须经过走线槽进行连接。

⑤ 进入走线槽内的导线要完全置于走线槽内，并应尽可能避免交叉，装线不要超过其容量的70%，以便能盖上线盖和以后的装配及维修。

⑥ 各电器元件与走线槽之间的外露导线，应走线合理，并尽可能做到横平竖直，变换走向要垂直。在同一个元件上位置一致的端子和同型号电器元件中位置一致的端子上引出或引入的导线，要敷设在同一平面上，并应做到高低一致或前后一致，不得交叉。

⑦ 所有接线端子、导线线头上都应套有与电路图上相应接点线号一致的编码套管，并按线号进行连接，连接必须牢靠，不得松动。

⑧ 在任何情况下，接线端子必须与导线截面积和材料性质相适应。当接线端子不适合连接软线或较小截面积的软线时，可以在导线端头穿上针形或叉形轧头并压紧。

⑨ 一般一个接线端子只能连接一根导线，如果采用专门设计的端子，可以连接两根或多根导线。但导线的连接方式，必须是公认的、在工艺上成熟的各种方式，如夹紧、压接、焊接、绕接等，并应严格按照连接工艺的工序要求进行。

4）根据电路图检验控制板内部布线的正确性。

5）安装电动机。

6）可靠连接电动机和各电器元件金属外壳的保护接地线。

7）连接电源、电动机等控制板外部的导线。

8）自检。

9）检查无误后通电试车。

**四、注意事项**

1）位置开关可以先安装好，不占定额时间。位置开关必须牢固安装在合适的位置上。安装后，必须用手动工作台或受控机械进行试验，合格后才能使用。训练中无条件进行实际机械安装试验时，可将位置开关安装在控制板下方两侧进行手控模拟试验。

2）通电校验时，必须先手动位置开关，试验各行程控制和终端保护动作是否正常可靠。若是电动机正转（工作台向左运动）时，扳动位置开关SQ1，电动机不反转，且继续正转，则可能是由于KM2的主触头接线不正确引起，需断电进行纠正后再试，以防止发生设备事故。

3）走线槽安装后可不必拆卸，以供后面训练时使用。

4）安装训练应在规定时间内完成，同时要做到安全操作和文明生产。

# 第五节 顺序控制与多地控制线路

## 一、顺序控制线路

在某些机床控制线路中装有多台电动机，各电动机所起的作用不同，有时需要按一定的顺序起动才能保证操作过程的合理性和工作的安全可靠。例如，在X5032万能铣床上就要求先起动主轴电动机，然后才能起动进给电动机。M7120型平面磨床的冷却泵电动机，要求当砂轮电动机起动后才能起动。又如，带有液压系统的机床，一般都要先起动液压泵电动机，以后才能起动其他电动机。像这种要求一台电动机起动后另一台电动机才能起动的控制方式，称为顺序控制。

图2-11所示是两台电动机M1和M2的顺序控制线路。该线路的特点是电动机M2的控制电路是接在接触器KM1的动合辅助触点之后。这就保证了只有当KM1通电，M1起动后，M2才能起动。如果由于某种原因（如过载或失压等）使KM1失电，M1停转，那么M2也

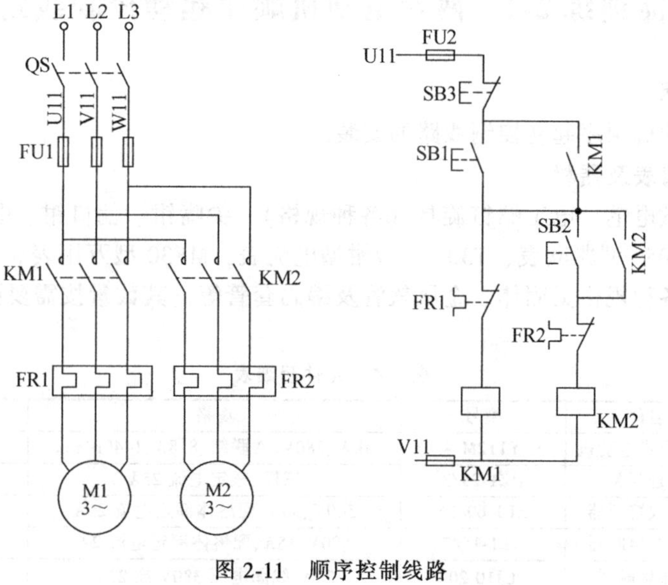


图2-11 顺序控制线路

立即停止，即 M1 和 M2 同时停止。线路的工作原理如下。

起动：

按 SB1→KM1 线圈通电—┬→KM1 主触点闭合→电动机 M1 起动运转

└→KM1 自锁触点闭合，按一下 SB2→KM2 线圈通电—

┬→KM2 自锁触点闭合

└→KM2 主触点闭合→电动机 M2 起动运转

停止：

按 SB3→KM1、KM2 线圈断电→KM1、KM2 主触点断开→电动机 M1、M2 同时断电停转

**二、多地控制线路**

以上各控制线路只能在一个地点，用一套按钮来对电动机进行操作，但是有些生产机械，为了操作方便，常常希望可以在两地或多地进行同样的控制操作，即所谓两地或多地控制。

图 2-12 为两地控制的控制线路，它可以分别在甲、乙两地控制接触器 KM 的通断，这两组起停按钮接线的方法必须是起动按钮相互并联，停止按钮要相互串联。其中甲地的起停按钮为 SB11 和 SB12，乙地起停按钮为 SB21 和 SB22，因而实现了两地控制同一台电动机的目的。

对三地或多地控制，只要把各地的起动按钮并联，停止按钮串联就可以实现。

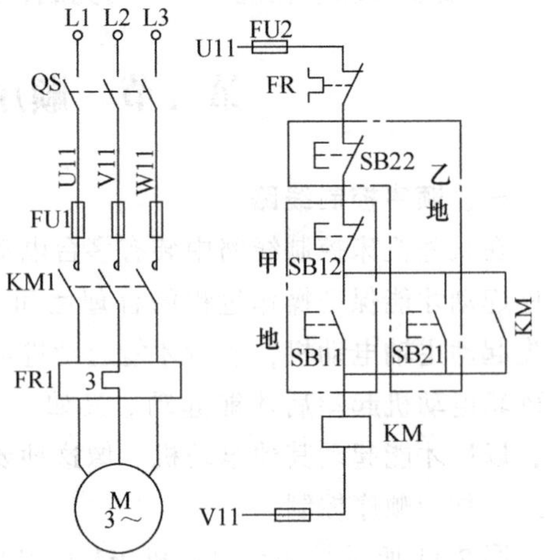


图 2-12 两地控制线路

## 实践技能训练 2-4 两台电动机顺序起动控制线路的安装

**一、训练目标**

掌握两台电动机顺序起动控制线路的安装。

**二、工具、仪表及器材**

(1) 工具 试电笔、电工螺钉旋具（各种规格）、尖嘴钳、偏口钳、电工刀等。

(2) 仪表 5050 型兆欧表、T301-A 型钳型电流表，MF30 型万用表。

(3) 器材 各种规格紧固体、金属软管及编码套管等，其数量按需要而定。电器元件见表 2-4。

表 2-4 元件明细表

| 代号 | 名称 | 型号 | 规格 | 数量 |
|---|---|---|---|---|
| M | 三相异步电动机 | Y112M-4 | 4kW、380V、△联结、8.8A、1440r/min | 2 |
| QS | 组合开关 | HZ1-25/3 | 三极、额定电流 25A | 1 |
| FU1 | 螺旋式熔断器 | RL1-60/25 | 500V、60A、配熔体额定电流 25A | 3 |
| FU2 | 螺旋式熔断器 | RL1-15/2 | 500V、15A、配熔体额定电流 2A | 2 |
| KM1、KM2 | 交流接触器 | CJ10-20 | 20A、线圈电压 380V 或 22V | 2 |

（续）

| 代号 | 名称 | 型号 | 规格 | 数量 |
|---|---|---|---|---|
| SB1、SB2 | 按钮 | LA10-3H | 保护式、按钮数 3 | 1 |
| SB3、SB4 | 按钮 | LA10-3H | 保护式、按钮数 3 | 1 |
| FR1 | 热继电器 | JR16-20/3 | 三极、20A、整定电流 8.8A | 1 |
| FR2 | 热继电器 | JR16-20/3 | 三极、20A、整定电流 8.8A | 1 |
| XT | 端子板 | JX2-1015 | 10A、15 节、380V | 1 |

### 三、安装步骤及工艺要求

安装工艺要求可参照技能训练 2-3 中的工艺要求进行。其安装步骤如下。

1）按表 2-4 配齐所用电器元件，并检验元件质量。

2）根据图 2-11 所示电路图，画出布置图。

3）在控制板上按布置图安装走线槽和所有电器元件，并贴上醒目的文字符号。

4）安装电动机。

5）可靠连接电动机和电器元件金属外壳的保护接地线。

6）连接控制板外部的导线

7）自检

8）检查无误后通车试车。

### 四、注意事项

1）通电试车前，应熟悉线路的操作顺序，即先合上电源开关 QS，然后按下 SB1 后，再按 SB2 顺序起动；按下 SB3 后停止。

2）通电试车时，注意观察电动机、各电器元件及线路各部分工作是否正常。若发现异常情况，必须立即切断电源开关 QS。

3）安装应在规定时间内完成，同时要做到安全操作和文明生产。

## 第六节 三相笼型异步电动机的降压起动控制线路

前面介绍的三相笼型异步电动机直接起动的优点是所需电气设备少，线路简单，维修量较小。但是在电源变压器容量不够大的情况下或电动机容量足够大时，直接起动将导致电源变压器输出电压大幅度下降（因为异步电动机的起动电流比额定电流大很多），这不仅使电动机本身的起动转矩减少，而且还会影响同一线路上其他负载的正常工作。因此，直接起动通常电源容量在 180kV · A 以上，电动机容量在 7kW 以下的三相笼型异步电动机的空载或轻载起动。一般容量大于 10kW 的三相笼型异步电动机是否可以采用直接起动，可根据下面的经验公式来判定：

$$\frac{I_q}{I_N} \leqslant \frac{3}{4} + \frac{\text{电源变压器的容量}}{4 \times \text{电动机的额定功率}}$$

式中 $I_q$——电动机起动电流（A）；

$I_N$——电动机额定电流（A）。

凡不满足直接起动条件的，均须采用降压起动。

降压起动是指利用起动设备将电压适当降低后加到电动机的定子绕组上进行起动，待电动机起动运转后，再使其电压恢复到额定值正常运转，由于电流随电压的降低而减小，所以降压起动达到了减小起动电流之目的。但同时，由于电动机转矩与电压的平方成正比，所以降压起动也将导致电动机的起动转矩大为降低。因此，降压起动需要在空载或轻载下起动。

三相笼型电动机常用的降压起动方法有：定子绕组串联电阻（或电抗器）起动；星形-三角形起动；自耦变压器降压起动及延边三角形起动，下面分别进行介绍。

**一、定子绕组串电阻（或电抗器）降压起动控制线路**

定子绕组串接电阻（或电抗器）降压起动是在电动机定子绕组电路中串入电阻（或电抗器），起动时利用串入的电阻（或电抗器）起降压限流作用；待电动机转速升到一定值时，将电阻（或电抗器）切除，使电动机在额定电压下稳定运行。由于定子电路中串入的电阻要消耗电能，所以大、中型电动机常采用串联电抗器的起动方法，它们的控制线路是一样的。定子绕组串联电阻（或电抗器）降压起动控制线路有手动接触器控制及时间继电器自动控制等几种形式。

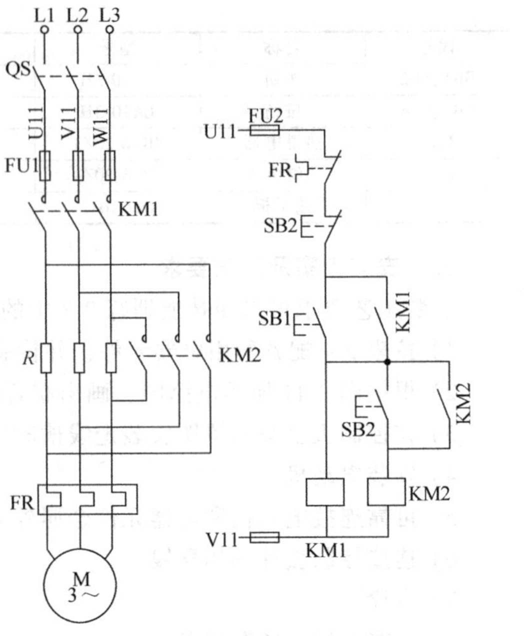


图 2-13　手动接触器控制的串联电阻降压起动控制线路

（一）手动接触器控制线路

图 2-13 为手动接触器控制的串联电阻降压起动控制线路。由控制线路可知接触器 KM1 和 KM2 是顺序工作的。工作原理如下。

先合上电源开关 QS。

1. 降压起动

按起动按钮 SB1→KM1 线圈通电→
→KM1 主触点闭合 → 电动机 M 串联电阻降压起动
→KM1 自锁触点闭合

2. 全压起动

当电动机转速接近额定值时，按 SB2→KM2 线圈通电→
→KM2 主触点闭合（电阻 $R$ 被短接）→电动机全压运行
→KM2 自锁触点闭合

3. 停止时只需按下 SB3，控制电路断电，电动机 M 断电停转

该电路从降压起动到全压运行是靠操作人员操作实现，要按两次按钮，工作既不方便也不可靠。实际的控制线路采用时间继电器自动完成短接电阻的要求，以实现自动控制。

（二）时间继电器自动控制线路

图 2-14 所示时间继电器降压起动自动控制线路，它用时间继电器 KT 来代替按钮 SB2，

从而实现了电动机从降压起动到全压运行的自动控制。只要调整好时间继电器 KT 触点的动作时间，电动机由起动过程切换成运行过程就能准确可靠地完成。

工作原理如下。

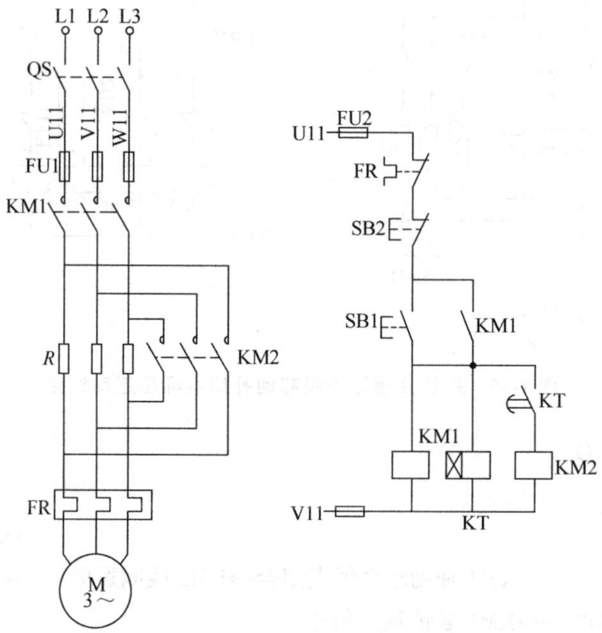


图 2-14　时间继电器控制的串联电阻降压起动控制线路

先合上电源开关 QS。

按 SB1→KM1 线圈通电→KM1 主触点闭合→电动机 M 串电阻起动
　　　　　　　　　　　→KM1 自锁触点闭合
　　　→KT 线圈通电→KT 动合触点延时闭合→KM2 线圈通电→ KM2 主触点闭合（电阻 $R$ 被短接）→电动机 M 全压运行

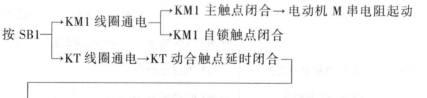

停止时，按下 SB2 即可实现。

## 二、自耦变压器降压起动控制线路

自耦变压器减压起动是指电动机起动时利用自耦变压器来降低起动时加在电动机定子绕组上的电压，达到限制起动电流的目的。待电动机起动后，再使电动机与自耦变压器脱离，从而在全压下正常运动。

自耦变压器减压起动常用一种称为起动补偿器的控制设备来实现，可分手动控制与自动控制补偿器减压起动。

### （一）用按钮接触器手动控制

图 2-15 所示为按钮接触器控制起动补偿器降压起动线路。工作原理如下。

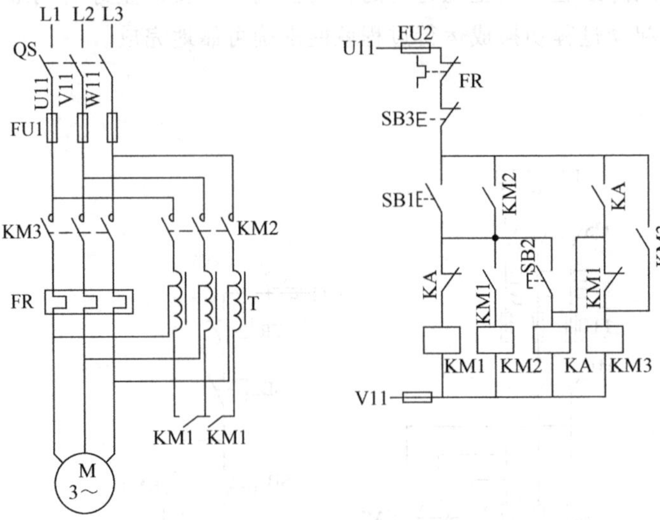


图 2-15 按钮接触器控制起动补偿器降压起动线路

先合上电源开关 QS。

降压起动：

按 SB1→KM1 线圈通电→KM1 辅助动合触点闭合→KM2 线圈通电→KM2 自锁触点闭合；→KM2 主触点闭合
按 SB1→KM1 线圈通电→KM1 联锁触点断开
按 SB1→KM1 线圈通电→KM1 主触点闭合
（KM2 主触点闭合、KM1 主触点闭合）→电动机接入自耦变压器降压起动

全压运行：当电动机转速上升到接近额定转速时，

按 SB2→KA 线圈通电→KA 动断触点先断开
按 SB2→KA 线圈通电→KM1 线圈断电→KM1 常开触点断开；→KM2 线圈断电→KM2 自锁触点断开、KM2 主触点断开；→KM1 主触点断开；→KM1 联锁触点闭合
按 SB2→KA 线圈通电→KA 动合触点闭合自锁
（KM1 联锁触点闭合、KA 动合触点闭合自锁）→KM3 线圈通电→KM3 自锁触点闭合；→KM3 主触点闭合→电动机全压运行

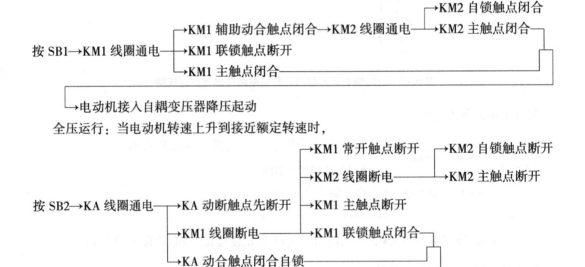

该控制线路的优点：1）若起动时误按 SB2，则接触器 KM3 线圈不会通电，避免了电动机全压起动。2）由于 KM1 动合触点与 KM2 线圈串联，因此降压起动完毕后，接触器 KM1、KM2 均断电，即使接触器 KM3 出现故障无法闭合时，也不会使电动机在低压下运行。3）由于接触器 KM3 闭合时间领先于接触器 KM2 的释放时间，因此不会出现起动过程中电动机的间隙断电，也就不会出现第二次起动电流。该控制线路的缺点是每次起动需按两次按钮，操作不方便，且间隔时间也不能准确掌握。

（二）自动控制起动补偿器降压起动

在许多需要自动控制的场合，常采用时间继电器自动控制的补偿器降压起动。我国生产的XJ01系列的自动控制补偿器是目前广泛应用的自动控制补偿器，适用于380V，功率为14~300kW的三相笼型异步电动机降压起动用，由自耦变压器、交流接触器、中间继电器、热继电器、时间继电器和按钮等电器元件组成。图2-16是其中一种自动补偿器的控制线路。工作原理如下。

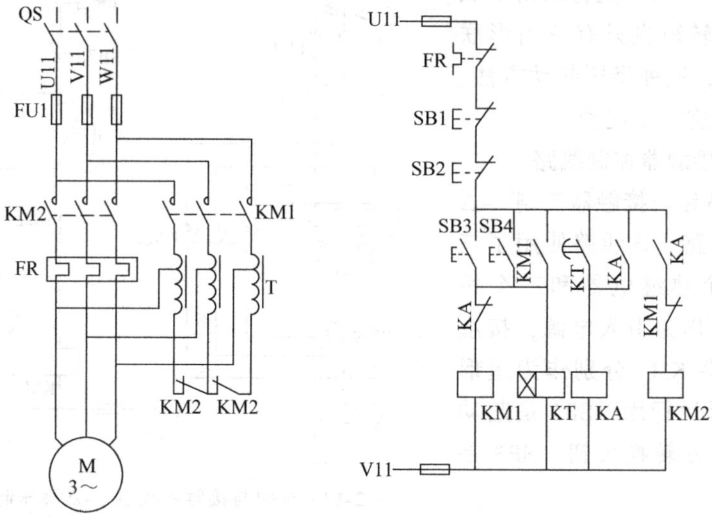


图2-16 时间继电器自动控制的补偿器降压起动控制线路

先合上电源开关QS。

按SB3（或SB4）—
- →KM1线圈通电→KM1自锁触点闭合
  - →KM1主触点闭合→电动机接入自耦变压器起动
  - →KM1动断联锁触点断开
- →KT线圈通电→动合触点延时闭合→KA线圈通电→
  - →KA自锁触点闭合
  - →KA动断触点断开→KM1线圈断电→
    - →KM1自锁触点断开
    - →KM1主触点断开，自耦变压器切除
    - →KM1动断联锁触点闭合—→KM2线圈通电→
  - →KA动合触点闭合—（→KM2线圈通电）
    - →KM2两对动断触点断开
    - →KM2主触点闭合→电动机全压运行

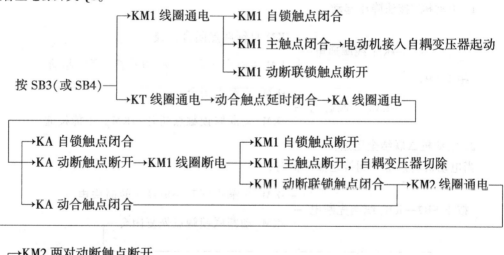

SB1、SB2为两个异地控制的停止按钮。

自耦变压器降压起动的优点是起动转矩和起动电流可以调节，但设备庞大，成本较高。因此，这种方法适用于额定电压为220V/380V，接法为△/Y，容量较大的三相异步电动机的降压起动。

**三、星形-三角形（Y-△）降压起动控制线路**

星形-三角形降压起动是指电动机起动时，把定子绕组作为星形联结，以降低起动电压，限制起动电流，待转速升高到一定值时，再把定子绕组改为三角形联结，使电动机全压运行。额定运行为三角形联结且容量较大的电动机，这种电动机可以采用Y-Δ起动法。

电动机起动时，接成星形，加在每相定子绕组上的起动电压只有三角形联结的 $1/\sqrt{3}$，起动电流为三角形联结的 1/3，起动转矩也只有三角形联结的 1/3。所以，这种降压起动方法，只适用于轻载或空载下起动。

（一）按钮接触器控制线路

图 2-17 为按钮与接触器控制Y-Δ降压起动控制线路。该线路使用了三个接触器、一个热继电器和三个按钮。接触器 KM 作为引入电源，接触器 $KM_Y$ 和接触器 $KM_\Delta$ 分别作为星形起动用和三角形运行用，SB1 是起动按钮，SB2 是Y-Δ转换按钮，SB3 是停车按钮。

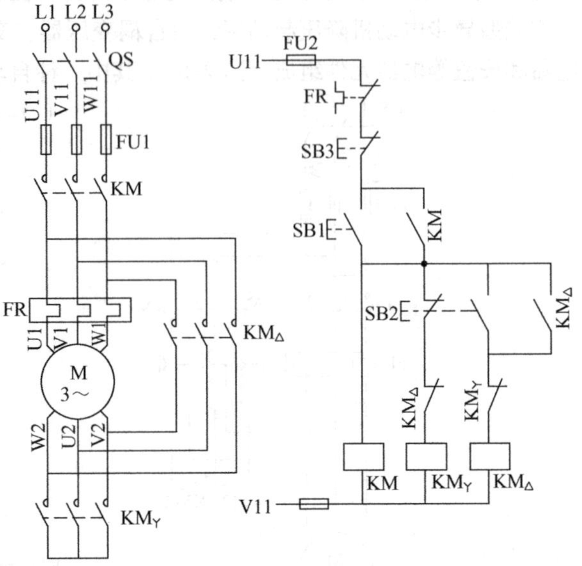


图 2-17 按钮与接触器控制Y-Δ降压起动控制线路

工作原理如下。

先合上电源开关 QS。

1. 电动机Y接法降压起动

按下 SB1
- → KM 线圈通电
  - → KM 自锁触点闭合自锁
  - → KM 主触点闭合 ——→ 电动机Y联结起动
- → $KM_Y$ 线圈通电
  - → $KM_Y$ 主触点闭合 ——→（电动机Y联结起动）
  - → $KM_Y$ 动断联锁触点断开 → $KM_\Delta$ 不能接通

2. 电动机Δ联结全压运行

当电动机转速上升到接近额定值时，

按下 SB2 → $KM_Y$ 线圈先断电
- → $KM_Y$ 主触点断开 → 电动机暂时失电
- → $KM_Y$ 动断联锁触点恢复闭合 → $KM_\Delta$ 线圈后通电
  - → $KM_\Delta$ 自锁触点闭合
  - → $KM_\Delta$ 主触点闭合 → 电动机 Δ 联结运行
  - → $KM_\Delta$ 动断联锁触点断开 → $KM_Y$ 无法接通

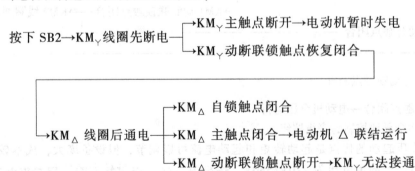

3. 停止时，按下 SB3 即可实现

这种起动线路由起动到全压运行，需要两次按动按钮，不太方便，并且切换时间也不容易准确掌握。为了克服上述缺点，也可采用时间继电器自动切换控制Y-Δ起动线路。

（二）时间继电器自动控制Y-△降压起动控制线路

如图 2-18 所示，时间继电器自动控制Y-△降压起动控制线路。该线路由三个接触器、一个热继电器、一个时间继电器和两个按钮组成。时间继电器 KT 作为控制Y形降压起动时间和完成Y-△自动切换用，其他电器的作用与上述线路相同。工作原理如下。

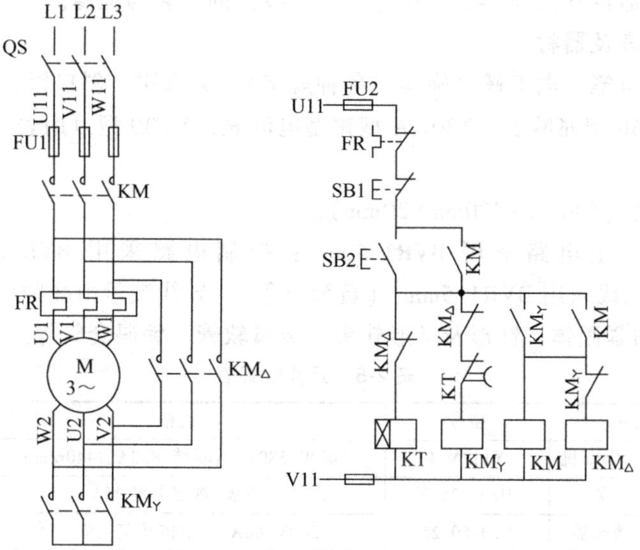


图 2-18　时间继电器自动控制Y-△降压起动控制线路

先合上电源开关 QS。

按下 SB2—
- →$KM_Y$ 线圈通电—
  - →$KM_Y$ 联锁触点断开
  - →$KM_Y$ 动合触点闭合→KM 线圈通电—
    - →KM 动合触点闭合自锁
    - →KM 主触点闭合—
  - →$KM_Y$ 主触点闭合—
  - →电动机Y联结起动
- →KT 线圈通电→KT 动断触点延时断开→$KM_Y$ 线圈断电—
  - →$KM_Y$ 主触点断开，电动机暂时失电
  - →$KM_Y$ 动合辅助触点断开
  - →$KM_Y$ 联锁触点闭合→$KM_△$ 线圈通电—
    - →$KM_△$ 主触点闭合—
    - →KM 主触点已闭合—
      - →电动机 △ 联结运行
    - →$KM_△$ 动断触点断开→KT 线圈断电→KT 动断触点复位

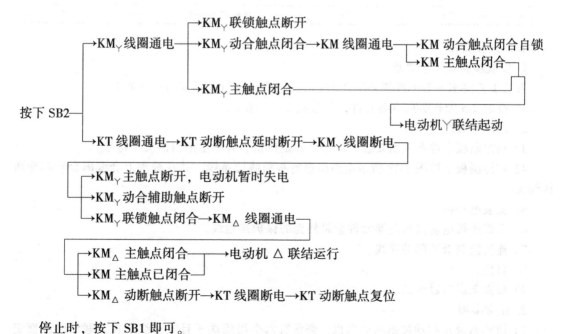

停止时，按下 SB1 即可。

# 实践技能训练2-5 时间继电器自动控制Y-Δ降压起动控制线路的安装与检修

## 一、训练目标

掌握时间继电器自动控制Y-Δ降压起动控制线路的安装与检修。

## 二、工具、仪表及器材

(1) 工具 试电笔、电工螺钉旋具（各种规格）、尖嘴钳、斜口钳、电工刀等。

(2) 仪表 5050型兆欧表、T301-A型钳型电流表、MF30型万用表。

(3) 器材

1）控制板一块（500mm×400mm×20mm）。

2）导线规格：主电路采用BVR1.5$mm^2$；控制电路采用BVR1$mm^2$；按钮线采用BVR0.75$mm^2$；接地线采用BVR1.5$mm^2$（黄绿双色）。导线数量由教师根据实际情况确定。

3）各种规格的紧固体、针形及叉形轧头、金属软管、编码套管等。电器元件见表2-5。

表2-5 元件明细表

| 代号 | 名称 | 型号 | 规格 | 数量 |
|---|---|---|---|---|
| M | 三相异步电动机 | Y112M-4 | 4kW、380V、Δ联结、8.8A、1440r/min | 1 |
| QS | 组合开关 | HZ10-25/3 | 三极、额定电流25A | 1 |
| FU1 | 螺旋式熔断器 | RL1-60/25 | 500V、60A、配熔体额定电流25A | 3 |
| FU2 | 螺旋式熔断器 | RL1-15/2 | 500V、15A、配熔体额定电流2A | 2 |
| KM1~KM3 | 交流接触器 | CJ10-20 | 20A、线圈电压380V或220V | 3 |
| SB1、SB2 | 按钮 | LA10-3H | 保护式、按钮数3 | 1 |
| FR | 热继电器 | JR16-20/3 | 三极、20A、整定电流8.8A | 1 |
| KT | 时间继电器 | JS7-2A | 线圈电压380V或220V | 1 |
| XT | 端子板 | JX2-1015 | 10A、15节、380V | 1 |

## 三、安装训练

1. 安装步骤及工艺要求

安装工艺要求可参照技能训练2-3中的工艺要求进行。其安装步骤如下。

1）按表2-5配齐所用电器元件，并检验元件质量。

2）画出布置图。

3）在控制板上按布置图安装电器元件和走线槽，并贴上醒目的文字符号。

4）在控制板上按图2-18所示电路图进行板前线槽布线，并在线头上套编码套管和冷压接线头。

5）安装电动机。

6）可靠连接电动机和电器元件金属外壳的保护接地线。

7）连接控制板外部的导线。

8）自检。

9）检查无误后通电试。

2. 注意事项

1）用Y-Δ降压起动控制的电动机，必须有六个出线端子且定子绕组在Δ联结时的额定电压等于三相电源线电压。

2）接线时要保证电动机△联结的正确性，即接触器 $KM_{\triangle}$ 主触点闭合时，应保证定子绕组的 U1 与 W2、V1 与 U2、W1 与 V2 相连接。

3）接触器 $KM_{Y}$ 的进线必须按要求从三相定子绕组的末端引入，若误将其首端引入，则在 $KM_{Y}$ 吸合时，会产生三相电源短路事故。

4）控制板外部配线，必须按要求一律装在导线通道内，使导线有适当的机械保护，以防止液体、铁屑和灰尘的侵入。在训练时可适当降低要求，但必须能确保安全为条件，如采用多芯橡胶线或塑料护套软线。

5）通电校验前要再检查一下熔体规格及时间继电器、热继电器的各整定值是否符合要求。

6）通电校验必须有指导教师在现场监护，学生应根据电路图的控制要求独立进行校验。若出现故障也应自行排除。

7）安装训练应在规定定额时间内完成，同时要做到安全操作和文明生产。

**四、检修训练**

（1）故障设置　在控制电路或主电路中人为设置电气故障两处。

（2）故障检修　其检修步骤及要求如下。

1）用通电试验法观察故障现象。观察电动机、各电器元件及线路的工作是否正常。若发现异常现象，则应立即断电检查。

2）用逻辑分析法缩小故障范围，并在电路图上用虚线标出故障部位的最小范围。

3）用测量法正确、迅速的找出故障点。

4）根据故障点的不同情况，采取正确的方法迅速排除故障。

5）排除故障后通电试车。

（3）注意事项

1）检修前要先掌握电路图中各个控制环节的作用和原理，并熟悉电动机的接线方法。

2）在检修过程中严禁扩大和产生新的故障，否则要立即停止检修。

3）检修思路和方法要正确

4）带电检修故障时，必须有指导教师在现场监护，并要确保用电安全。

5）检修必须在规定时间内完成。

## 第七节　三相异步电动机制动控制线路

三相异步电动机断开电源后，由于惯性的作用下不会马上停止转动，而是要转动一段时间才会完全停下来。有些生产机械却需要迅速、准确停车，如万能铣床需立即停止转动、起重机的吊钩需准确定位等。要实现生产机械的这种要求，就需要对电动机进行制动。

所谓制动，就是给电动机一个与转动方向相反的转矩，使它迅速停转（或限制其转速）。制动的方法有两类：机械制动和电气制动。

**一、机械制动**

利用机械装置使电动机断开电源后迅速停转的方法称为机械制动。机械制动常用的方法有电磁抱闸制动和电磁离合器制动。

（一）电磁抱闸

（1）电磁抱闸的结构　图 2-19 为电磁抱闸的结构示意图。它主要包括制动电磁铁和闸瓦制动器两部分。制动电磁铁由铁心、衔铁和线圈三部分组成，并有单相和三相之分。闸瓦制动器由闸轮、闸瓦、杠杆与弹簧等部分组成，闸轮与电动机装在同一根转轴上。制动强度可通过调整机械结构来改变。电磁抱闸可分为断电制动型和通电制动型两种。断电制动型的性能是：当线圈得电时，闸瓦与闸轮分开，无制动作用；当线圈失电时，闸瓦将紧抱闸轮进行制动。通电制动型的性能是：当线圈得电时，闸瓦紧紧抱住闸轮制动；当线圈失电时，闸瓦与闸轮分开，无制动作用。

（2）机械制动控制线路

1）断电制动控制线路。图 2-20 所示为电磁抱闸断电制动控制线路。其工作原理是合上电源开关 QS，按下 SB1，接触器 KM 通电，电磁抱闸线圈 YB 通电，使抱闸的闸瓦与闸轮分开，电动机起动。当需要制动时，按下停车按钮 SB2，KM 线圈断电，电动机电源被切断。此时电磁抱闸线圈 YB 断电，在弹簧作用下，使闸瓦与闸轮紧紧抱住，电动机被迅速制动而停转。

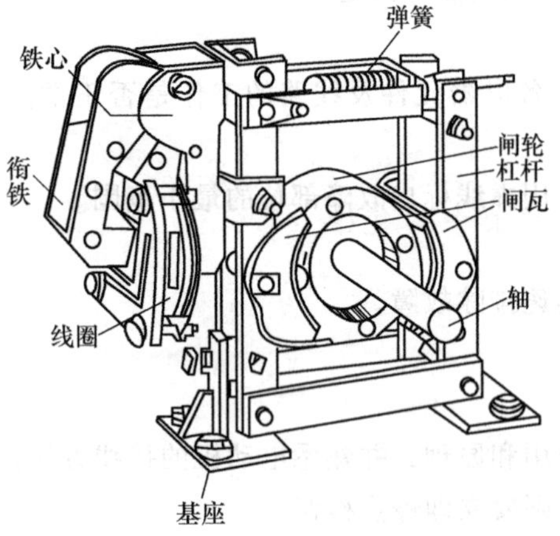


图 2-19　电磁抱闸的结构图

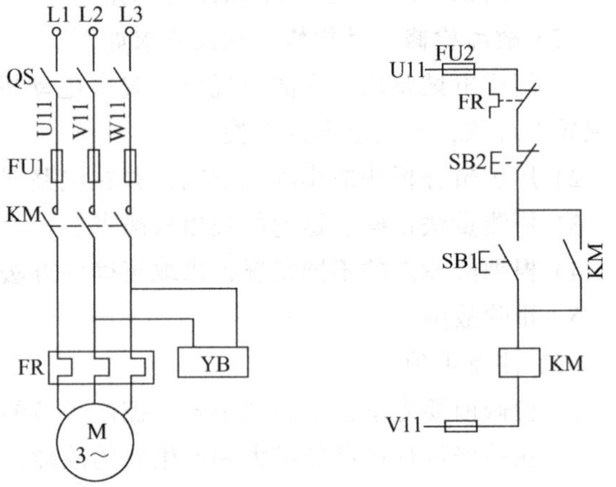


图 2-20　电磁抱闸断电制动控制线路

这种制动方法常用于起重、卷扬等设备上。其特点是比较安全可靠，不会因中途断电或电气故障而造成事故。但是当电源切断后，电动机的轴就被制动刹住而不能转动，而某些生产机械，如机床等，有时还需要用人工使电动机的转轴转动，这时就应采用通电控制线路了。

2）通电制动控制线路。图 2-21 所示为电磁抱闸通电制动控制线路。工作原理为：先合上电源开关 QS，按下 SB1，KM1 线圈得电，主电路中电源被接通，但电磁抱闸线圈 YB 此时仍无电压，闸瓦与闸轮处于松开

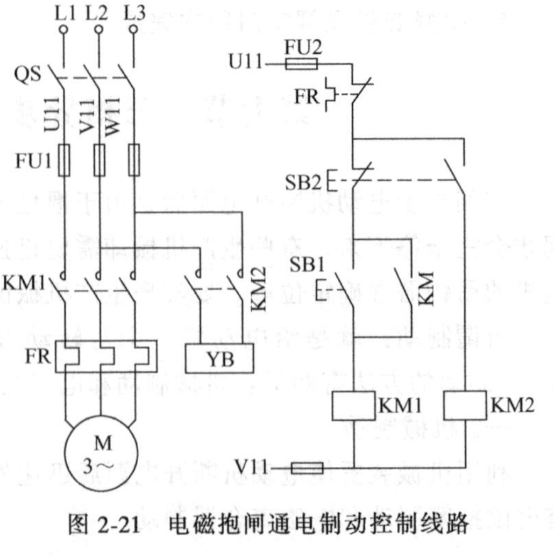


图 2-21　电磁抱闸通电制动控制线路

状态。按下 SB2 时，KM1 线圈断电，使主电路断电。通过 SB2 复合按钮的常开触点的动作，使 KM2 线圈得电，电磁抱闸 YB 线圈得电，闸瓦与闸轮抱紧而进行制动。当松开 SB2 时，电磁抱闸线圈 YB 断电，抱闸又松开，制动过程结束。

这种制动方法在电动机停转常态时，电磁抱闸线圈无电流，闸瓦与闸轮分开，这样操作人员可以用手扳动主轴进行调整工件、对刀。另外，可以根据实际要求，不将 SB2 按到底，则只停车而不制动。但是，遇到电源突然断电时，电磁抱闸线圈无电流，不能完成制动。

（二）电磁离合器制动

（1）电磁离合器结构　电磁离合器（图 2-22）主要由制动电磁铁（包括铁心、衔铁和激磁线圈）、静摩擦片、动摩擦片和制动弹簧等组成。电磁铁的铁心 1 靠导向轴（图中没画出此部分）连接机械的本体上，衔铁 2 与静摩擦片 4 固定在一起，做轴向移动，但不能绕轴转动。动摩擦片 5 通过连接法兰 7 与绳轮轴 8 由键 9 固定在一起，绳轮轴 8 与电动机同轴，即可随电动机在一起转动。

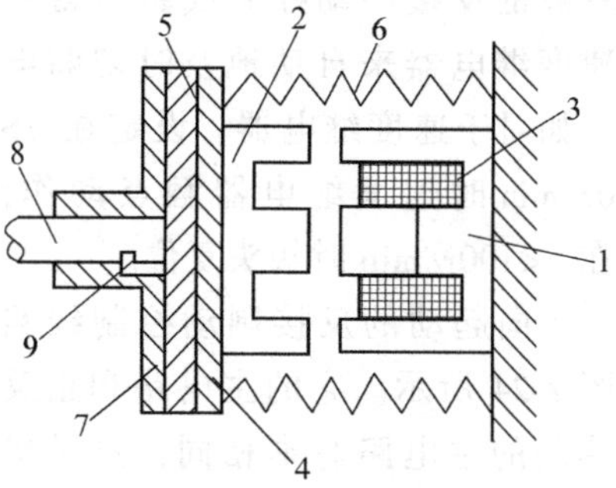

图 2-22　断电制动式电磁离合器结构示意图
1—铁心　2—衔铁　3—激磁线圈　4—静摩擦片　5—动摩擦片　6—制动弹簧　7—法兰　8—绳轮轴　9—键

（2）电磁离合器制动原理　电动机静止时，激磁线圈 3 无电，制动弹簧 6 将静摩擦片 4 紧紧压在动摩擦片 5 上，此时电动机通过绳轮轴 8 被制动。当电动机通电运转时，激磁线圈 3 也同时得电，电磁铁的衔铁 2 被铁心 1 吸合，使静摩擦片 4 与动摩擦片 5 分开，于是动摩擦片 5 连同绳轮轴 8 在电动机的带动下正常起动运转。当电动机切断电源时，激磁线圈 3 也同时失电，制动弹簧 6 立即将静摩擦片 4 连同衔铁 2 推向转动着的动摩擦片 5，强大的弹簧张力迫使动、静摩擦片之间产生足够大的摩擦力，使电动机断电后立即受制动停转。电磁离合器控制的制动线路与图 2-20 所示线路基本相同，读者可自行画出进行分析。

## 二、电气制动控制线路

使电动机在切断电源后，产生一个和电动机实际旋转方向相反的电磁力矩（制动力矩），迫使电动机迅速停转的方法称为电气制动。常用的电气制动方法有反接制动、能耗制动、回馈制动和电容制动。

1. 反接制动控制线路

反接制动是将运动中的电动机电源反接（即任意调换两根电源线的相序），从而使定子绕组的旋转磁场反向，转子受到与原旋转方向相反的制动力矩而迅速停转，其基本原理如图 2-23 所示。图中要使正在以 $n_2$ 方向旋转的电动机迅速停转，可先拉开正转接法的电源开关 QS，使电动机与三相电源脱离，转子由于惯性仍按原方向旋转，然后将开关 QS 投向反接制动侧，这时由于 U、V 两相电源线对调了，产

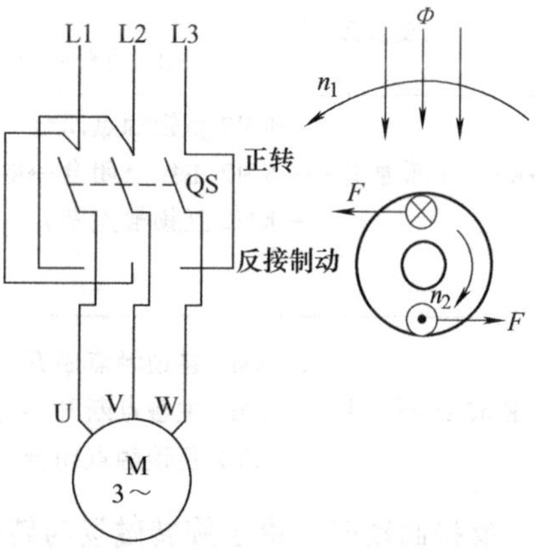

图 2-23　反接制动原理图

生的旋转磁场 $\Phi$ 方向与先前的相反。从而使转子绕组产生与原来相反的电磁转矩，即制动转矩，其方向由左手定则判断。依靠这个转矩，使电动机转速迅速下降而实现制动。

值得注意的是，当电动机转速接近零时，如不及时切断电源，则电动机将会反向起动。因此，必须在反接制动中，采取一定的措施，保证当电动机的转速被制动到接近零时迅速切断电源，防止反向起动。在一般的反接制动控制线路中常利用速度继电器来自动地及时切断电源。如对于速度继电器，设定在 $n>120\text{r/min}$ 时速度继电器触点动作，而在 $n<100\text{r/min}$ 时触头复位。

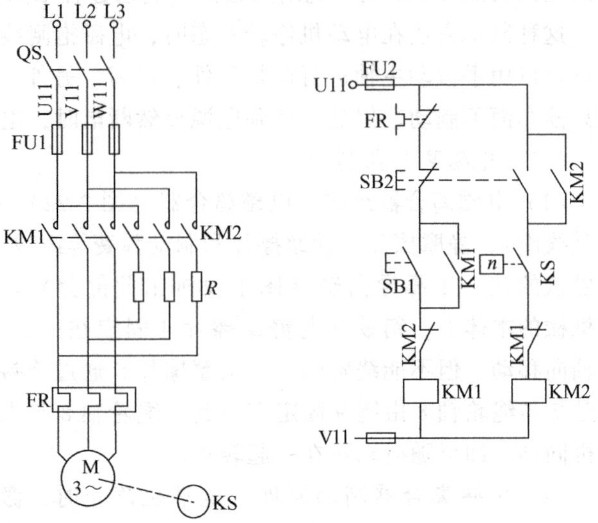


图 2-24　单向起动反接制动控制线路

单向起动的反接制动控制线路如图 2-24 所示。它的主电路和正反转控制的主电路基本相同，只是增加了三个限流电阻 $R$。图中 KM1 为正转运行接触器，KM2 为反接制动接触器，速度继电器 KS 与电动机 M 用虚线相连表示同轴。工作原理如下。

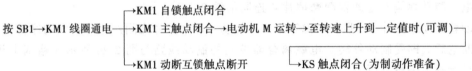

先合上电源开关 QS。

单向起动：

按 SB1→KM1 线圈通电→
- →KM1 自锁触点闭合
- →KM1 主触点闭合→电动机 M 运转→至转速上升到一定值时(可调)→KS 触点闭合(为制动作准备)
- →KM1 动断互锁触点断开

反接制动：

按复合按钮 SB2→
- →SB2 动断触点先断开→KM1 线圈断电→
  - →KM1 自锁触点断开
  - →KM1 主触点断开→电动机电做惯性运转
  - →KM1 互锁触点闭合
- →SB2 动合触点后闭合

→KM2 线圈通电→
- →KM2 自锁触点闭合
- →KM2 主触点闭合→电动机 M 串联电阻 $R$ 反接制动→转速下降到一定值时→KS 触点断开
- →KM2 互锁触点断开

→KM2 线圈断电→
- →KM2 自锁触点断开
- →KM2 主触点断开→电动机 M 脱离电源(制动结束)
- →KM2 互锁触点闭合

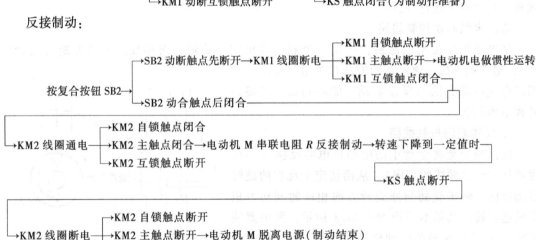

反接制动时，由于旋转磁场与转子的相对转速很高，感应电动势很大，所以定子绕组中电流很大。反接制动电流一般是电动机额定电流的 10 倍左右。故在主电路中串联电阻以限

制反接制动电流 。电动机定子绕组正常工作时的相电压为 380V 时，若要限制反接制动电流不大于起动电流，则三相电路每相应串入的电阻值可根据如下经验公式估算：

$$R \approx 1.5 \times \frac{220}{I_q}$$

式中　$I_q$——电动机全电压的起动电流（A）。

若使反接制动电流等于起动电流 $I_q$，则每相所串联电阻 $R'$（Ω）可取为

$$R' \approx 1.3 \times \frac{220}{I_q}$$

如果反接制动只在两相中串联电阻，则电阻值应取上述估算值 1.5 倍。当电动机容量较小时，也可不串联限流电阻。

反接制动的优点是制动力强，制动迅速。缺点是制动准确性差，制动过程中冲击强烈，易损坏传动零件，制动能量消耗大，不宜经常制动。因此，反接制动一般适用于制动要求迅速、系统惯性较大，不经常起动与制动的场合，如铣床、镗床、中型车床等主轴的制动控制。

2. 能耗制动控制线路

当在电动机脱离三相电源以后，在定子绕组任意两相上加一个直流电压，通入直流电流，产生静止的磁场，利用转子感应电流与静止磁场的作用以达到电动机制动的方法称为能耗制动。能耗制动原理图如图 2-25 所示。

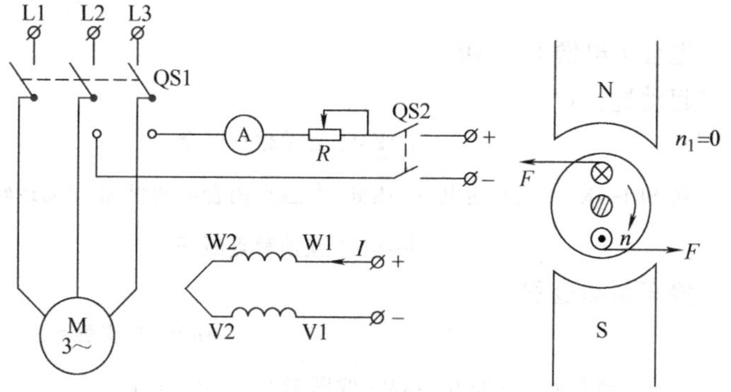


图 2-25　能耗制动原理图

制动时，先将电源开关 QS1 断开，后向下合闸，电动机脱离交流电源，转子因惯性仍继续转动。这时立即合上 QS2，电动机定子绕组接直流电源，在定子中产生一个静止磁场，转动的转子绕组便切割这个静止磁场而在它的导体中产生感应电流。根据右手定则判定，转子电流的方向上面为⊗，下面为⊙。这一电流马上受到静止磁场的作用力，用左手定则可以确定这个作用力的方向如图 2-25 中的 $F$ 箭头所示。可以看出，作用力 $F$ 在电动机转轴上所形成的转矩与转子运转方向 $n$ 相反，所以是一个制动转矩，使电动机迅速停止运转。这种制动方法，实质上是把转子原来“储存”的机械动能转变成电能，又消耗在转子的绕组上，所以称为能耗制动。

能耗制动时制动转矩的大小，与通入定子绕组的直流电流的大小有关。电流越大，静止磁场越强，产生的制动转矩就越大。电流可用 $R$ 调节，但通入的直流电流不能太大，一般约为异步电动机空载电流的 3~5 倍，否则会烧坏定子绕组。直流电源可用不同的整流电路获得。

（1）无变压器半波整流能耗制动控制线路　无变压器半波整流能耗制动控制线路如图 2-26 所示。该线路采用单只晶体管半波整流器作为直流电源。这种线路结构简单，体积小，附加设备少，成本低。常用于容量 10kW 以下的电动机，且对制动要求不高的场合。工作原理如下。

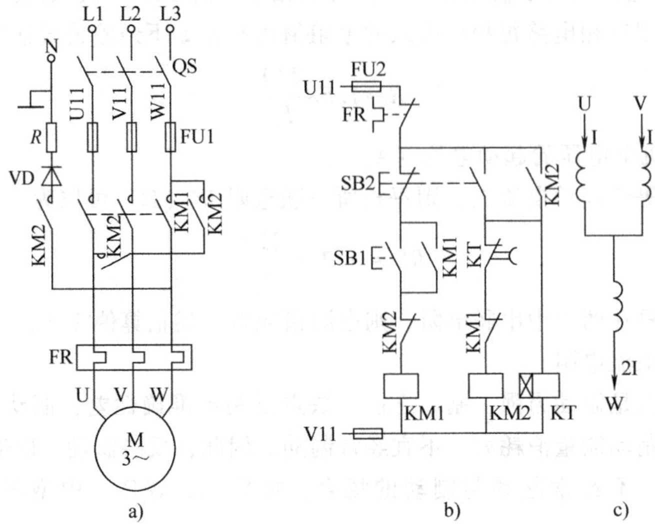


图 2-26 无变压器半波整流能耗制动控制线路

先合上电源开关 QS。

起动过程：

按 SB1→KM1 线圈通电→
- →KM1 自锁触点闭合
- →KM1 主触点闭合电动机 M 起动运转
- →KM1 互锁触点断开

停车制动过程：

按 SB2→
- →动断触点先断开→KM1 线圈断电→
  - →KM1 自锁触点断开
  - →KM1 主触点断开，电动机 M 断电做惯性运转
  - →KM1 互锁触点闭合
- →SB2 动合触点闭合→
  - →KM2 线圈通电→
    - →KM2 自锁触点闭合
    - →KM2 主触点闭合→电动机通入直流电能耗制动
    - →KM2 互锁触点断开
  - →KT 线圈通电→KT 动断触点延时断开→

→KM2 线圈断电→
- →KM2 自锁触点断开→KT 线圈断电→KT 动断触点瞬时复位
- →KM2 主触点断开→切断电动机 M 的直流电源（制动结束）
- →KM2 互锁触点闭合

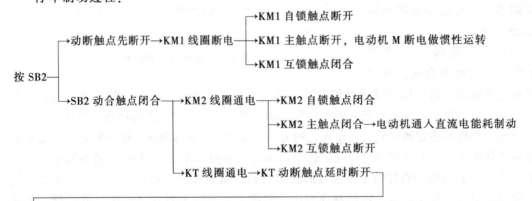

（2）有变压器全波整流能耗制动控制线路 对于 10kW 以上的电动机的能耗制动一般采用有变压器全波整流电路得到直流电源，其能耗制动的自动控制线路如图 2-27 所示。

这个线路的控制电路部分与图 2-26 无变压器半波整流能耗制动控制线路的控制电路部分完全相同，工作原理也相同。不同的是主电路中的直流电源由变压器 TC 降压后供给桥式整流装置 UR，并可通过电阻 *R* 调节电流的大小，从而调节制动强度。变压器原边与整流装

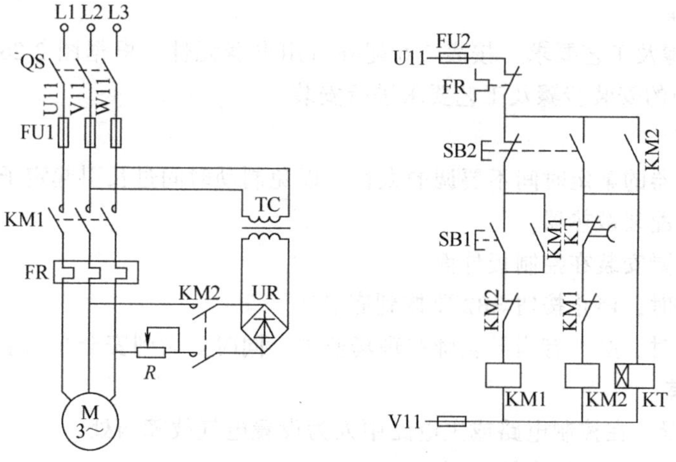


图 2-27　有变压器全波整流能耗制动控制线路

置的直流侧同时进行切换，有利于提高触点的使用寿命。

工作原理读者可自行分析。

能耗制动的优点是制动准确、平稳，且能量消耗小。缺点是需附加直流电源装置，设备费用较高，制动力较弱，在低速时制动力矩小。因此，能耗制动一般用于要求制动准确、平稳的场合，如磨床、立式铣床等控制线路中。

# 实践技能训练 2-6　无变压器半波整流单向起动能耗制动线路的安装和检修

## 一、训练目标

掌握无变压器半波整流单向起动能耗制动线路的安装和检修。

## 二、工具、仪表及器材

（1）工具　试电笔、电工螺钉旋具（各种规格）、尖嘴钳、斜口钳、电工刀等。

（2）仪表　5050 型兆欧表、T301-A 型钳型电流表、MF30 型万用表。

（3）器材　各种规格的紧固体、针形及叉形轧头、金属软管、编码套管等。电器元件见表 2-6。

表 2-6　元件明细表

| 代号 | 名称 | 型号 | 规格 | 数量 |
|---|---|---|---|---|
| M | 三相异步电动机 | Y112M-4 | 4kW、380V、△联结、8.8A、1440r/min | 1 |
| QS | 组合开关 | HZ10-25/3 | 三极、额定电流 25A | 1 |
| FU1 | 螺旋式熔断器 | RL1-60/25 | 500V、60A、配熔体额定电流 25A | 3 |
| FU2 | 螺旋式熔断器 | RL1-15/2 | 500V、15A、配熔体额定电流 2A | 2 |
| KM1、KM2 | 交流接触器 | CJ10-20 | 20A、线圈电压 380V 或 220V | 2 |
| SB1、SB2 | 按钮 | LA10-3H | 保护式、按钮数 3 | 1 |
| FR | 热继电器 | JR16-20/3 | 三极、20A、整定电流 8.8A | 1 |
| KT | 时间继电器 | JS7-2A | 线圈电压 380V 或 220V | 1 |
| V | 二极管 | 2CZ30 | 30A　600V | 1 |
| R | 制动电阻 | | 0.5Ω、50W | 1 |
| XT | 端子板 | JX2-1015 | 10A、15 节、380V | 1 |

**三、安装训练**

（1）安装步骤及工艺要求　按表2-6配齐所用电器元件，根据图2-26所示电路图，参照技能训练2-3中的安装步骤及工艺要求进行安装。

（2）注意事项

1）时间继电器的整定时间不要调的太长，以免制动时间过长引起定子绕组发热。

2）二极管要配装散热器。

3）制动电阻要安装在控制板外面。

4）进行制动时，停止按钮SB2要按到底。

5）通电试车时，必须有指导教师在现场监护，同时要做到安全文明生产。

**四、检修训练**

（1）故障设置　在控制电路或主电路中人为设置电气故障两处。

（2）故障检修　其检修步骤如下。

1）用通电试验法观察故障现象，若发现异常情况，应立即断电检查。

2）用逻辑分析法判断故障范围，并在电路图上用虚线标出故障部位的最小范围。

3）用测量方法准确迅速的找出故障点。

4）采取正确方法快速排除故障。

5）排除故障后通电试车。

（3）注意事项

1）检修前要掌握线路的构成、工作原理及操作顺序。

2）在检修过程中严禁扩大和产生新的故障。

3）带电检修必须有指导教师在现场监护，并确保用电安全。

## 思考练习题

2-1　什么是失压、欠压保护？利用哪些电气元件可以实现失压、欠压保护？

2-2　什么是短路、过载保护？利用哪些电气元件可以实现短路、过载保护？

2-3　在笼型异步电动机的控制线路中，能否用热继电器来实现短路保护？为什么？

2-4　试设计一个采用两地操作的点动与连续运行的控制电路。

2-5　什么是联锁控制？在笼型异步电动机的正反转控制线路中为什么必须有联锁控制？

2-6　图2-28中的电路有什么错误？工作时会出现什么现象？应如何改正？

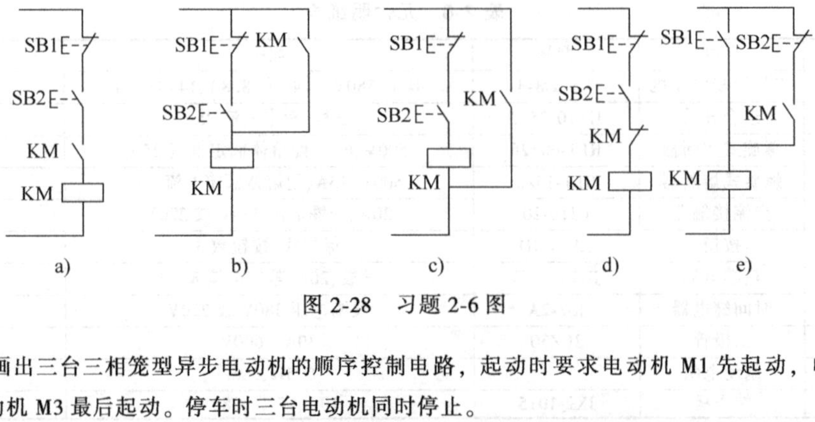


图2-28　习题2-6图

2-7　试画出三台三相笼型异步电动机的顺序控制电路，起动时要求电动机M1先起动，电动机M2才可起动，电动机M3最后起动。停车时三台电动机同时停止。

2-8 某车床有两台电动机，一台是主轴电动机要求正反转控制；另一台是冷却泵电动机，只要求正转控制；两台电动机都要求有短路、过载、欠电压和失电压保护，试设计出满足要求的电路图。

2-9 作出一台小车运行的控制线路，其动作要求为：

1）小车由一端开始前进，到终端后自动停止。

2）在终端停留 2min 后自动返回原位停止。

3）要求在任意位置都可以起动或停止。

2-10 什么是降压起动？笼型异步电动机常采用哪些降压起动方法？

2-11 笼型异步电动机在何种情况下应采用降压起动？定子绕组为星形接法的笼型异步电动机能否采用星形-三角形起动？为什么？

2-12 什么是制动？电动机常用的制动方法有哪些？

2-13 三相笼型异步电动机反接制动和能耗制动各有何特点？

# 第三章 常用机床的电气控制线路

【学习目的】

通过对机床中最具代表性的CA6140车床和X5032铣床的电气线路及其故障检修加以分析，掌握常用机床电气线路的正确分析方法和故障检修办法，提高在实际工作中综合分析和解决问题的能力。

【学习重点】

掌握常用机床电气线路的正确分析方法和故障检修办法。

## 第一节 机床电气维修的一般方法

### 一、机床电气电路的一般分析方法

机床的种类很多，故障的发生又是多种多样的，产生的原因也比较复杂，况且即使同一类型的机床因其生产厂家的不同，其控制电路、电器安装也不尽相同。因此，在对一台具体的发生故障的机床维修前，必须先获得该机床的电路图、接线图和位置图，包括电器元件明细表，然后重点对该机床的电气电路进行分析。

现以笼型异步电动机拖动的继电—接触器控制的机床电气控制电路为例来说明其分析方法。具体步骤如下。

1. 了解机床主要结构和运动情况

首先应对本机床的基本结构、运动形式、加工工艺过程、操作方法加以了解；其次弄清楚机床对电气控制的基本要求、必要的保护和联锁等；第三，根据控制电路及有关说明来分析该机床的各个运动形式是如何实现的。

2. 看懂主电路

从主电路中看该机床用几台电动机来拖动的，搞清楚每台电动机是拖动机床的哪个部件的。这些电动机分别用哪些接触器或开关控制，有没有正反转或减压起动，有没有电气制动，各电动机由哪个电器进行短路保护，哪个电器进行过载保护，还有哪些保护等。如果有速度继电器，则应弄清哪个电动机有机械联系。

3. 分析控制电路

控制电路一般可以分为几个单元，每个单元一般主要控制一台电动机。可将主电路中接触器的文字符号和控制电路中的相同文字符号一一对照，分清控制电路中哪一部分电路控制哪一台电动机，如何控制。分析时应同时搞清楚它们之间的联锁是怎样的，机械操作手柄和行程开关之间有什么联系。各个电器线圈通电，它的触点会引起或影响哪些动作。对于有些电器应结合闭合表，有时还要参看电气安装图来分析其闭合情况。

4. 分析机床中其他电路

如照明与信号等电路。

**二、机床电气设备发生故障后的一般检查和维修方法**

机床控制电路多种多样，机床故障又往往与电气、机械、液压气动系统交错在一起，不易分辨，给维修工作带来困难，所以不但要掌握机床控制电路的基本工作原理，还必须掌握正确的检修方法，才能对故障进行分析判断和处理。检查、分析和检修方法如下。

1. 检修前的调查

电路出现故障，切忌盲目乱动，在检修前，应对故障发生情况做尽可能详细的调查。

问：询问操作人员故障发生前后电路和设备的运行状况，发生时的迹象，如有无异响、冒烟、火花、异常振动；故障发生前有无频繁启动、制动、正、反转、过载等。

听：在电路和设备还能勉强运转而又不致扩大故障的前提下，可通电起动运行，倾听有无异常响。如有，应尽快判断出异响的部位后迅速停车。

看：触点是否烧蚀、熔毁；线头是否松动、松脱；线圈是否发高热烧焦；熔体是否熔断；脱扣器是否脱扣等。

摸：刚切断电源后，尽快触摸检查线圈、触点等容易发热的部分，看温升是否正常。

闻：用嗅觉器官检查有无电器元件发高热和烧焦的异味。

通过上述方法，对于比较明显的故障，则应单刀直入，首先排除。例如，明显的电源故障、导线断线、绝缘烧焦、继电器损坏、触头烧损、行程开关卡滞等，都应首先排除，以消除其影响。

2. 确定和缩小故障范围

检修简单的机床电气控制电路的主电路时，对每个电器元件、每根导线逐一进行检查，一般能很快找到故障点。但对复杂的机床电气控制电路，往往有上百个电器元件，成千条连线，若采取逐一检查的方法，不仅耗费大量的时间，而且也容易发生漏查，通常采用逻辑分析法进行检查比较妥当，根据机床控制电路图的工作原理，结合故障现象进行故障分析，以便收缩目标，迅速判断故障部位。分析电路，分析故障，找到相应的控制电路，结合故障现象进行分析排查，以迅速判定故障发生的可能范围。当故障的可疑范围较大时，不必按部就班地逐级进行检查。这时可在故障范围内的中间环节进行检查，来判断故障发生在哪一部分，以便缩小故障范围，提高检修速度，迅速找出故障部位。

3. 进一步缩小故障范围

经外观检查没有发现故障点时，可以根据故障现象，结合电路图分析故障原因，在不扩大故障范围、不损伤电气和机械设备的前提下，对机床电路进行通电试验，以查清故障可能是电气部分还是机械部分；是电力拖动还是控制设备；是主电路还是控制电路。通电试验时，必须注意人身和设备的安全，遵守安全操作规程，不要随意触动带电部分，尽可能在切断主电路电动机电源只在控制电路带电的情况下进行检查。

4. 根据电气设备的控制按钮及可调部分，判断故障范围

应按可调部分是否有效、调整范围是否改变、控制部分是否有效、互相之间连锁关系能否保持等，大致确定故障范围。再根据关键点的检测，逐步缩小故障点，最后找出故障元器件。

根据电气设备故障现象，可大致确定故障范围。方法如下。

1）所有按钮功能失效，电源故障或熔断器故障可能性较大。

2）一部分按钮失效，另一部分按钮功能正常。此时出现故障的部位多在该部分电路的公共部分或该部分电路的电源部分。

3）单个按钮或单个功能失效，按钮本身及引线发生故障的可能性较大。

4）多部分故障，若是长时间不用的设备，则可能是机床电器、导线等接触不良或漏电的故障，或由此引发的其他故障。

5）无电路图时，应绘制出电路图，然后根据绘制出的电路图，仔细分析电路的动作原理，弄清电路在不同状态下的各种参数，以便正确选择修理方法。

电气电路的绘制有很大的难度，特别是一些比较复杂的电路。绘制控制电路图时，应以现有元器件为基础，以控制功能为指引、初步设计出电路原理图，然后通过导线编号，调整元器件位置，反复对照，最后得出完整的电路图。

**例**：一台电动机的可逆控制，出现了不能反转，只能正转的故障。

检修思路：能正转说明电源正常。故障可能在反转按钮或反转接触器回路。

检修步骤：检查控制盘所有引线，无掉线脱线现象。多次弹压反转按钮、反转接触器、正转接触器等活动部件，故障排除。可能是某触头不良所致。

如果查不到故障，可按下反转按钮不松手，再按正转起动按钮，电动机不正转起动，说明连锁功能有效，电路故障出在反转控制回路中。

然后按照从后向前的分步方法，先检查反转接触器。将线圈引线越过按钮及其他触点，直接接入电源，通电，电动机反转，说明接触器没有故障。然后将引线接至起动按钮后，接通电源，按下起动按钮，电动机反转，说明反转按钮正常。反转按钮和反转接触器之间只串接了一个正转按钮的动断触点和正转接触器的动断触点，电路出故障，说明故障点就在正转按钮和正转接触器的动断触点。检查后发现正转起动按钮的动断触点不能良好闭合。

## 第二节 卧式车床的电气控制线路

卧式车床在机械加工中用得最为广泛，约占机床总数的25%~50%，在各种车床中，应

用得最多的是卧式车床，主要用来车削外圆、内圆、端面、螺纹和成形表面，也可进行钻孔、铰孔等加工。下面以 CA6140 型普通车床为例进行介绍。

## 一、CA6140 车床的主要结构和运动情况

CA6140 型卧式车床的外形如图 3-1 所示。

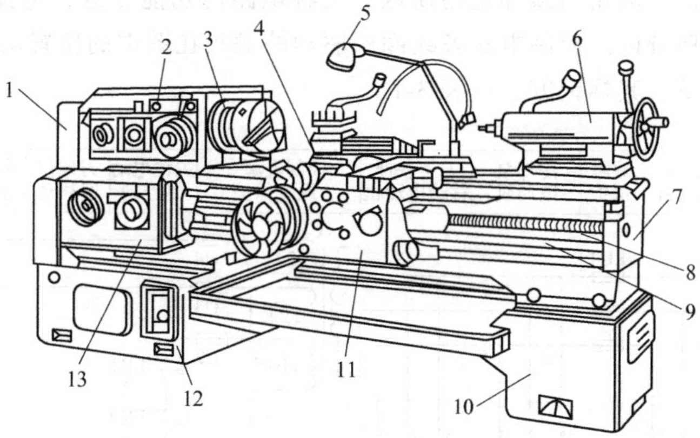


图 3-1 CA6140 型卧式车床外形图

1—变换齿轮箱 2—主轴箱 3—主轴和卡盘 4—溜板和刀架 5—照明灯 6—尾座 7—床身
8—丝杠 9—光杠 10、12—床腿 11—溜板箱 13—进给箱

CA6140 型卧式车床主要由床身、主轴箱、变换齿轮箱、进给箱、溜板箱、溜板与刀架、尾座、光杠和丝杠等部分组成。

车床的主运动为工件的旋转运动，它是由主轴通过卡盘或顶尖带动工件旋转，其承受车削时的主要切削功率。车削时，应根据被加工工件材料、刀具种类、工件尺寸、工艺要求等选择车床。主轴变速是由主轴电动机经 V 带传递到主轴变速箱来实现的，一般不要求反转，但在加工螺纹时为避免乱扣，要求反转退刀再纵向进刀继续加工，这就要求主轴具有正、反转。

车床的进给运动是溜板带动刀架的纵向或横向直线运动。其运动方式有手动和自动两种。加工螺纹时，工件的旋转速度与刀具的进给速度应有严格的比例关系。为此，车床溜板箱与主轴之间通过齿轮传动来联接的，而主运动与进给运动由一台电动机拖动。

车床的辅助运动为除切削运动以外的其他一切必需的运动，如刀架的快移、尾座的纵向移动以及工件的夹紧与放松等。

## 二、卧式车床电力拖动及控制要求

根据车床运动情况和工艺要求，其电力拖动及控制要求如下。

1）主拖动电动机一般选用三相笼型异步电动机，并采取机械变速。

2）为车削螺纹，主轴要求正、反转，由摩擦离合器来实现，电动机只做单向旋转。

3）一般中小型车床的主轴电动机均采用直接起动。停车时为实现快速停车，一般采用机械制动或电气制动。

4）车削时，需用切削液对刀具和工件进行冷却。为此，设有一台冷却泵电动机，拖动冷却泵输出切削液，冷却泵电动机与主轴电动机有着顺序联锁关系，即冷却泵电动机应在主轴电动机起动后才可选择起动与否；而当主轴电动机停止时，冷却泵电动机便立即停止。

5）实现溜板箱的快速移动，由单独的快速移动电动机拖动，且采用点动控制。

6）电路应有必要的保护环节及安全可靠的照明电路和信号电路。

## 三、电气控制线路分析

CA6140 型卧式车床电路图如图 3-2 所示。为了便于检索和阅读，一般可将机床电气原理图分成若干个图区。电路图顶部是用途区，按各电路的功能分区；电路图底部是数字区，按各支路的排列顺序分区。控制电路各线圈所驱动的触头在图中的位置均以简表的形式列于各线圈的图形符号下，其标记方法见表 3-1。

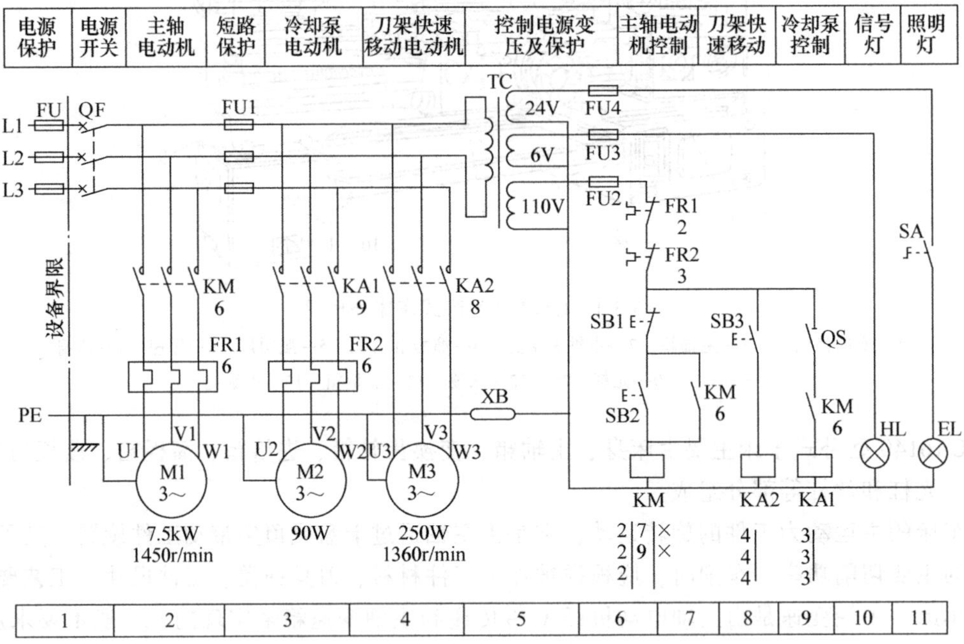


图 3-2 CA6140 型卧式车床电气控制电路

表 3-1 接触器、继电器触点分区位置简表

| | 标记示例 | 标记含义 | | | 备注 |
|---|---|---|---|---|---|
| | | 左栏 | 中栏 | 右栏 | |
| 接触器 | KM<br>2 \| 7 \| ×<br>2 \| 9 \| ×<br>2 \| × \| × | 主触点所在图区号 | 辅助动合触点所在图区号 | 辅助动断触点所在图区号 | “×”表示未使用的触点 |
| | | 左栏 | | 右栏 | |
| 继电器 | KA<br>6 \| 10<br>× \| ×<br>× \| ×<br>× \| × | 动合触点所在图区 | | 动断触点所在图区号 | |

1. 主电路分析

主电路共有三台电动机：M1 为主轴电动机，带动主轴旋转和刀架做进给运动；M2 为冷却泵电动机，用来输送切削液；M3 为刀架快速移动电动机。

主电路电源经断路器 QF 将三相电源引入。主轴电动机 M1 由接触器 KM 控制，热继电器 FR1 作为过载保护，熔断器 FU 作为短路保护，接触器 KM 作为失电压和欠电压保护。冷却泵电动机 M2 由中间继电器 KA1 控制，热继电器 FR2 作为它的过载保护。刀架快速移动电动机 M3 由中间继电器 KA2 控制，由于是点动控制，故未设过载保护。FU1 作为 M2、M3、控制变压器 TC 的短路保护。

2. 控制电路分析

控制电路的电源由控制变压器 T 二次侧的其中一组输出 110V 电压提供。

（1）主轴电动机 M1 的控制

M1 起动：按下 SB2→KM 线圈得电动作，自锁为 KA1 得电做准备→M1 起动运转。

M1 停止：按下 SB1→KM 线圈失电→KM 触点复位断开→M1 失电停转。

主轴的正反转是采用多片摩擦离合器实现的。

（2）冷却泵电动机 M2 的控制　由于在 KA1 线圈控制电路中采用了顺序控制，故 M1 运转后，合上 QS→KA1 通电动作→冷却泵电动机 M2 起动运转。当 M1 停止运行时，M2 自行停止。

（3）刀架快速移动电动机 M3 的控制　M3 的起动是由安装在进给操作手柄顶端的按钮 SB3 控制，它与中间继电器 KA2 组成点动控制电路。刀架移动方向（前、后、左、右）的改变，是由进给操作手柄配合机械装置实现的。如需要快速移动，则将操作手柄扳到所需方向，按下 SB3→KA2 通电动作→M3 起动运转。操作手柄复位，则松开 SB3→KA2 失电→M3 停转。

（4）照明、信号电路分析　控制变压器 T C 的二次侧分别输出 24V 和 6V 电压，作为车床低压照明灯和信号灯的电源。EL 作为车床的低压照明灯，由开关 SA 控制；HL 为电源信号灯。它们分别由 FU4 和 FU3 作为短路保护。

## 实践技能训练 3-1　CA6140 车床电气控制线路故障检修

### 一、训练目标

1）熟悉 CA6140 型车床电器在机床上的位置与作用。

2）掌握 CA6140 车床电气控制线路的故障分析及检修方法。

### 二、工具与仪表

（1）工具　试电笔、电工刀、剥线钳、尖嘴钳、斜口钳、螺钉旋具等。

（2）仪表　MF30 型万用表、5050 型兆欧表、T301-A 型钳形电流表。

### 三、熟悉 CA6140 型车床电器在机床上的位置

CA6140 型车床电器在机床上的位置示意图如图 3-3 所示。

要求如下。

1）在操作师傅的指导下对车床进行操作，了解车床的各种工作状态及操作方法。

2）在教师的指导下，参照电器位置图和机床接线图，熟悉车床电器元件的实际分布位置和走线情况。

3）熟悉各电器在 CA6140 车床电气控制线路中的实际作用。

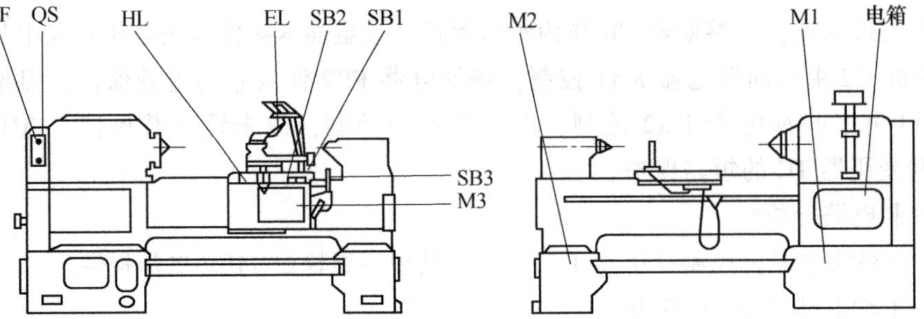


图 3-3 CA6140 型卧式车床电气位置图

**四、检修步骤及要求**

1）教师示范检修。在有故障或人为故障的车床上，由教师进行示范检修，检修步骤如下。

① 用通电试验法引导学生观察故障现象。

② 根据故障现象，依据电路图用逻辑分析法确定故障范围。

③ 采取正确的检查方法，查找故障点并排除故障。

④ 检修完毕进行通电试验，并做好维修记录。

2）教师设置让学生事先知道的故障点，指导学生如何从故障现象着手进行分析，从而引导学生逐步掌握正确的检修步骤和检修方法。

3）由教师设置人为故障点，要求学生检修。

4）在 CA6140 车床上人为设置自然故障点。故障设置时应注意以下几点。

① 人为设置的故障必须是模拟车床在使用中，由于受外界因素影响而造成的自然故障。

② 切忌设置更改线路或更换电器元件等由于人为原因而造成的非自然故障。

③ 对于设置一个以上故障点的线路，故障现象尽可能不要相互掩盖。如果故障相互掩盖，按要求应有明显检查顺序。

④ 设置的故障必须与学生应该具有的修复能力相适应。随着学生检修水平的逐步提高，再相应提高故障的难度等级。

⑤ 应尽量设置不容易造成人身或设备事故的故障点，如有必要时，教师必须在现场密切注意学生的检修动态，随时作好采取应急措施的准备。

**五、常见电气故障分析与检修**

（1）主轴电动机 M1 不能起动，可按下列步骤检修

1）检查接触器 KM 是否吸合，如果接触器 KM 吸合，则故障必然发生在电源电路和主电路上。可按下列步骤检修。

① 合上断路器 QF，用万用表测接触器 KM 受电端触点之间的电压，如果电压是 380V，则电源电路正常。如果某两个触点间无电压，则 FU 熔断或 KM 连线断路，否则，故障是断路器 QF 接触不良或连线断路。

修复措施：查明损坏原因，更换相同规格和型号的熔体、断路器及连接导线。

② 断开断路器 QF，用万用表电阻 R×1 档测量接触器输出端之间的电阻值，如果阻值较小且相等，说明所测电路正常，否则，依次检查 FR1、电动机 M1 及其之间的连接导线。

修复措施：查明损坏原因，修复或更换同规格、同型号的热继电器 FR1、电动机 M1 及其之间的连接导线。

③ 检查接触器 KM 主触点是否良好，如果接触不良或烧毛，则更换动、静触点或相同规格的接触器。

④ 检查电动机机械部分是否良好，如果电动机内部轴承等损坏，应更换轴承；如果外部机械有问题，可配合机修钳工进行维修。

2）若接触器 KM 不吸合，可按下列步骤检修。

首先检查 KA2 是否吸合，若吸合说明故障范围在 KM 的线圈部分支路，则分别检查 SB1、SB2、KM 及其相关的连接线，一般可用电压分段测量法或电阻测量法。现简单介绍用电压分段测量法的检测过程：按下 SB2 不放，分别跨测 SB1、SB2、KM 两端的电压，若某个元件两端电压显示为 110V 即表示该元件接触不良或接线脱落，则更换该元件或将脱线接好。

若 KA2 也不吸合，就要检查照明灯和信号灯是否亮，若照明灯和信号灯亮，说明故障范围在控制电路上；若灯 HL、EL 都不亮，说明电源部分有故障，但不能排除控制电路有故障。

（2）主轴电动机 M1 起动后不能自锁　造成这种故障的原因多是接触器 KM 的自锁触点接触不良或连接导线松脱。

（3）主轴电动机 M1 不能停车　造成这种原因多是接触器 KM 的主触点熔焊；停止按钮 SB1 击穿或两端连接导线短路；接触器铁心表面粘牢污垢。具体判定方法：若断开 QF，接触器 KM 释放，则说明故障为 SB1 击穿或导线短接；若接触器过一段时间释放，则故障为铁心表面粘牢污垢；若断开 QF，接触器 KM 不释放，则故障为主触点熔焊。

（4）主轴电动机在运行中突然停车　这种故障的主要原因是由于热继电器 FR1 动作，必须找出原因，排除故障后才能使其复位。引起 FR1 动作的原因可能是：三相电源电压不平衡；电源电压长时间过低；负载过重以及 M1 的连接导线接触不良等。

（5）刀架快速移动电动机不能起动　按下 SB3 时，检查继电器 KA2 是否吸合，若吸合，则问题在主电路。先检查 FU1 熔丝是否熔断；其次检查中间继电器 KA2 触点的接触是否良好。若按下 SB3 时，继电器 KA2 不吸合，则故障必定在控制电路中。这时依次检查 FR1 的动断触点、点动按钮 SB3 及继电器 KA2 的线圈是否有断路现象即可。

**六、注意事项**

1）检修前要熟悉 CA6140 车床的电气控制线路，充分了解有关电器元件的位置、作用及其走线。

2）必须认真地观察教师的示范检修。

3）排除故障时，必须修复故障点，但不得采用元件代换法；严禁扩大故障范围或产生新的故障。

4）带电检修时，必须有指导教师监护，以确保安全。

5）正确使用工具和仪表。

## 第三节　X5032 立式万能铣床的电气控制线路

铣床可用来加工平面、斜面、沟槽和成形面，装上分度头可以铣切直齿齿轮和螺旋面，装上圆工作台还可以铣切凸轮、弧形槽等，所以铣床在机械行业的机床设备中占有的比重相当大。按结构型式和加工性能的不同，可将铣床分为立式铣床、卧式铣床、龙门铣床、仿形铣床等，下面以X5032立式万能铣床为例进行电气控制线路分析。

## 一、X5032立式万能铣床的主要结构和运动情况

X5032立式铣床属于铣床中广泛应用的一种机床，是一种强力金属切削机床，该机床刚性强，进给变速范围广，能承受重负荷切削。X5032立式万能铣床主轴锥孔可直接或通过附件安装各种圆柱铣刀、圆片铣刀、成形铣刀、面铣刀等，适合加工各种零件的平面、斜面、沟槽、孔等，是机械制造、模具、仪器、仪表、汽车、摩托车等行业的理想加工设备。

X5032立式铣床的外形如图3-4所示。

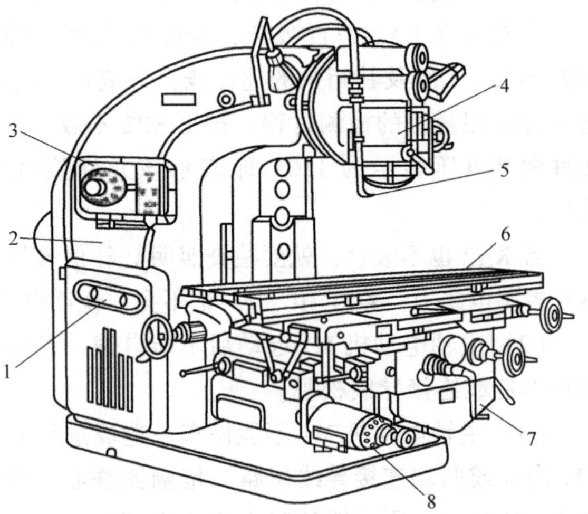


图3-4 X5032立式万能铣床外形图

1—机床电器系统 2—床身系统 3—变速操作系统 4—主轴及传动系统 5—冷却系统 6—工作台系统 7—升降台系统 8—进给变速系统

X5032立式铣床底座、机身、工作台、中滑座、升降滑座、主轴箱等主要构件均采用高强度材料铸造而成，并经人工时效处理，保证机床长期使用的稳定性。立铣头可在垂直平面内顺、逆回转调整±45°，拓展机床的加工范围；主轴轴承为圆锥滚子轴承，承载能力强，且主轴采用能耗制动，制动转矩大，停止迅速、可靠。润滑装置可对纵、横、垂向的丝杠及导轨进行强制润滑，减小机床的磨损，保证机床的高效运转；同时，冷却系统通过调整喷嘴改变冷却液流量的大小，满足不同的加工需求。最后，X5032立式铣床设计符合人体工程学原理，操作方便；操作面板均使用形象化符号设计，简单直观。

## 二、X5032立式万能铣床电力拖动及电气控制的要求

X5032立式铣床的电力拖动体系一般由三台电动机所组成：主轴电动机、进给电动机和冷却泵电动机。主轴电动机经过主轴变速箱驱动主轴旋转，并由齿轮变速箱变速，按铣削工艺对转速的要求，电动机则不要求调速。

因为铣削分为顺铣和逆铣两种加工方法，分别运用顺铣刀和逆铣刀，所以要求主轴电动机可以正回转，但只要求预先选定主轴电动机的转向，在加工过程中则不要求主轴回转。又因为铣削是多刃不连续的切削，负载不稳定，所以主轴上装有飞轮，以进步主轴旋转的均匀性，消除铣削时发生的振荡，这样主轴传动体系的惯性较大，因而还要求主轴电动机在停机时有电气制动。进给电动机作为工作台进给运动及快速移动的动力，也要求可以正回转，以完成三个方向的正、反向进给运动；经过进给变速箱，可获得不同的进给速度。

为了使主轴和进给传动体系在变速时齿轮可以顺畅地啮合，要求主轴电动机和进给电动机在变速时可以略微转动一下（称为变速激动）。三台电动机之间还要求有联锁操控，即在主轴电动机起动之后，另两台电动机才可以起动运转。由此，X5032立式铣床对电力拖动及

其操控有以下要求。

1）X5032 立式铣床的主运动由一台笼型异步电动机拖动，直接起动，可以正回转，并设有电气制动环节，能进行变速激动。

2）工作台的进给运动和快速移动均有同一台笼型异步电动机拖动，直接起动，可以正回转，也要求有变速激动环节。

3）冷却泵电动机只要求单向旋转。

4）三台电动机之间有联锁操控，即主轴电动机起动之后，才可以对其他两台电动机进行操控。

**三、电气控制线路分析**

图 3-5 是 X5032 立式万能铣床的电气控制电路。该电路分为主电路、控制电路，由电气控制电路图可知，主电路部分 X5032 立式万能铣床由三台电动机拖动，主轴电动机 M1、进给电动机 M2 和冷却泵电动机 M3。其中，主轴电动机 M1 由接触器 KM1 和限位型转换开关 QC 控制，将 QC 换至不同挡位即可控制主轴电动机 M1 的正、反转。冷却泵电动机 M3 由转换开关 QS 控制。

控制电路由控制变压器 TC1 提供 110V 的工作电压，FU4 用于控制电路的短路保护。该电路的主轴制动、工作台常速进给和快速进给分别由控制电磁离合器 YC1、YC2、YC3 来完成，电磁离合器需要的直流工作电压是由整流变压器 TC2 及整流器 VC 来提供的，FU2、FU3 分别用于交、直流电源的短路保护。

1. 主轴电动机 M1 的控制

M1 由交流接触器 KM1 控制，在机床的两个不同位置各安装了一套起动和停止按钮：SB2 和 SB6 装在床身上，SB1 和 SB5 装在升降台上。对 M1 的控制包括主轴的起动、制动、换刀制动和变速冲动。

（1）起动　在起动前先按照顺铣或逆铣的工艺要求，用组合开关 SA3 预定 M1 的转向。

按一下 SB1 或 SB2→KM1 线圈通电并自锁→主轴电动机 M1 起动，标号（7-13）闭合→确保在 M1 起动后 M2 才能起动运行。

（2）停机与制动　按下 SB5 或 SB6→KM1 线圈断电，电磁铁 YC1 通电→主轴电动机 M1 停止并制动。制动电磁离合器 YC1 装在主轴传动系统与 M1 转轴相连的传动轴上，当 YC1 通电吸合时，将摩擦片压紧，对 M1 进行制动。停转时，应按住 SB5 或 SB6 直至主轴停转才能松开，一般主轴的制动时间不超过 0.5s。

（3）主轴的变速冲动　主轴的变速是通过改变齿轮的传动比实现的。在需要变速时，将变速手柄拉出，转动变速盘调节所需的转速，然后再将变速柄复位。手柄复位时，瞬间压动行程开关 SQ1，手柄复位后，SQ1 也随之复位。在 SQ1 动作瞬间，SQ1 的动合触点先断开其他支路，然后其动合触点闭合，相当于点动控制 KM1→M1，使得齿轮转动一下以利于啮合；如果点动一次齿轮还不能啮合，可以重复进行上述动作。

（4）主轴换刀控制　在上刀或换刀时，主轴应处于制动状态，以避免发生事故。此时只要将换刀制动开关 SA1 扳至“接通”位置，其动断触点 SA1-2（4-6）断开控制电路，保证在换刀时候机床没有任何动作；其动合触点 SA1-1（105-107）接通制动电磁铁 YC1，使主轴处于制动状态。换刀结束后。要将换刀制动开关 SA1 扳回至“断开”位置。

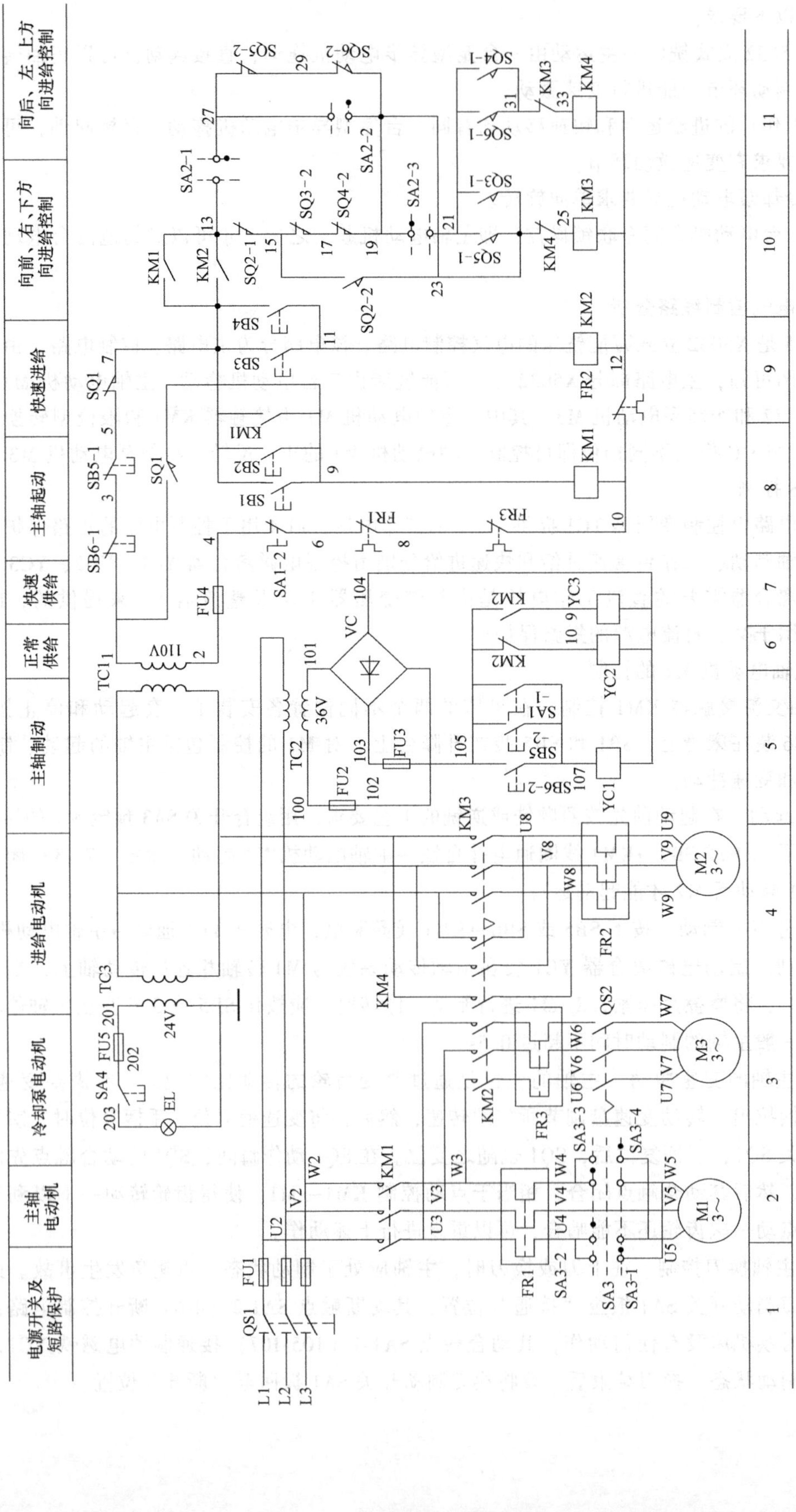


图 3-5 X5032 立式万能铣床电气控制电路

2. 进给运动控制

工作台的进给运动分为工作进给和快速进给，工作进给必须在 M1 起动运行后才能进行，而快速进给因属于辅助运动，可以在 M1 不起动的情况下进行。工作台在六个方向上的进给运动是由机械操作手柄运动带动相关的行程开关 SQ3～SQ6，并通过接触器 KM3、KM4 动作来实现控制进给电动机 M2 正反转的。行程开关 SQ5 和 SQ6 分别控制工作台的向右和向左运动，而 SQ3 和 SQ4 分别控制工作台的向前、向下和向后、向上运动。两个电磁离合器 YC2 和 YC3 都安装在进给传动链中的传动轴上。当 YC2 吸合而 YC3 断开时，为工作进给；当 YC3 吸合而 YC2 断开时，为快速进给。

（1）工作台的纵向进给运动　将纵向进给操作手柄扳向右边→行程开关 SQ5 动作→其动断触点 SQ5-2（27-29）先断开，常开触点 SQ5-1（21-23）后闭合→KM3 线圈通过（13-15-17-19-21-23-25）路径通电→M2 正转→工作台向右运动。若将纵向进给操作手柄扳向左边，则 SQ6 动作→KM4 线圈通电→M2 反转→工作台向左运动。SA2 为圆工作台控制开关，此时应处于“断开”位置，其三组触点状态为：SA2-1、SA2-3 接通，SA2-2 断开。

（2）工作台的垂直与横向进给运动　工作台垂直与横向进给运动由一个十字形手柄操纵，十字形手柄有上、下、前、后和中间五个位置：将手柄扳至“向下”或“向上”位置时，分别压动行程开关 SQ3 和 SQ4，控制 M2 正转和反转，并通过机械传动结构使工作台分别向下和向上运动；而当手柄扳至“向前”或“向后”位置时，虽然同样是压动行程开关 SQ3 和 SQ4，但此时机械传动机构则使工作台分别向前和向后运动。当手柄在中间位置时，SQ3 和 SQ4 均不动作。下面就以向上运动的操作为例分析电路的工作情况：

将十字形手柄扳至“向上”位置→SQ4 的动断触点 SQ4-2 先断开，动合触点 SQ4-1 后闭合 KM4 线圈经（13-27-29-19-21-31-33）路径通电→M2 反转→工作台向上运动。

（3）进给变速运动　与主轴变速时一样，进给变速时也需要使 M2 瞬间点动一下，使齿轮易于啮合。进给变速冲动由行程开关 SQ2 控制，在操纵进给变速手柄和变速盘时，瞬间压动了行程开关 SQ2，在 SQ2 通电的瞬间，其动断触点 SQ2-1（13-15）先断开，而动合触点 SQ2-2（15-23）后闭合，使 KM3 线圈经（13-27-29-19-17-15-23-25）路径通电，点动 M2 正转。由 KM3 的通电路径可见，只有在进给操作手柄均处于零位，即 SQ2～SQ6 均不动作时，才能进行进给的变速冲动。

（4）工作台快速进给的操作　要使工作台在 6 个方向上快速进给，在按工作进给的操作方法操纵进给的控制手柄的同时，还要按下快速进给按钮开关 SB3 或 SB4，使得 KM2 线圈通电，其动断触点（105-109）切断 YC2 线圈支路，动合触点（105-111）接通 YC3 线圈支路，使机械传动机构改变传动比，实现快速进给。由于在 KM1 的动合触点（7-13）上并联了 KM2 的一个动合触点，所以在 M1 不起动的情况下，也可以进行快速进给。

3. 圆工作台的控制

在需要加工弧形槽、弧形面和螺旋槽时，可以在工作台上加装圆工作台，圆工作台的回转运动也是由进给电动机 M2 来拖动的。在使用圆工作台时，将控制开关 SA2 换至“接通”的位置，此时 SA2-2 接通而 SA2-1、SA2-3 断开。在主轴电动机 M1 起动的同时，KM3 线圈经（13-15-17-19-29-27-23-25）的路径通电，使 M2 正转，带动圆工作台单向旋转运动。由 KM3 线圈的通电路径可见，只要扳动工作台进给操作的任何一个手柄，SQ3～SQ6 其中一个行程开关的动断触点就会断开，都会切断 KM3 线圈支路，使得工作台停止运动，从而保证了工作台的进给运动和圆工作台的旋转运动不会同时进行。

4. 照明电路

照明灯 EL 由照明变压器 YC3 提供 24V 的工作电压，SA4 为灯开关，FU5 提供短路保护。

## 实践技能训练 3-2 X5032 立式万能铣床电气控制线路故障检测

### 一、训练目标

1）熟悉 X5032 立式万能铣床电气接线图。

2）掌握 X5032 立式万能铣床电气控制线路的故障分析及检修方法。

### 二、工具与仪表

（1）工具 试电笔、电工刀、剥线钳、尖嘴钳、斜口钳、螺钉旋具、活扳手等。

（2）仪表 MF30 型万用表、5050 型兆欧表、T301-A 型钳形电流表。

### 三、熟悉 X5032 立式万能铣床电气接线图

X5032 立式万能铣床电气接线图如图 3-6 所示。

要求如下。

1）在操作师傅的指导下对铣床进行操作，了解铣床的各种工作状态及操作方法。

2）在教师的指导下，参照电器接线图和机床接线图，熟悉铣床电器元件的实际分布位置和走线情况。

3）熟悉各电器在 X5032 立式万能铣床电气控制线路中的实际应用。

### 四、检修步骤及要求

1）在有故障的铣床上或人为设置故障的铣床上，由教师示范检修，边分析边检查，直至故障排除。

2）有教师设置让学生知道的故障点，指导学生如何从故障现象着手进行分析，如何采用正确的检查步骤和检修方法进行检修。

3）教师设置人为故障点，由学生按照检查步骤和检修方法进行检修，具体要求如下。

① 根据故障现象，先在电路图上确定故障发生的可能范围，然后采用正确的检查排除故障方法，在规定时间内查出并排除故障。

② 排除故障的过程中，不得采用更换电器元件、借用触点或改动线路的方法修复故障点。

③ 检修时严禁扩大故障范围或产生新的故障，不得损坏电器元件或设备。

### 五、常见电气故障分析与检修

X5032 立式铣床电气控制线路与机械系统的配合十分密切，其电气线路的正常工作往往与机械系统的正常工作是分不开的，这就是 X5032 立式万能铣床电气控制线路的特点。正确判断是电气还是机械故障和熟悉机电部分配合情况，是迅速排除电气故障的关键，这就要求 X5032 立式万能铣床维修电工不仅要熟悉电气控制线路的工作原理，而且还要熟悉有关机械系统的工作原理及机床操作方法。

1. 故障检修方法

（1）通电试车法 在线路无短路故障的情况下，通电试车法是常采用的一种方法。采

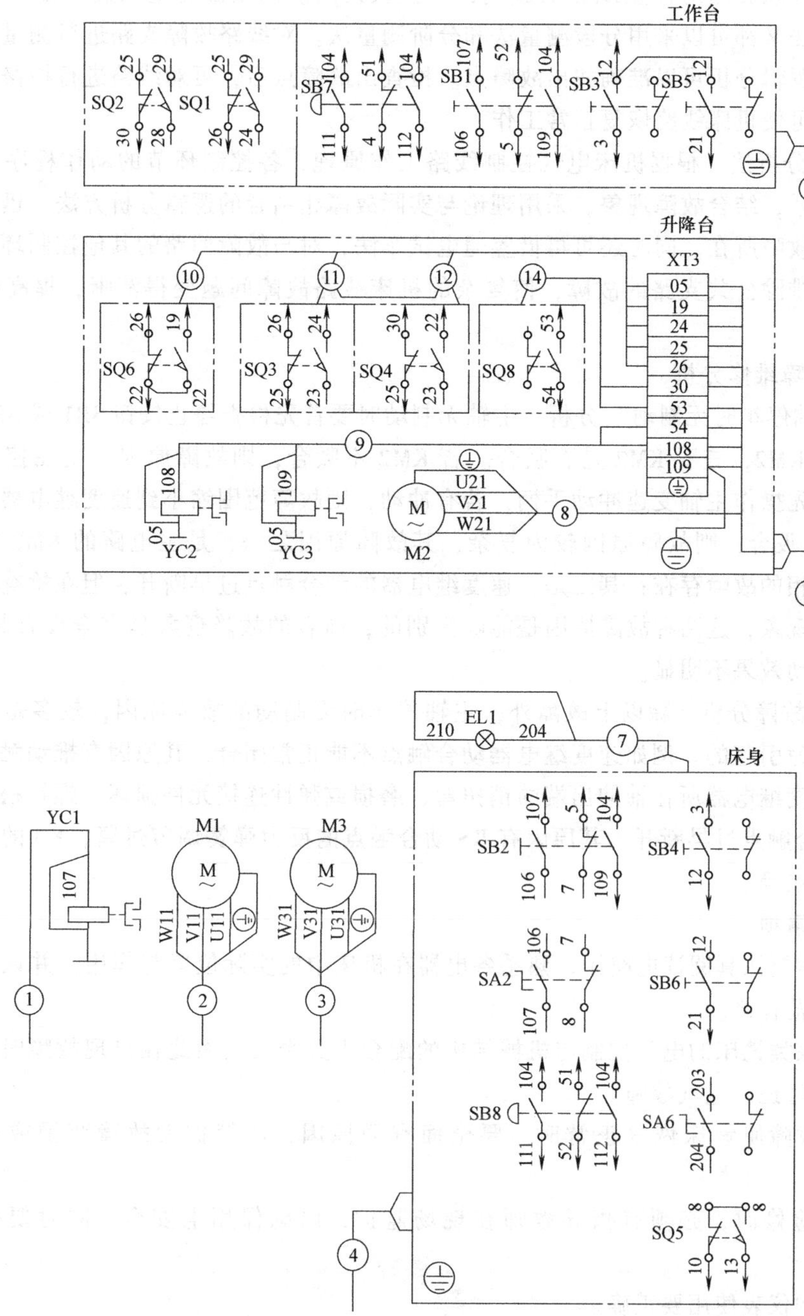


图 3-6　X5032 立式万能铣床电气接线图

用此方法，可以迅速准确地查找出线路的故障现象。通电试车应短时工作。如发现电动机缺相运行，应先切断电源，将电动机暂时移除，接上试验甲的负载灯板，再进行试验。

（2）测量法　测量法是利用检验灯、试电笔、万用表等对机床线路进行带电或断电测量，是找出故障点的有效方法。利用万用表电阻挡检查必须切断电源。同时，在测量时要特别注意是否有并联支路对测量线路的影响，防止误判断。测量法有电阻测量法和电压测量法。这两种方法又都可以采用分段测量法和分阶测量法。对线路故障支路进行测量，通过对测量参数进行逻辑分析可以准确找出故障点。检查出故障点后，可对线路进行检修或更换损坏元器件，即可使机床线路恢复正常工作。

(3) 逻辑分析法　根据机床电气控制线路工作原理，各控制环节的动作程序以及它与机械之间的联系，结合故障现象，采用理论与实际故障相结合的逻辑分析方法，迅速缩小检查范围，判断故障所在。同时还可再借鉴通电试车法，对与故障回路的其他控制环节进行通电试车，就可排除公共支路的故障，使复杂的机床线路故障问题变得清晰，提高维修的针对性。

2. 常见故障维修分析

(1) “主轴停车时无制动”分析　主轴无制动时要首先检查停止按钮SB1或SB2后，反接制动接触器KM2，查看KM2是否吸合。若KM2不吸合，则故障原因一定在控制电路部分。检查时可先操作主轴变速冲动手柄，若有冲动，则故障范围缩小到速度继电器和按钮支路上。若KM2吸合，则故障原因较为复杂，其故障原因之一，是主电路的KM2制动支路中，至少有缺相的故障存在；其二是，速度继电器的动合触点过早断开，但在检查时，只要仔细观察故障现象，这两种故障原因是能够区别的，前者的故障现象是完全没有制动作用，而后者则是制动效果不明显。

(2) 其他故障分析　除以上故障外，主轴停车时无制动的故障原因，较多是由于速度继电器发生故障引起的。例如速度继电器动合触点不能正常闭合，其原因有推动触点的胶木摆杆断裂，速度继电器所在轴伸出端的销扭弯、磨损或弹性连接元件损坏，螺钉松动或打滑等。若KS动合触点过早断开，其原因有KS动合触点的反力弹簧调节过紧，KS的永久瓷砖转子的磁性衰减等。

**六、注意事项**

1) 检修前要认真阅读电路图，熟悉各电器在机床中的实际位置与作用，并认真仔细地观察教师的示范检修。

2) 由于该类铣床的电气控制与机械结构的配合十分密切，因此在出现故障时，应着先判断是机械故障还是电气故障。

3) 修复故障使铣床恢复正常时，要全面查明原因，严禁扩大故障范围或产生新的故障。

4) 带电检修时，必须有指导教师在现场监护，以确保用电安全。同时要做好训练记录。

5) 工具和仪表使用要正确。

## 思考练习题

3-1　机床电器电路的一般分析方法是什么？

3-2　简述机床电气设备发生故障后的一般检查和维修方法。

3-3　试分析CA6140卧式车床的控制电路。断路器QF有何作用？主轴电动机为何不设短路保护？

3-4　CA6140卧式车床有何控制特点？试分析主轴电动机不能停车的原因？

3-5 X5032 立式万能铣床电气控制电路由哪些基本控制环节组成？

3-6 X5032 立式万能铣床电气控制电路中具有哪些联锁与保护？为什么要有这些联锁与保护，它们是如何实现的？

3-7 X5032 立式万能铣床的进给变速冲动是如何实现的？

3-8 X5032 立式万能铣床主轴停车时不能迅速停车，故障何在？如何检查？

3-9 X5032 立式万能铣床主轴可以正反转，但无进给及快速移动，试分析故障原因何在？

# 第四章
# 数控机床位置传感器

【学习目的】

了解位置传感器在数控机床中的应用；理解光栅传感器、脉冲发生器、感应同步器等数控机床常用位置传感的工作原理；掌握安装、调试、维修的一般方法。

【学习重点】

掌握常用位置传感器安装、调试和维修的一般方法。

## 第一节　概　　述

检测装置是数控机床的重要组成部分，起着测量和反馈两个作用。在闭环控制系统中，检测装置发出的反馈信号，送回计算机或专用控制器，与设定值相比较。若有偏差，经放大后控制执行部件正确运转，直至偏差消除为止。因此，检测装置是保证数控机床加工精度的关键。在数控机床加工过程中，对位移、速度、加速度等物理量的精确测量是保证加工精度的基础，从一定意义上看，数控机床的加工精度主要取决于检测装置的精度。传感器能分辨出的最小测量值称为分辨率。分辨率不仅取决于检测元件本身，也取决于测量电路。

**一、数控机床检测装置的要求**

1）工作可靠，抗干扰性强。

2）满足精度和速度要求。

3）使用维护方便，适合机床运行环境。

4）经济性好。

## 二、检测装置的分类

1）数控系统中的检测装置按被检测的物理量分为位移、速度和电流三种类型。

2）按安装的位置及耦合方式分为直接测量和间接测量两种。

直接测量是将测量装置直接安装在执行部件上，如光栅、感应同步器等用来直接测量工作台的直线位移。其缺点是测量装置要和行程等长，因此不便于在大行程情况下使用。

间接测量是将测量装置安装在滚珠丝杠或驱动电动机轴上，通过检测转动部件的角位移来间接测量执行部件的直线位移。间接测量使用方便，无长度限制。缺点是测量信号中增加了由旋转运动转变为直线运动的传动链误差，从而影响了测量精度。

3）按测量方法分为增量式和绝对式两种。

增量式检测方法只测量位移的增量，即工作台每移动一个基本长度单位，检测装置就发出一个测量信号，此信号通常是脉冲信号。这样，一个脉冲所代表的基本长度单位就是分辨率，而通过对脉冲计数就可得到位移量。若增量式检测系统分辨率为 0.01mm，则工作台每移动 0.01mm，检测装置便发出一个脉冲，送往微机数控装置或计数器计数。当计数值为 100 时，表示工作台移动了 1mm。这种检测方式结构简单，但是一旦计数有误，后面的测量结果就会发生错误。另外，在发生事故时不能再找到事故前的正确位置，事故排除后，必须将工作台移至起点重新计数才能找到事故前的正确位置。

绝对值测量方式可以避免上述缺点，它的被测量的任何一点位置都以一个固定的零点作为基准，每一被测点都有一个相应的测量值。采用这种方式，分辨率要求越高，结构也越复杂。

4）按检测信号的类型分为模拟式和数字式两种。数字式测量是将被测量以数字的形式来表示。测量信号一般为电脉冲，可直接送给计算机进行比较、处理。它的特点如下。

① 被测量转换为脉冲个数，便于计算显示和处理。

② 测量精度取决于测量单位，与量程基本无关。（但存在累计误差）

③ 检测装置比较简单，脉冲信号抗干扰能力强。

模拟式测量装置是将被测的量用连续变量来表示，如电压变化，相位变化等，在大量程内作精确的模拟式测量在技术上有较高要求，数控机床中模拟式测量主要用于小量程测量。其主要特点如下。

其一，直接对被测量进行检测，无须量化。

其二，在小量程内可以实现高精度测量。

其三，可用于直接检测和间接检测。

5）按信号转换方式可分为光电效应、光栅效应、电磁感应、压电效应、压阻效应和磁阻效应等类检测装置。

6）按运动方式分为回转式和直线式检测装置。直线式位置检测装置用来检测运动部件的直线位移；旋转式位置检测装置用来检测回转部件的转动位移。数控机床常用位置检测装置分类见表 4-1。

表 4-1 位置检测装置分类

| 分类 | 数字式 | | 模拟式 | |
|---|---|---|---|---|
| | 增量式 | 绝对式 | 增量式 | 绝对式 |
| 回转型 | 增量式脉冲编码器、圆光栅 | 绝对式脉冲编码器 | 旋转变压器、圆感应同步器、圆磁尺 | 多极旋转变压器、三速圆感应同步器 |
| 直线型 | 计量光栅、激光干涉仪 | 多通道透射光栅 | 直流感应同步器、磁尺 | 三速直线感应同步器、绝对值式磁尺 |

## 第二节 光栅传感器

光栅传感器是数控机床检测系统中常用的位移或转角测量装置，它具有测量精度高、抗干扰能力强、适于实现动态测量和自动测量以及数字显示等优点，测量精度可达几微米级。

### 一、光栅传感器的工作原理

（一）光栅的类型

（1）直线光栅（长光栅） 在一块长条形的玻璃表面上制成透明与不透明间隔相等的条纹或在一块长条形的金属的镜面上制成全反射与漫反射间隔相等的条纹，称为直线光栅。前者称为透射光栅，后者称为反射光栅。

光栅上栅线的宽度为 $a$，线间宽度为 $b$，一般取 $a=b$，而 $W=a+b$，$W$ 称为光栅栅距，如图 4-1 所示。长光栅由长短两块光栅组成。长的一块称为主光栅，短的一块称为指示光栅。

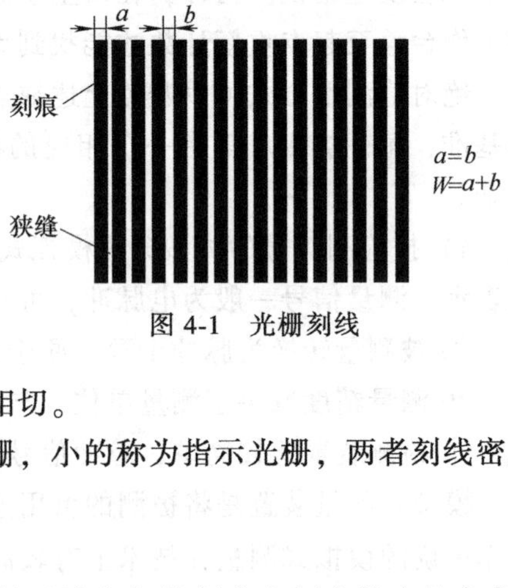

图 4-1 光栅刻线

（2）圆光栅 圆光栅又称为光栅盘，用来测量角度或角位移，根据刻线的方向可分为径向光栅和切向光栅。径向光栅的延长线全部通过光栅盘的圆心，切向光栅的延长线全部与光栅盘中心的一个小圆相切。

圆光栅也由大、小两块光栅组成。大的称为主光栅，小的称为指示光栅，两者刻线密度相同。圆光栅只有透射光栅。

（二）莫尔条纹

如果把两块光栅栅距 $W$ 相等的光栅面平行安装，并且让它们的刻痕之间有较小的夹角 $\theta$ 时，这时光栅上会出现若干条明暗相间的条纹，这种条纹称莫尔条纹。莫尔条纹是光栅非重合部分光线透过而形成的亮带，它由一系列四棱形图案组成，如图 4-2 所示。$f—f$ 线区则是由于光栅的遮光效应形成的。

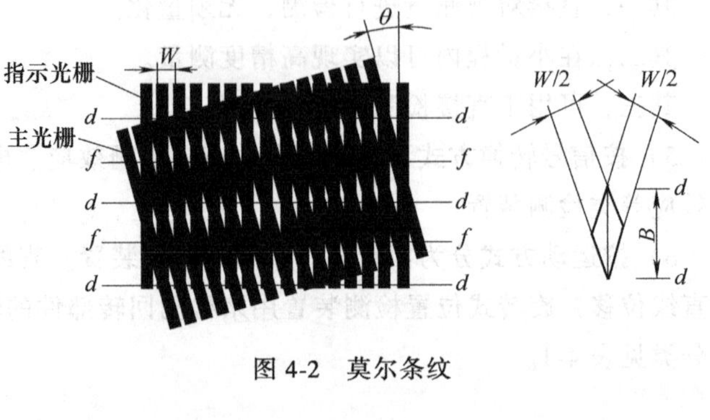

图 4-2 莫尔条纹

莫尔条纹的特性如下。

1）当指示光栅不动，主光栅左右平移时，莫尔条纹将沿着指示栅线的方向上下移动，根据莫尔条纹的移动方向，既可确定主光栅左右移动的方向。

为了辨别方向，需安装两只光电元件，彼此相距 1/4 节距（莫尔条纹宽度）。当光栅移动时，从两只光电元件分别得到两个相差 1/4 周期的正弦波形。而两波形的超前与滞后，取决于光栅的移动方向。这样，两信号经放大、整形和微分等电子辨向电路，即可辨别它们的超前与滞后，从而判别出机床的运动方向。

2）莫尔条纹有位移放大作用。当主光栅沿着与刻线垂直的方向移动一个光栅栅距 $W$ 时，莫尔条纹随之移动一个条纹间距 $B$。当两个等距光栅的夹角较小时，主光栅移动一个光栅栅距 $W$，莫尔条纹移动 $KW$ 距离。$K$ 为莫尔条纹的放大系数，可由下式确定：

$$K = B/W \approx 1/\theta$$

式中，条纹间距与栅距的关系为

$$B = W/\theta \quad (\theta \text{的单位为弧度})$$

由上式可以看出，$\theta$ 角越小，莫尔条纹的放大倍数越大。这样就可以把肉眼看不见的光栅位移变成清晰可见的莫尔条纹移动，可以用测量条纹的移动来检测光栅的移动，从而实现高灵敏的位移测量。

为了提高分辨率，光栅测量线路采用四倍频的方案。实现的方法有两种，一是在一个莫尔条纹节距内安放四个光电元件，每相邻两只的距离均为 1/4 个节距。这样莫尔条纹每移动一个节距，光电元件将产生四个相差 1/4 周期的正弦波信号，然后经过放大、整形变为方波，再经微分电路获得四个脉冲。另一种是采用在相距 1/4 的节距上，安放两只光电元件，首先获得相位差 90°的两路正弦波信号，然后经细分辨向电路，获得四个在 0°、90°、180°、270°处的脉冲。这样，就在莫尔条纹变化一个周期内获得四个输出脉冲，从而达到了细分的目的。

## 二、光栅传感器的结构

光栅传感器由主光栅和光栅读数头等部分组成。作为一个完整的测量系统，还应包括光栅数显表。

光栅读数头又称为光电转换器，它把光栅莫尔条纹变为电信号。读数头是由光源、指示光栅、光电元件及光学系统组成。读数头的种类很多，按光路的形式可分为分光读数头、垂直入射读数头、反射读数头等几种。

## 三、光栅位移的数字转换系统

光栅工作时，当两光栅尺有相对位移时，光栅读数头中的光敏元件根据透过莫尔条纹的光强度变化，将两光栅尺的相对位移，即工作台的机械位移转换成了四路两两相差 90°的电压信号。但在实际应用中，常需要将两光栅尺的相对位移表达成易于辨识和应用的数字脉冲量。因此，光栅读数头输出的四路电压信号还必须经过进一步的信息处理，转换成所需的数字脉冲形式。

如图 4-3 所示，光源通过标尺光栅和指示光栅，再由物镜聚焦到光电元件上，光电元件把两块光栅相对移动时产生的莫尔条纹明暗的变化转变为电压变化。当标尺光栅沿与其线纹垂直方向相对指示光栅移动时，若指示光栅的线纹与透明间隔完全重合，光电元件接收到的光通量最小；若指示光栅的线纹与标尺光栅的经纹完全重合，光电元件接收到的光通量最大。因此，在标尺光栅移动过程中，莫尔条纹由亮带到暗带，再由暗带到亮带，相互交替出现，透过的光强度分布近似于余弦曲线，光电元件接收到的光通量也忽大忽小，产生了近似正弦曲线的电压信号，这样的信号只能用于技术，而不能辨别方向。实际应用中，既要求有较高的检测精度，又能辨别方向，为了达到这种要求，通常使用分频电路实现。

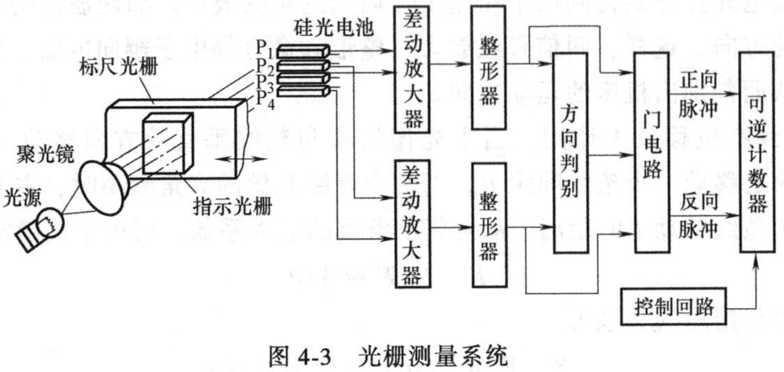


图 4-3 光栅测量系统

## 实践技能训练4-1 光栅传感器的安装与应用

### 一、训练目标

掌握光栅传感器的安装与调试方法。

### 二、工具器材

光栅传感器一套。

### 三、训练指导

在数控机床上可以用直线光栅测量工作台的位移，并组成位置闭环伺服系统。图 4-4 为光栅传感器在数控车床上的安装示意图。

1）安装基面。安装光栅线位移传感器时，不能直接将传感器安装在粗糙不平的床上，更不能安装在打底涂漆的床上。

2）安装主尺。将主光栅尺用螺钉安装在机床工作台安装面上。

3）安装读数头。在安装读数头时，首先应保证读数头的基面达到安装要求，然后再安装读数头，其安装方法与主光栅尺相似。

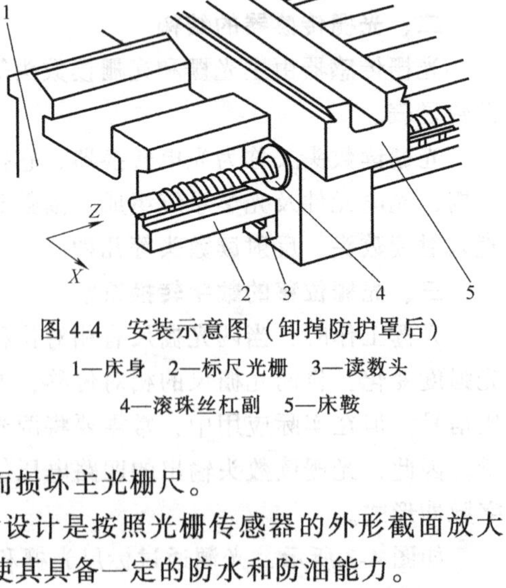


图 4-4 安装示意图（卸掉防护罩后）

1—床身 2—标尺光栅 3—读数头 4—滚珠丝杠副 5—床鞍

4）安装限位装置。光栅线位移传感器全部安装完以后，一定要在机床导轨上安装限位装置，以免机床在移动时读数头冲撞到主光栅尺两端，从而损坏主光栅尺。

5）检查。光栅传感器应加装护罩，护罩的尺寸设计是按照光栅传感器的外形截面放大并留一定的空间而确定。护罩通常采用橡胶密封，使其具备一定的防水和防油能力。

### 四、注意事项

1）一般将主光栅尺安装在机床或设备的运动部件上，而读数装置则安装在固定部件上。反之亦可，但对读数装置的引出电缆要采取固定保护措施。

2）安装基面的直线度误差要小于或等于 0.1mm/m，表面粗糙度值 $Ra \leqslant 6.3\mu m$，与机床相应导轨的平行度误差在全长范围内小于或等于 0.1mm。如果达不到此要求，则要制作专门的光栅尺座和一个与光栅尺基座等高的读数头基座进行安装。

3）在安装读数头时，应保证与尺身间隙为 1.5±0.3mm，并使读数装置中的指示箭头对准行程中点。

4）应在电源 OFF 状态下进行电线连接。

5）在调试时要检查光栅尺的回零误差，一般要求不大于一个脉冲当量。

6）选择与机床材料膨胀系数接近的光栅。

## 第三节　脉冲发生器

脉冲发生器又称编码器，它是一种直接用数字代码表示角位移及直线位移的检测装置。它具有精度高、结构紧凑、工作可靠等优点，是数控伺服系统中常用的检测器件。脉冲发生器按运动方式分为回转型和直线型；按工作原理分为光电式、电刷式和电磁式；按检测得到的数据分为绝对式和增量式。本节主要介绍旋转编码器的原理、安装、使用及维护方法。

### 一、增量式旋转编码器

常用的增量式旋转编码器为增量式光电编码器，如图 4-5 所示。

光电编码器由 LED（带聚光镜的发光二极管）、光栏板、光敏码盘、光敏元件及信号处理电路（印制电路板）组成。其中，光电码盘是在一块玻璃圆盘上镀上一层不透光的金属薄膜，然后在上面制成圆周等距的透光与不透光相间的条纹，光栏板上具有和光电码盘上相同的透光条纹。码盘也可由不锈钢薄片制成。当光电码盘旋转时，光线通过光栏板和光电码盘产生明暗相间的变化，由光敏元件接收。光敏元件将光信号转换成电脉冲信号。光电编码器的测量精度取决于它所能分辨的最小角度，而这与码盘圆周的条纹数有关，即分辨角，如条纹数为 1024，则分辨角 = 360°/1024 = 0.352°。实际应用的光电编码器的光栏板上有两组条纹 $A$ 和 $B$，$A$ 组和 $B$ 组的条纹彼此错开 1/4 节距，两组条纹相对应的光敏元件所产生的信号彼此相差 90°相位，用于辨向。当光电码盘正转时，$A$ 信号超前 $B$ 信号 90°，当光电码盘反转时，$B$ 信号超前 $A$ 信号 90°，数控系统正是利用这一相位关系来判断方向的。

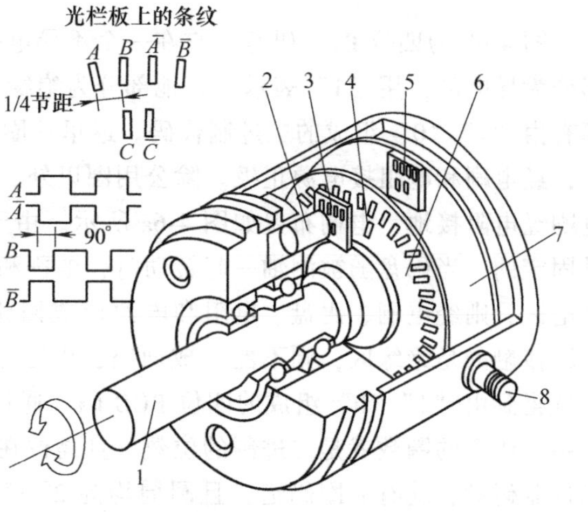


图 4-5　增量式光电编码器结构示意图

1—转轴　2—LED　3—光栏板　4—零标志槽　5—光敏元件　6—码盘　7—印制电路板　8—电源及信号线连接座

光电编码器的输出信号 $A$、$\overline{A}$ 和 $B$、$\overline{B}$ 为差动信号。差动信号大大提高了传输的抗干扰能力。在数控系统中，常对上述信号进行倍频处理，以进一步提高分辨率。例如，配置 2000 脉冲/r 的光电编码器的伺服电动机直接驱动 8mm 螺距的滚珠丝杠，经四倍频处理后，相当于 8000 脉冲/r 的角度分辨率，对应工作台的直线分辨率由倍频前的 0.004mm 提高到 0.001mm。

此外，在光电编码器的里圈里还有一条透光条纹 $Z$，每转产生一个脉冲信号，该脉冲信号又称一转信号或零标志脉冲，作为测量基准。

## 二、绝对式旋转编码器

绝对式旋转编码器有接触式码盘和绝对式光电码盘。接触式码盘如图 4-6 所示。

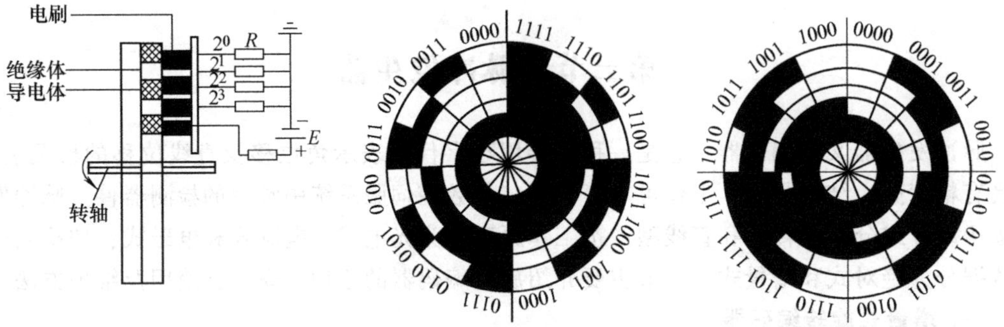


a) 结构简图　　b) 四位BCD码盘　　c) 四位格雷码盘

图 4-6　接触式码盘

图 4-6b 为四位 BCD 码盘。它在一个不导电基体上做成许多金属区使其导电，其中涂黑部分为导电区，用“1”表示，其他部分为绝缘区，用“0”表示。这样，在每一个径向上，都有由“1”“0”组成的二进制代码。最里一圈是公用的，它和各码道所有导电部分连在一起，经电刷和电阻接电源正极。除公用圈以外，四位 BCD 码盘的四圈码道上也都装有电刷，电刷经电阻接地，电刷布置如图 4-6a 所示。由于码盘是与被测轴连在一起的，而电刷位置是固定的，当码盘随被测轴一起转动时，电刷和码盘的位置发生相对变化，若电刷接触的是导电区，则经电刷、码盘、电阻和电源形成回路，电阻上有电流流过，为“1”。反之，若电刷接触的是绝缘区，则不能形成回路，电阻上无电流流过，为“0”。由此可根据电刷的位置得到由“1”“0”组成的四位 BCD 码。通过图 4-6b 可看出电刷位置与输出代码的对应关系。码道的圈数就是二进制的位数，且高位在内，低位在外。由此可以推断出，若是 $n$ 位二进制码盘，就有 $n$ 圈码道，且圆周均为 $2^n$ 等分，即共有 $2^n$ 个数据来分别表示其不同位置，所能分辨的角度为

$$\alpha = 360°/2^n$$

$$分辨率 = 1/2^n$$

显然，位数 $n$ 越大，所能分辨的角度越小，测量精度就越高。

图 4-6c 为四位格雷码盘，其特点是任何两个相邻数码间只有一位是变化的，可消除非单值性误差。

## 三、旋转编码器的特点

增量型：只在旋转期间输出与旋转角度相对应的脉冲，在静止状态下不输出。所以要另用计数器计数输出脉冲数，根据计数来检测旋转量。

绝对型：可直接将被测角用数字代码表示出来，且每一个角度位置均有对应的测量代码，因此这种测量方式即使断电也能读出被测轴的角度位置，即具有断电记忆功能。

## 四、旋转编码器的型号及含义

欧姆龙系列旋转编码器型号含义，如图 4-7 所示。

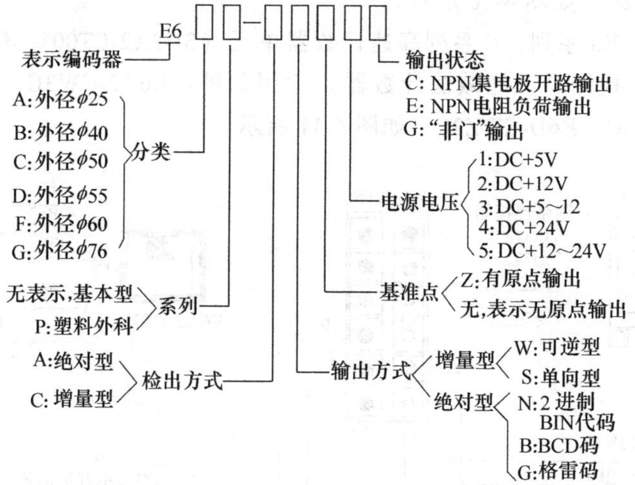


图 4-7　欧姆龙系列旋转编码器型号含义

## 五、注意要点

选择旋转编码器时，应注意下列几点。

1）分辨率：位置精度的关系。

2）外形尺寸：安装占地面积的关系。

3）轴允许荷重：寿命、安装状况的关系。

4）允许最大转速（最高响应频率）：电动机等驱动轴转速和分辨率的关系。

5）输出相位差：数控机床所用控制装置的匹配关系。

6）耐环境性：使用环境的关系。

7）增量型、绝对型：成本的关系、电源 OFF 时的绝对位置检测的有无、计数器的有无耐噪声性等关系。

## 六、编码器应用举例

1）与数字转速表（H7ER）的连接举例：适用品种 E6A2-CS3E，10P/R，60P/R，如图 4-8 所示。

2）与计数器（H7AN）的连接举例：适用品种 E6A2-CW3E、E6B-CWZ3E、E6C-CWZ3E，如

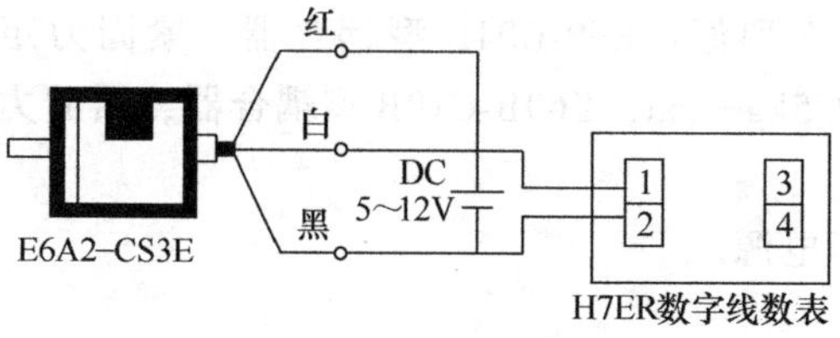


图 4-8　编码器和数字转速表

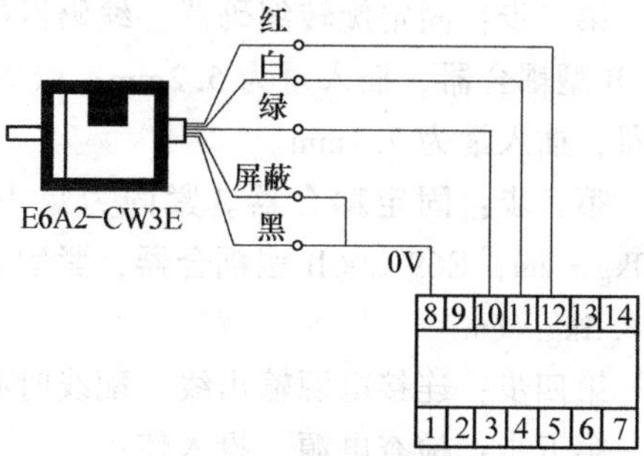


图 4-9　编码器和计数器的连接

图 4-9 所示。

3）与传感控制器（S3D8）的连接举例：适用品种 E6A2-CWE3C，E6B-CWZ3C，E6C-CWZ5C，E6D-CWZ2C，如图 4-10 所示。

4）与 SYSMAC V8 系列、C 系列高速计数器单元（3G2A2-CT001/3G2A5-CT001）的连接举例，CM、CCW 检测时（加减法计数器）适用品种：E6A2-CW3C、E6A2-CW5C、E6B-CWZ3C、E6C-CWZ5C、E6D-CWZ2C，如图 4-11 所示。

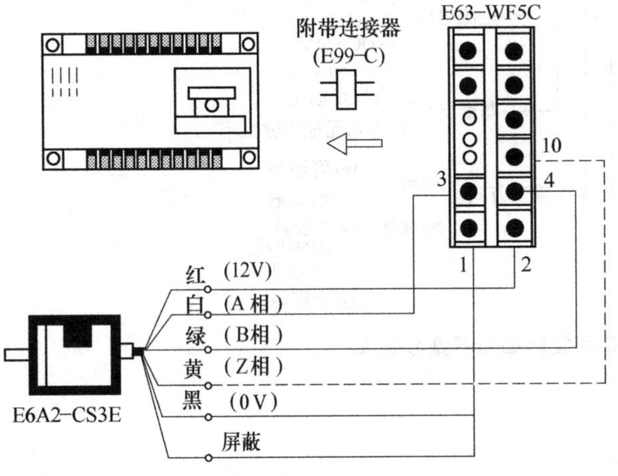


图 4-10 编码器和传感控制器的连接

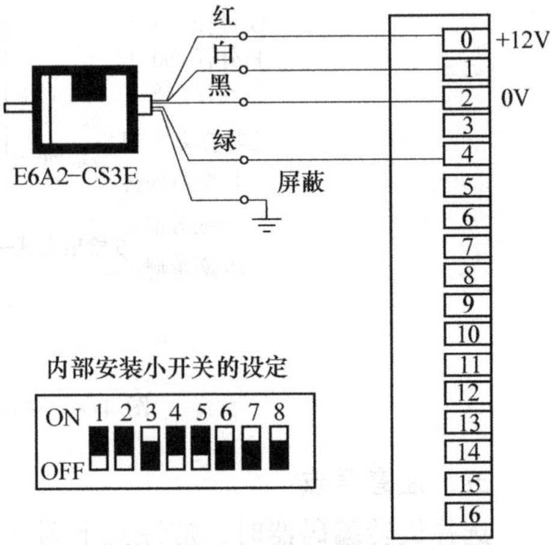


图 4-11 编码器和高速计数器的连接

## 实践技能训练 4-2 旋转编码器的安装与应用

### 一、训练目标

掌握编码器的安装与调试方法。

### 二、工具器材

旋转编码及相应耦合器一套。

### 三、训练指导

1. 旋转编码的安装步骤及注意事项

（1）安装步骤

第一步：把耦合器穿到轴上。不要用螺钉固定耦合器和轴。

第二步：固定旋转编码器。编码器的轴与耦合器连接时，插入量不能超过下列值。E69-C04B 型耦合器，插入量为 5.2mm；E69-C06B 型耦合器，插入量为 5.5mm；E69-C10B 型耦合器，插入量为 7.1mm。

第三步：固定耦合器。紧固力矩不能超过下列值：E69-C04B 型耦合器，紧固力矩为 2.0kg · cm；E69-C06B 型耦合器，紧固力矩为 2.5kg · cm；E69B-C10B 型耦合器，紧固力矩为 4.5kg · cm。

第四步：连接电源输出线。配线时必须关断电源。

第五步：检查电源，投入使用。

（2）注意事项

1）采用标准耦合器时，应在允许值内安装，如图 4-12 所示。

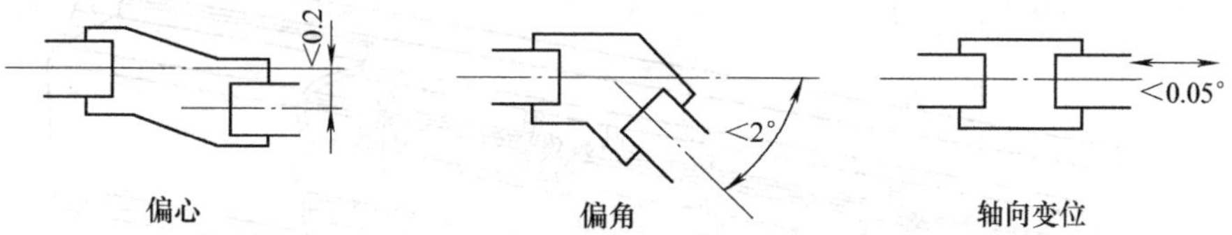


图 4-12　错误安装图示

2）链接带及齿轮结合时，先用别的轴承支住，再将旋转编码器和耦合器结合起来，如图 4-13 所示。

3）齿轮连接时，注意勿使轴受到过大荷重。

4）用螺钉紧固旋转编码器时，应用 5kg · cm 左右的紧固力矩。

5）进行配线时，不要用大于 3kg 的力拉线。

6）轴插入耦合器时，用锤子敲打等请勿给以冲击。

7）可逆旋转使用时，应注意本体的安装方向和加减法方向。

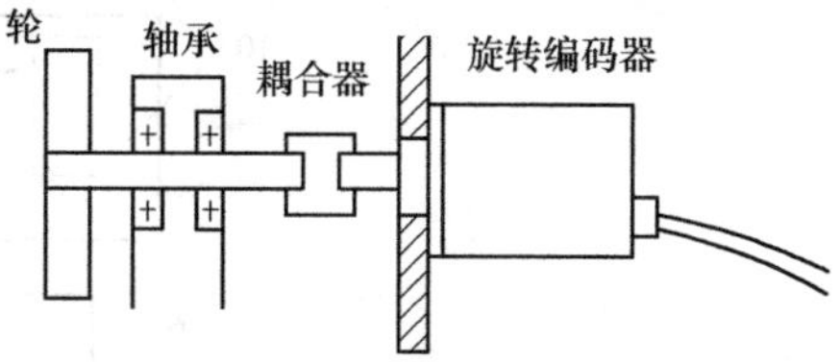


图 4-13　与链接带及齿轮结合

8）把设置的装置原点和编码器的 Z 相对准时，必须边确定 Z 相输出边安装耦合器。

9）使用时，勿使本体上粘水滴和油污。如浸入内部会产生故障。

2. 配线及连接

1）配线应在电源 OFF 状态下进行。电源接通时，若输出线接触电源线，则有时会损坏输出回路。

2）若配线错误，则有时会损坏内部回路，所以配线时应充分注意电源的极性等。

3）若和高压线、动力线并行配线，则有时会受到感应造成误动作或损坏的原因。

4）延长电线时，应在 10m 以下。由于电线的分布容量不均，波形的上升、下降时间会延长，所以有问题时，应采用施密特回路对波形进行整形。

为了避免感应噪声，也要尽量用最短距离配线。集成电路输入时，要特别注意。

5）电线延长时，因导体电阻及线间电容的影响，波形的上升、下降时间增长，容易产生信号间的干扰（串音），因此应使用电阻小、线间电容低的电线（双绞线、屏蔽线）。

## 第四节　感应同步器

感应同步器是一种根据电磁感应原理制成的高精度测量元件，是目前数控设备上广泛采用的测量元件。根据用途不同和结构特点分成直线式和旋转式两大类，前者用于长度测量，后者用于角度测量。

### 一、结构和工作原理

感应同步器也是一种电磁式的位置测量元件。主要部件包括定尺和滑尺。图 4-14 所示为直线式感应同步器结构示意图。

定尺和滑尺分别安装在机床床身和移动部件上，定尺或滑尺随工作台一起移动，两者平

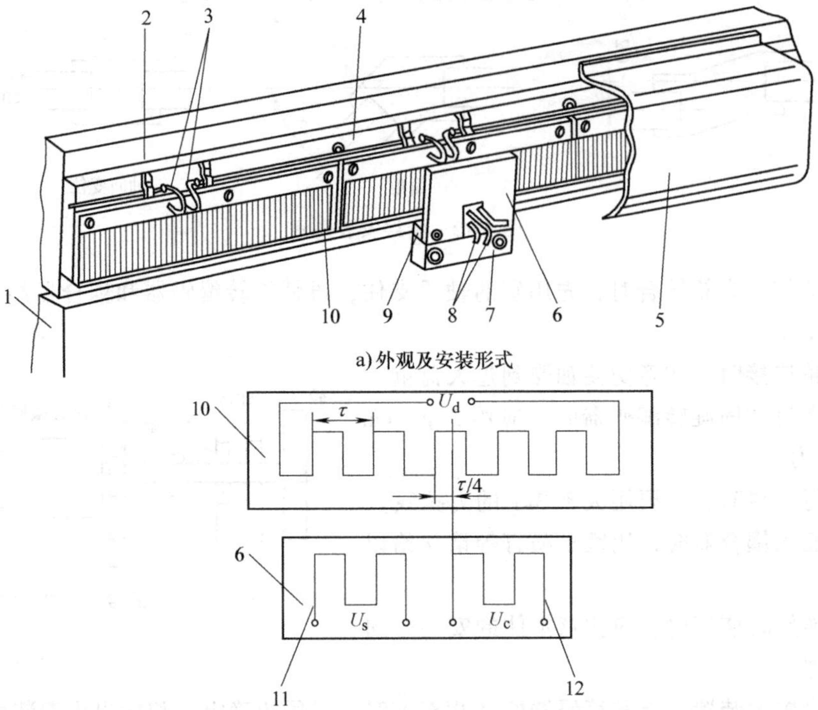


a) 外观及安装形式

b) 绕组

图 4-14 直线式感应同步器结构示意图

1—固定部件（床身） 2—运动部件（工作台或刀架） 3—定尺绕组引线 4—定尺座 5—防护罩 6—滑尺 7—滑尺座 8—滑尺绕组引线 9—调整垫 10—定尺 11—正弦励磁绕组 12—余弦励磁绕组

行放置，保持 0.2~0.3mm 间隙。标准的感应同步器定尺长度为 250mm，尺上是单向、均匀、连续的感应绕组；滑尺长为 100mm，尺上有两组励磁绕组，一组为正弦励磁绕组 $U_s$，一组为余弦励磁绕组 $U_c$。滑尺绕组的节距与定尺绕组节距相同，均为 2mm，用 $\tau$ 表示。当正弦励磁绕组与定尺绕组对齐时，余弦励磁绕组与定尺绕组相差 1/4 节距。由于定尺绕组是均匀的，故滑尺上的两个绕组在空间位置上相差 1/4 节距，即 $\pi/2$ 相位角。

定尺和滑尺的基板采用与机床床身的热胀系数相近的材料，上面用光学腐蚀方法制成的铜箔锯齿形的印制电路绕组，铜箔与基板之间有一层极薄的绝缘层。在定尺的铜绕组上面涂一层耐腐蚀的绝缘层，以保护尺面。在滑尺的绕组上面用绝缘粘接剂粘贴一层铝箔，以防静电感应。

感应同步器可以采用多块定尺接长，相邻定尺间隔通过调整，使总长度上的累积误差不大于单块定尺的最大偏差。行程为几米到几十米的中型或大型机床中，工作台位移的直线测量大多数采用感应同步器来实现。当励磁绕组与感应绕组间发生相对位移时，由于电磁耦合的变化，使感应绕组中的感应电压随位移的变化而变化，感应同步器就是利用这个特点进行测量的。

根据励磁绕组中励磁方式的不同，感应同步器有相位工作方式和幅值工作方式。

(一) 相位工作方式

给滑尺的正弦励磁绕组和余弦励磁绕组分别通以频率相同，幅值相同，但相位差 $\pi/2$

的励磁电压，即

$$U_s = U_m \sin\omega t$$
$$U_c = U_m \cos\omega t$$

当滑尺移动 X 距离时，定尺绕组中的感应电压为

$$U_d = kU_m \sin(\omega t - \phi) = kU_m \sin(\omega t - 2\pi x/\tau)$$

式中 $U_m$——励磁电压幅值；

$k$——电磁耦合系数；

$\phi$——电气相位角；

$x$——滑尺移动距离；

$\tau$——节距。

可见，定尺的感应电压与滑尺的位移量有严格的对应关系，通过测量定尺感应电压的相位，即可测得滑尺的位移量。

（二）幅值工作方式

给滑尺的正弦励磁绕组和余弦励磁绕组分别通以频率相同，相位相同，但幅值不同的励磁电压，即

$$U_s = U_{sm} \sin\omega t$$
$$U_c = U_{cm} \sin\omega t$$

其中，$U_{sm}$，$U_{cm}$ 幅值分别为

$$U_{sm} = U_m \sin\phi_1$$
$$U_{cm} = U_m \cos\phi_1$$

式中 $\phi_1$——电气给定角。

当滑尺移动时，定尺绕组中的感应电压为

$$U_d = kU_m \sin\omega t \sin(\phi_1 - \phi) = kU_m \sin\omega t \sin\Delta\phi$$

当 $\Delta\phi$ 很小时，定尺绕组中的感应电压可近似表示为

$$U_d = kU_m \sin\omega t \Delta\phi$$

又因为 $\Delta\phi = 2\pi\Delta x/\tau$

则

$$U_d = kU_m (2\pi/\tau) \Delta x \sin\omega t$$

式中 $\Delta x$——滑尺位移增量。

可见，当位移增量 $\Delta x$ 很小时，感应电压的幅值和 $\Delta x$ 成正比，因此，可以通过测量 $U_d$ 的幅值来测定位移量的 $\Delta x$ 大小。

## 二、感应同步器的种类、特点及主要技术参数

### （一）感应同步器的种类

1. 直线式

1）标准式　标准式是直线式中精度最高的一种，在数控系统和数显装置中大量应用。

2）窄长式　窄长式的定尺的宽度比标准式窄，主要用于精度较低或安装位置受到限制的场合。

3）三重式　三重式的定尺和滑尺上均有粗、中、细三套绕组，定尺上粗、中绕组相对位移垂直方向倾斜不同角度，细绕组和标准式的一样。滑尺上粗、中、细三套绕组组成三个独立的电气通道，三通道同时使用可组成一套绝对坐标测量系统。

4）钢带式 它的定尺绕组印制在1.8m长的不锈钢带上，其两端固定在机床床身上，滑尺像计算尺游标那样跨在带状定尺上，可以简化安装，而且可使定尺随床身热变形而变形。

5）感应组件 它是将标准式的定、滑尺封装在盒子里，同时将励磁变压器和前置放大器也装在里面，便于安装和使用。

2. 圆感应同步器

圆感应同步器由定子和转子组成，其转子相当于直线感应同步器的定尺，定子相当于滑尺。目前，圆感应同步器按其直径大小有302mm、178mm、76mm、50mm四种。按其径向导体数（也称极数）有360、720、1080和521几种。

（二）感应同步器的特点

1）精度高。感应同步器的极对数多，由于平均效应测量精度要比制造精度高，且输出信号是由定尺和滑尺之间相对移动产生的，中间无机械转换环节，故其精度高。

感应同步器的灵敏度（或称分辨率）取决于对一个周期进行电气细分的程度，灵敏度的提高受到电路中信号噪声比的限制。通过精心设计电路和采取严密的抗干扰措施，可以把电噪声减到很低，并获得很高的稳定性。

目前，直线式感应同步器的精度可达±1μm，灵敏度0.05μm，重复精度0.2μm。

2）测量长度不受限制。当测量长度大于250mm时可以采用多块定尺接长。行程为几米到几十米的中大型机床，大多采用直线式感应同步器。

3）对环境的适应性较强。因为感应同步器金属基板和铸铁床身的热涨系数相近，当温度变化时，能获得较高的重复精度。另外，它是利用电磁感应产生信号，对尺面防护要求低。

4）使用寿命长，维护简便。感应同步器的定尺和和滑尺互不接触，因此互不摩擦、磨损，使用寿命长，不怕灰尘、油污及冲击振动。由于是电磁耦合器件，不需要光源、光电器件，不存在元件老化及光学系统故障。

5）抗干扰能力强，工艺性好，成本较低，便于复制和成批生产。

（三）感应同步器的主要技术参数

1）检测周期：等于线圈节距。

2）精度：最小测量误差。

3）重复精度：再次回到原点时，出现的误差。

4）滑尺阻抗：滑尺绕组的阻抗。

5）滑尺输入电压（交流）：滑尺绕组允许加的交流电压。

6）滑尺最大允许功率：滑尺绕组允许耗散的最大功率。

7）定尺阻抗：定尺绕组的阻抗。

8）定尺输出电压（交流）：定尺允许加的交流电压。

9）电压传递系数：滑尺输入电压与定尺输出电压之比。

## 实践技能训练4-3 感应同步器的安装、调试

### 一、训练目标

掌握感应同步器的安装、调试方法。

**二、工具器材**

感应同步器一套。

**三、训练指导**

感应同步器的安装、调试。

1）感应同步器由定尺组件、滑尺组件和防护罩三个部分组成。定尺和滑尺组件分别由尺身和尺座组成，它们分别装在机床的不动和可动部件上。

2）感应同步器在安装时必须保持两尺平行，两尺平面间的间隙为0.25mm±(0.025~0.1）mm。倾斜度小于0.5°，装配面波纹度在0.01mm/250mm以内。滑尺移动时，晃动的间隙，及不平行度误差的变化小于0.1mm。

3）感应同步器大多装在容易被切屑和切削液侵入的地方，必须注意防护，否则会使绕组刮伤或短路，使装置发生误动作及损坏。

4）同步回路中的阻抗和励磁电压不对称及励磁电流失真度超过2%，将影响检测精度，因此在调整系统时，应加以主意。

5）当在整个测量长度上采用几个250mm长的标准定尺时，要注意定尺与定尺之间的绕组连接。当小于10根时，将各绕组串联连接；当多于10根时，先将各绕组分成两组串联，然后再将此两组并联起来，使定尺绕组阻抗不致太高。为保证各定尺之间的连接精度，可以用示波器调整电气角度的方法，也可用激光的方法来调整安装精度。

6）感应同步器的输出信号较弱且阻抗较低，因此要十分重视信号的传输。首先，要在定尺附近安装前置放大器，使定尺输出信号到前置放大器之间的距离尽可能的短，其次，传输线要采用专用屏蔽电缆，以防止干扰。

## 第五节 其他位置传感器

位置传感器除了前面讲述的光栅传感器、脉冲发生器、感应同步器外，常用的还有磁栅、旋转变压器、接近开关等多种传感器。

**一、磁栅**

磁栅又称磁尺，是一种高精度位置检测装置，可用于长度和角度的测量，具有精度高、安装调试方便以及对使用条件要求较低等一系列优点。在油污、粉尘较多的工作条件下使用，具有较好的稳定性。

磁栅有直线式和旋转式两种。磁栅由磁性标尺、磁头和检测电路组成。

1. 磁性标尺

磁性标尺是在非磁性材料如铜、不锈钢、玻璃或其他合金材料的基础上，用涂敷、化学沉积、电镀等方法附一层10~20μm厚的硬磁性材料，并在它的表面上录制相等节距，周期性变化的磁化信号。磁化信号可以是脉冲，也可以是正弦波或饱和磁波。磁化信号的节距一般有0.05mm、0.10mm、0.20mm、1mm等几种。

2. 磁头

磁头是进行磁电转换的装置，它把反映位置变化的磁信号检测出来，并转换成电信号送给检测电路。它是磁栅测量装置中的关键元件。

（1）磁通响应型磁头　为了低速运行和静止时也能进行位置检测，磁尺上采用的磁头与普通录音机上的磁头不同。普通录音机上采用的是速度响应型磁头，而磁尺上采用的是磁通响应型磁头。磁通响应型磁头是一带有饱和铁心的磁性调制器。它用软磁材料制成，上面绕有两组串联的励磁绕组和两组串联的拾磁绕组。当励磁绕组通以 $I_0\sin(\omega t/2)$ 的高频励磁电流时，产生两个方向相反的磁通 $\phi_1$，与磁性标尺作用于磁头的磁通 $\phi_0$ 叠加，在拾磁绕组上就感应出载波频率为高频励磁电流频率二倍的调制信号输出。其输出电势为

$$e = E_0\sin(2\pi x/\lambda)\sin\omega t$$

式中　$E_0$——常数；

$\lambda$——磁化信号节距；

$x$——磁头在磁性标尺上的位移量。

由此可见，输出信号与磁头和磁性标尺的相对速度无关，而由磁头在磁性标尺上的位置所决定。

（2）多间隙磁通响应型磁头　使用单个磁头读取磁化信号时，由于输出信号电压很小（几毫伏到十几毫伏），抗干扰能力低。所以，实际使用时将几个甚至几十个磁头以一定的方式联接起来，组成多间隙磁头使用。它具有精度高、分辨率高和输出电压大等特点。

多间隙磁头中的每一个磁头都以相同的间距 $\lambda/2$ 配置，相邻两磁头的输出绕组反向串接，这时得到的总输出为每个磁头输出信号的叠加。

3. 检测电路

检测电路包括：激磁电路信号放大电路，滤波电路，辨向和提高分辨率、辨向内插细分电路以及显示和控制电路。根据检测方法的不同也有幅值测量和相位测量两种，以相位测量应用较多。

## 二、接近开关

接近开关是数控机床中常用的限位检测装置，其作用相当于行程开关。接近开关按其工作原理有电感式、电容式、霍尔式、光电式等多种形式。它具有无抖动、无触点、非接触检测、体积小等优点。

### （一）电感式接近开关

1. 工作原理

电感式接近开关属于一种有开关量输出的位置传感器，它由 *LC* 高频振荡器和放大处理电路组成，当金属物体接近能产生电磁场的振荡感应头时，金属物体内部产生涡流。这个涡流反作用于接近开关，使接近开关振荡能力衰减，内部电路的参数发生变化，由此识别出有无金属物体接近，进而控制开关的通或断。这种接近开关所能检测的物体必须是金属导电体。

2. 工作流程图（见图 4-15）。

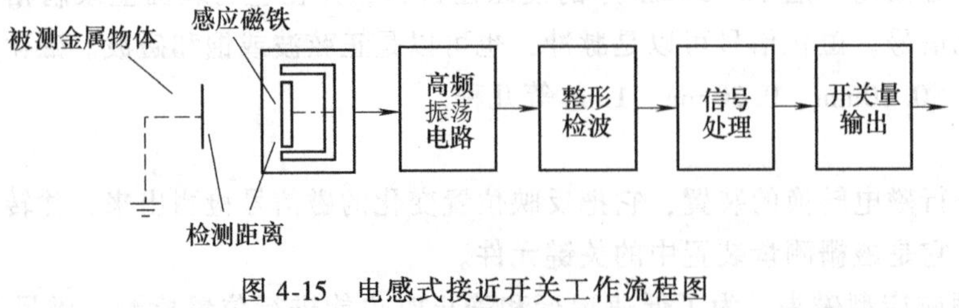


图 4-15　电感式接近开关工作流程图

3. 注意事项

1）当检测物体为非金属时，检测距离要减小，另外很薄的镀膜层也是检测不到的。

2）电感式接近开关的接通时间为50ms，所以在用户产品的设计中，当负载和接近开关采用不同电源时，务必先接通接近开关的电源。

3）当使用感性负载时，应使用继电器作为中间转换元件，由继电器驱动感性负载。

4）请勿将接近开关置于200Gs（$1Gs=10^{-4}T$）以上的直流磁场环境下使用，以免造成误动作。

5）DC二线的接近开关具有0.5~1mA的静态泄漏电流，在和一些对DC二线接近开关泄漏电流要求较高的场合下尽量使用DC三线的接近开关。

6）避免接近开关在化学溶剂，特别是在强酸、强碱的环境下使用。

7）在接通电源前检查接线是否正确，核定电压是否为额定值。

8）为了使接近开关长期稳定工作，请务必进行定期的维护，包括检测物体和接近开关的安装位置是否有移动或松动，接线和连接部位是否接触不良，是否有金属粉尘粘附。

（二）电容式接近开关

1. 工作原理

电容式接近开关亦属于一种具有开关量输出的位置传感器，它的测量头是构成电容器的一个极板，而另一个极板是物体的本身。当物体移向接近开关时，物体和接近开关的介电常数发生变化，使得和测量头相连的电路状态也随之发生变化，由此便可控制开关的接通和关断。这种接近开关的检测物体，并不限于金属导体，也可以是绝缘的液体或粉状物体。在检测较低介电常数$\varepsilon$的物体时，可以顺时针调节多圈电位器（位于开关后部）来增加感应灵敏度。一般调节电位器使电容式的接近开关在（0.7~0.8）$S_n$（$S_n$为检测距离）的位置动作。

2. 工作流程方框图（见图4-16）

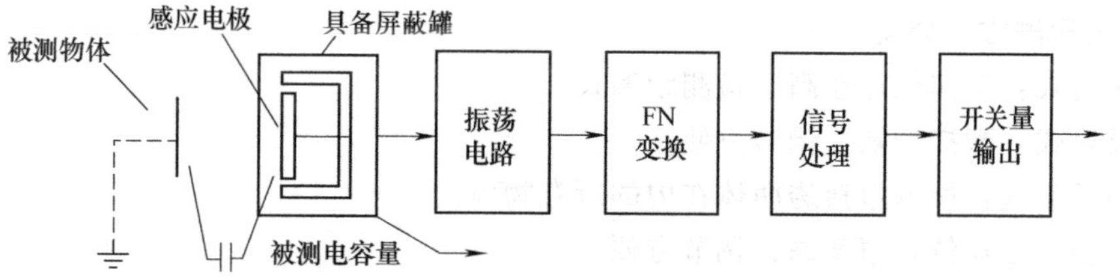


图4-16 电容式接近开关工作流程图

3. 电容式接近开关注意事项

电容式接近开关理论上可以检测任何物体，当检测过高介电常数物体时，检测距离要明显减小，这时即使增加灵敏度也起不到效果。

其他注意事项与电感式基本相同。

（三）霍尔式接近开关

1. 工作原理

霍尔元件是一种磁敏元件。利用霍尔元件做成的开关，称为霍尔开关。当磁性物件移近霍尔开关时，开关检测面上的霍尔元件因产生霍尔效应而使开关内部电路状态发生变化，由此识别附近有磁性物体存在，进而控制开关的通或断。这种接近开关的检测对象必须是磁性物体。

2. 内部原理图（见图 4-17）

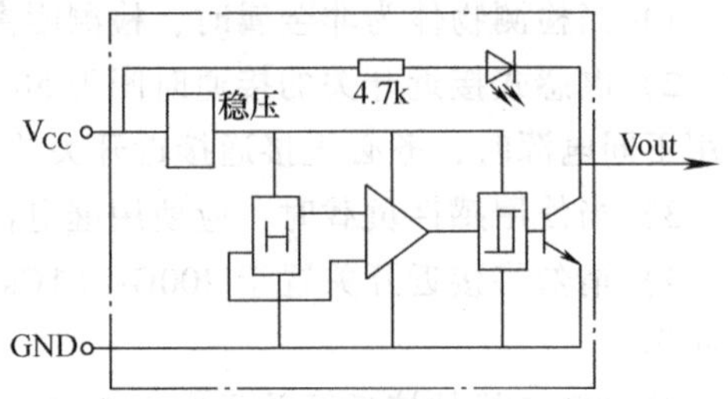

图 4-17 霍尔式接近开关内部原理图

3. 主要技术参数

1）磁感应强度：霍尔开关在工作时，它所要求磁钢具有的磁场强度的大小。一般磁感应强度值 $B$ 为 0.02~0.05T。

2）响应频率：按规定的 1s 的时间间隔内，允许霍尔开关动作循环的次数。

3）输出状态：分常开、常闭、锁存。例如，当无检测物体时，常开型的霍尔开关所接通的负载，由于霍尔开关内部的输出晶体管的截止而不工作；当检测到物体时，晶体管导通，负载得电工作。

4）输出形式：分 NPN、PNP、常开、常闭多功能等几种常用的形式输出。

5）动作距离：动作距离是指检测体按一定方式移动时，从基准位置（霍尔开关的感应表面）到开关动作时测得的基准位置到检测面的空间距离。额定动作距离是指霍尔开关动作距离的标称值。

6）回差距离：动作距离与复位距离之间的绝对值。

（四）光电式接近开关

1. 工作原理

利用光电效应做成的开关称为光电开关。将发光器件与光电器件按一定方向装在同一个检测头内。当有反光面（被检测物体）接近时，光电器件接收到反射光后便在信号输出，由此便可"感知"有物体接近。

2. 光电传感器的分类

（1）按检测方式分类

1）对射式：工作稳定性高，检测距离长。

2）反射式：配接光轴，调节方便。

3）漫反射式：检测包括透明体在内的所有物体。

4）槽型：工作位置精度高，调节方便。

（2）按输出形态分类 输出端一般采用晶体管输出，有 NPN、PNP、常开型、常闭型、锁存型。

**三、旋转变压器**

旋转变压器也是数控机床常用的检测元件，它属于旋转类型检测元件。旋转变压器的输出电压与转子转角呈一定的函数关系，它又是一种用于精密测位的机电元件，在伺服系统、数据传输系统和随动系统中也得到了广泛的应用。

（一）旋转变压器的分类

从电动机原理来看，旋转变压器作为能旋转的变压器，其原、副边绕组分别装在定、转子上，原、副边绕组之间的电磁耦合程度由转子的转角决定，这说明，转子绕组的输出电压大小及相位必然与转子的转角有关。

按旋转变压器的输出电压和转子转角间的函数关系，旋转变压器可分为正余弦旋转变压器（代号为 XZ）、线性旋转变压器（代号为 XX）以及比例式旋转变压器（代号为 XL）。其中，正余弦旋转变压器的输出电压与转子转角在一定转角范围内成正比；比例式旋转变压器在结构上增加了一个锁定转子位置的装置。这些旋转变压器的用途主要是进行坐标变换、三角函数计算后的数据传输、将旋转角度转换成信号电压等。

根据数据传输在系统中的具体用途，旋转变压器又可分为旋变发送机（代号为 XF）、旋转变动发送机（代号为 XC）和旋变变压器（代号为 XB）。若按电动机极对数的多少来分，可将旋转变压器分为单极对和多极对两种。采用多级对是为了提高系统精度。若按转子绕组两种不同的引出方式，旋转变压器分为有刷式和无刷式两种。

（二）旋转变压器的结构与工作原理

现以无刷旋转变压器为例，说明旋转变压器的结构与工作原理，如图 4-18 所示。它分为两部分，即旋转变压器本体和附加变压器。附加变压器的原、副边铁心及其线圈均成环形，分别固定于转子轴和壳体上，径向留有一定的间隙。旋转变压器本体的转子绕组与附加变压器原边线圈连在一起，在附加变压器原边线圈中的电信号，即转子绕组中的电信号，通过电磁耦合，经附加变压器副边线圈间接地送出去。这种结构避免了电刷与集电环之间的不良接触造成的影响，提高了旋转变压器的可靠性及使用寿命，但其体积、质量、成本均有所增加。

旋转变压器和感应同步器的工作原理是一样的，都是根据互感原理工作的，如图 4-19 所示。当定子绕组加上交流励磁电压时，通过互感在转子绕组中产生感应电动势，其输出电压的大小取决于定子与转子两个绕组轴线在空间的相对位置。

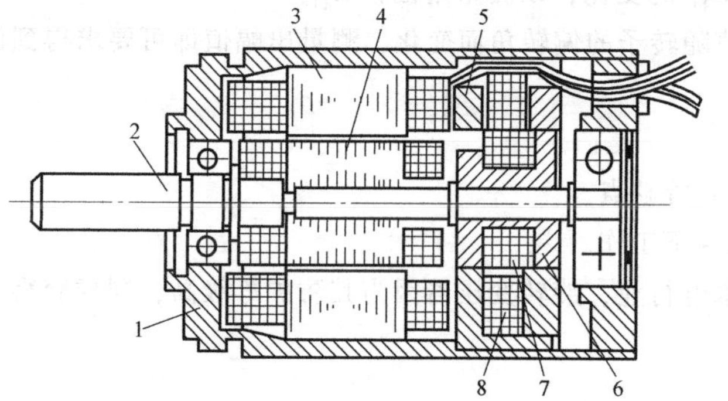


图 4-18 无刷旋转变压器结构图

1—壳体 2—转子轴 3—旋转变压器定子 4—旋转变压器转子 5—变压器定子 6—变压器转子 7—变压器一次绕组 8—变压器二次绕组

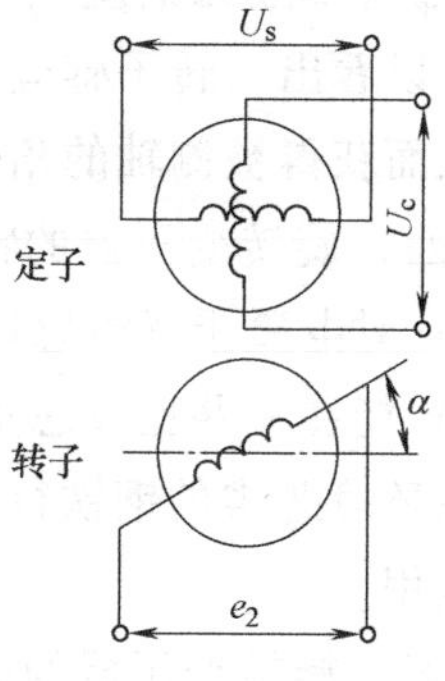


图 4-19 旋转变压器的工作原理图

（三）旋转变压器工作方式

旋转变压器构成角位移测量系统时，其信号处理同感应同步器类似，定子绕组通入不同的励磁电压，可得到两种工作方式，即鉴相型和鉴幅型。

1. 鉴相型工作方式

在鉴相型工作方式下，旋转变压器的定子两项正交绕组，即正弦绕组 s 和余弦绕组 c 中分别加幅值相等、频率相同，而相位相差 90°的正弦交流电压，即

$$\begin{cases} U_s = U_m \sin\omega t \\ U_c = U_m \cos\omega t \end{cases}$$

式中 $U_m$——交流电压最大值。

这两相励磁电压在转子绕组中产生的感应电动势为

$$\begin{aligned} e_2 &= kU_m(\sin\omega t\cos\alpha+\cos\omega t\sin\alpha) \\ &= kU_m\sin(\omega t+\alpha) \end{aligned}$$

式中 $\omega$——励磁角频率；

$\alpha$——转子相对于定子的角位移。

可以看出，转子输出电压的相位角和转子的偏转角之间有严格的对应关系。由于旋转变压器的转子是和被测轴连接在一起，因此只要检测出转子输出电压的相位角 $\alpha$，就可知道被测轴的角位移。

2. 鉴幅型工作方式

当旋转变压器工作在鉴幅型方式下，定子两相绕组的励磁电压为频率相同、相位相同，而幅值分别按正、余弦变化的交变电压，即

$$\begin{cases} u_s = U_m\sin\alpha\sin\omega t \\ u_s = U_m\cos\alpha\sin\omega t \end{cases}$$

它们在转子绕组产生的感应电动势为

$$e = kU_m\sin\omega t\sin(\alpha_{机}-\alpha_{电})$$

若 $\alpha_{机}=\alpha_{电}$，则 $e=0$。在实际应用中，根据转子误差电压的大小，不断修改定子励磁信号的 $\alpha_{电}$（即励磁幅值），使其跟踪 $\alpha_{机}$ 的变化，以测量角位移 $\alpha_{机}$。

可以看出，转子感应电压的幅值随转子的偏转角而变化，测量出幅值即可要求得到偏转角，从而获得被测轴的角位移。

（四）旋转变压器的特点

1）对电磁干扰敏感以及解码复杂等缺点。

2）能在一些比较恶劣的环境条件下工作。

在环境恶劣的钢铁行业、水利水电行业，旋转变压器因为其防护等级高，同样获得了广泛的应用。

（五）旋转变压器的应用

根据旋转变压器的特点，旋转变压器的应用近期发展很快。除了传统的、要求可靠性高的军用、航空航天领域之外，在工业、交通以及民用领域也得到了广泛的应用。特别应该提出的是，这些年来，随着工业自动化水平的提高，对节能减排的要求越来越高，效率高、节能显著的永磁交流电动机的应用越来越广泛。而永磁交流电动机的位置传感器，原来是以光学编码器居多，但这些年来已迅速地被旋转变压器代替。例如，在家电中，不论是电冰箱、空调、还是洗衣机，目前都是向变频变速发展，采用的是正弦波控制的永磁交流电动机。目前各国都在非常重视电动汽车发展，电动汽车中所用的位置、速度传感器都是旋转变压器。例如，驱动电动机和发电机的位置传感器、电动助力方向盘电机的位置速度传感、燃气阀角度测量、真空室传送器角度位置测量等，都是采用旋转变压器。在应用于塑压系统、纺织系统、冶金系统以及其他领域里，所应用的伺服系统中关键部件伺服电动机上，也是用旋转变压器作为位置速度传感器。旋转变压器的应用已经成为一种趋势。

# 实践技能训练 4-4　接近开关的安装与应用

**一、训练目标**

掌握接近开关的安装与调试方法。

**二、工具器材**

接近开关一套。

**三、训练指导**

1. 接近开关的正确使用和安装

（1）螺纹式开关的安装　安装开关时，不可用过大力矩紧固；紧固时，请务必采用有齿垫圈，如图 4-20 所示。

（2）无螺纹式柱形开关的安装　采用调节螺钉时，紧固力矩应用小于 4kgf · cm，如图 4-21 所示。

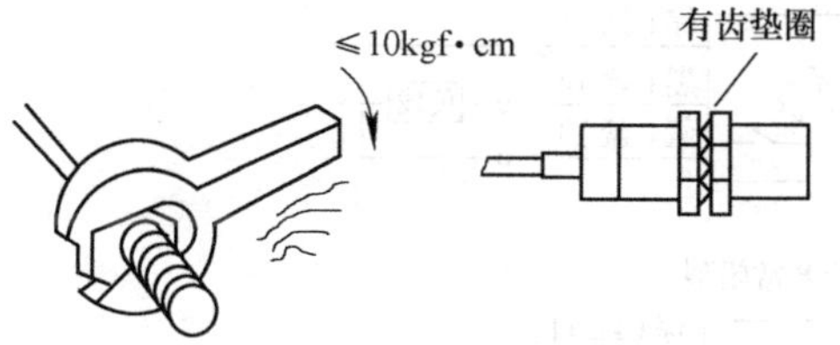


图 4-20　接近开关的正确安装

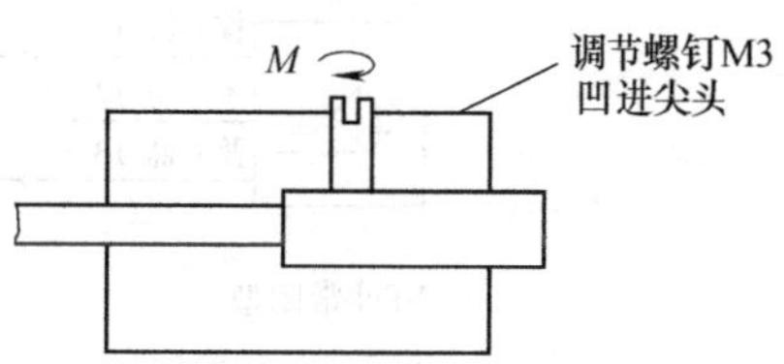


图 4-21　无螺纹式柱形接近开关的正确安装

（3）防止非检物体的干扰　在金属件上安装接近开关时，请务必参照图 4-22。在金属件上安装接近开关时，请务必参照下图预留一定空间，以避免开关受到不是被检测物体之外其他金属干扰而产生误动作。

图 4-22 中的 $S_n$ 为检测距离，$d$ 为感应面直径。

（4）开关动作距离（灵敏度）的调节　接近开关可通过微调电位器调节动作距离（灵敏度）。顺时针，动作距离增大（灵敏度减低）；动作距离减小。切忌在动作距离最大临界状态下使用，如图 4-23 所示。

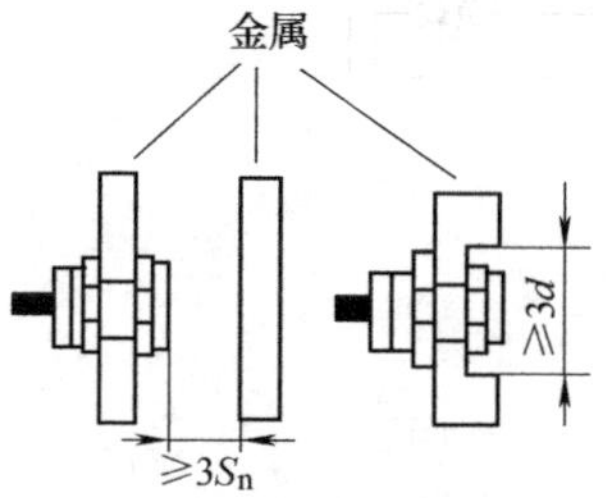


图 4-22　防止非检物体的干扰

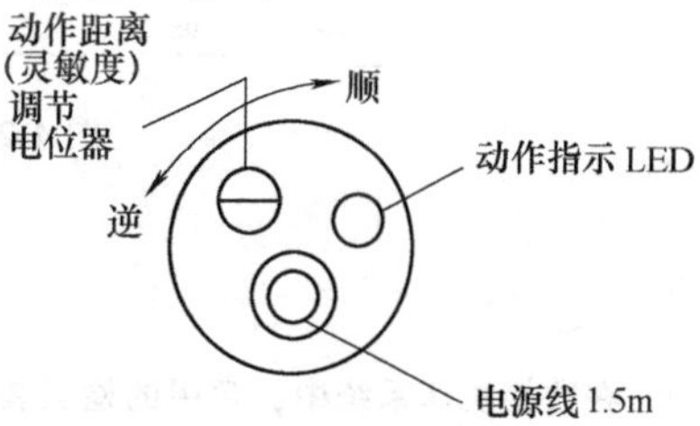


图 4-23　开关动作距离的调节

（5）防止开关之间的相互干扰　当开关对置或并列安装时，请大于图 4-24 的尺寸安装，以免相互干扰而产生误动作。

图 4-24 中的 $S_n$ 为检测距离，$d$ 为感应面直径。

（6）开关引线的防护 安装开关时，请离开关 10cm 左右引线位置用线夹固定，防止开关引线受外力的作用而损坏，如图 4-25 所示。

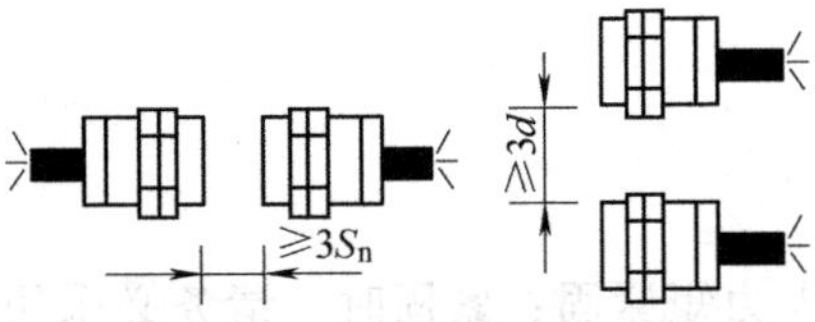


图 4-24 防止开关之间的相互干扰

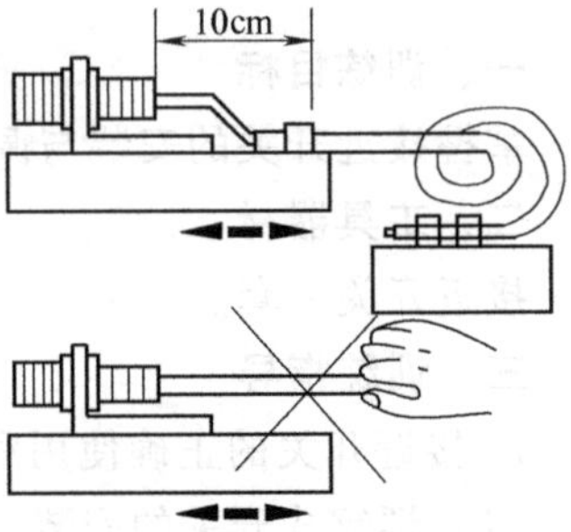


图 4-25 开关引线的防护

2. 接近开关外部接线图（见图 4-26）

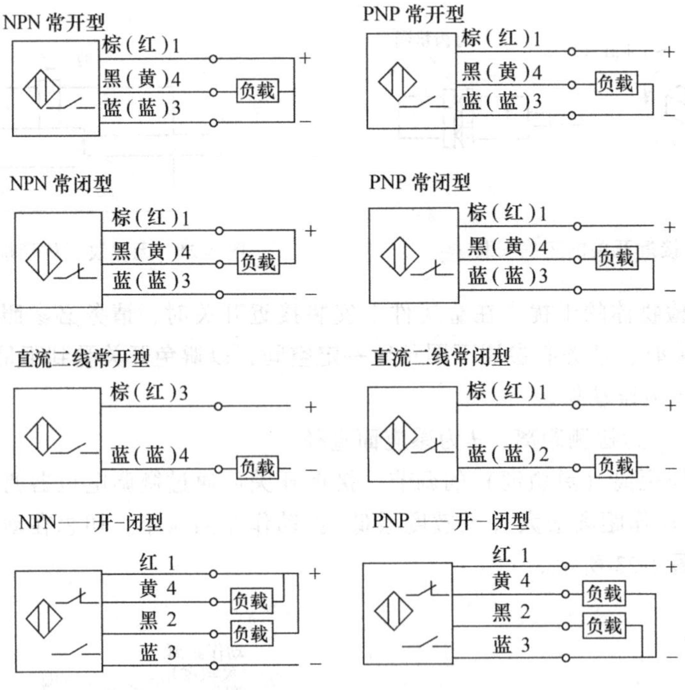


图 4-26 接近开关外部接线图

## 思考练习题

4-1 在数控机床系统中，常用的检测装置有哪些？

4-2 安装光栅传感器、脉冲发生器、感应同步器时，应注意哪些问题？

4-3 感应同步器接长时应注意哪些问题？

4-4 磁栅传感器由哪几部分组成？

4-5 设一绝对值型编码盘有八个码道，其能分辨的最小角度是多少？

4-6 数控机床检测装置的主要要求有哪些？

# 第五章 数控机床电气驱动元件

## 【学习目的】

了解常用伺服电动机的基本结构与工作原理；掌握伺服驱动系统的组成与相关的原理；熟悉数控伺服系统的自诊断功能，并能对故障产生的原因进行综合判断。

## 【学习重点】

步进电动机的工作原理及其驱动系统的组成；永磁交流同步伺服电动机与 SPWM 变频控制器的工作原理及相应的故障诊断与检修；交流主轴驱动系统及其故障诊断与维修。

## 第一节 步进电动机及其驱动控制

步进电动机作为数控机床的进给驱动，一般采用开环的控制结构。数控装置发出的指令脉冲通过步进电动机驱动器（也称步进电动机驱动电源），使步进电动机产生角位移，并通过齿轮和丝杠带动工作台移动。由于开环控制系统的控制简单，价格低廉，但精度低，故其可靠性和稳定性难以保证，一般适用于机床改造和经济型数控机床。

### 一、步进电动机

#### （一）步进电动机的基本类型

根据电动机的结构与材料的不同，步进电动机分为反应式（VR）、永磁式（PM）和混合式（HB）三种基本类型。反应式步进电动机是依靠改变电动机的定子和转子的软钢齿之间的电磁力来改变定子和转子的相对位置，这种电动机结构简单、步距角小。永磁式步进电动机的转子铁心上装有多条永久磁铁，转子的转动与定位是由定、转子之间的电磁引力与磁铁磁力共同作用的。与反应式步进电动机相比，相同体积的永磁式步进电动机的转矩大，步距角也大。混合式步进电动机结合了前两者电动机的优点，采用永久磁铁提高电动机的转矩，采用细密的极齿来减小步距角。数控机床常采用功率型反应式或混合式步进电动机，功率型步进电动机可以直接驱动较大的负载。

（二）步进电动机的工作原理

反应式步进电动机和混合式步进电动机的结构虽然不同，但其工作原理相同，下面以反应式步进电动机为例，来分析说明步进电动机的工作原理。

图5-1所示为三相反应式步进电动机的工作原理图。在定子上有六个磁极，分别绕有A、B、C三相绕组，构成三对磁极，转子上有四个齿。当定子绕组按顺序轮流通电时，A、B、C三对磁极就依次产生磁场，对转子上的齿产生电磁转矩，并吸引它，使它一步一步地转动。具体过程如下。

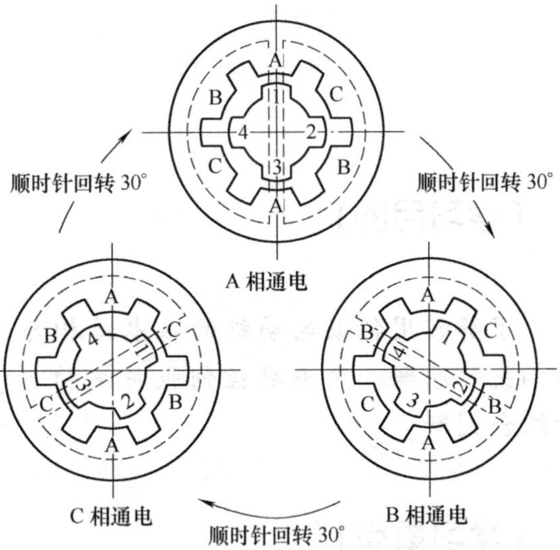

图5-1 三相反应式步进电动机的工作原理

当A相通电时，转子的1号、3号两齿在磁场力的作用下与AA磁极对齐。此时，转子的2号、4号齿和B相、C相绕组磁极形成错齿状。当A相断电而B相通电时，新磁场力又吸引转子2号、4号两齿与BB磁极对齐，转子顺时针转过30°。如果控制线路不断地按A→B→C→A的顺序控制步进电动机绕组的通、断电，步进电动机的转子便会不停地顺时针转动。很明显，A、B、C三相轮流通电一次，转子的齿移动了一个齿距$\frac{360°}{4}=90°$。

若图中的通电顺序变成A→C→B→A，同理可知，步进电动机的转子将逆时针不停地转动。上述的这种通电方式称为三相单三拍。“拍”是指从一种通电状态转变为另一种通电状态；“单”是指每次只有一相绕组通电；“三拍”是指一个循环中，通电状态切换的次数是三次。

此外还有一种三相六拍的通电方式，它是按照A→AB→B→BC→C→CA→A的顺序通电。若以三相六拍的通电方式工作时，当A相断电而A、B相同时通电时，转子的齿将同时受到A相和B相绕组产生的磁场的共同吸引力，转子的齿只能停在A相和B相磁极间；当由A、B相同时断电而B相通电时，转子上的齿沿顺时针转动，并与B相磁极齿对齐，其余依次类推。这样步进电动机转动一个齿距，需要六拍操作。

对于一台步进电动机，运行$k$拍可使转子转动一个齿距位置。通常，将步进电动机每一拍执行一次步进，其转子所转过的角度称为步距角。如果转子的齿数为$z$，则步距角$\alpha$为

$$\alpha = \frac{360°}{zk}$$

式中　$k$——步进电动机的工作拍数；

　　　$z$——步进电动机的齿数。

对于图 5-1 所示的步进电动机，由于它采用了三拍方式工作，故其步距角 $\alpha = \frac{360°}{3 \times 4} = 30°$。而三相六拍运行的步进电动机，其步距角则为 $\alpha = \frac{360°}{6 \times 4} = 15°$

上述讨论的步进电动机，其步距角都比较大，而步进电动机的步距角越小，意味着它所能达到的位置精度越高，所以在实际应用中都采用小步距角，常采用图 5-2 所示的实际结构。电动机定子有三对六个磁极，每对磁极上有一个励磁绕组，每个磁极上均匀地开着五个齿槽，齿距角为 9°。转子上没有线圈，沿着圆周均匀分布了 40 个齿槽，齿距角也为 9°。定子和转子均由硅钢片叠成。定子片的三相磁极不等距，错开 1/3 的齿距，即有 3°的位移。这就使 A 相定子的齿槽与转子齿槽对准时，B 相定子齿槽与转子齿槽相错 1/3 齿距；C 相的定子齿槽与转子齿槽相错 2/3 齿距。这样才能在连续改变通电状态下，获得连续不断的步进运动。此时，如步进电动机工作在三拍状态，它的步距角为

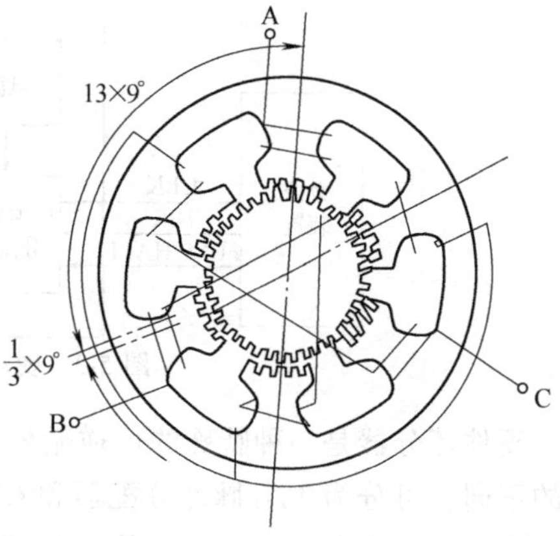


图 5-2　定子与转子的磁极

$$\alpha = \frac{360°}{3 \times 40} = 3°$$

如工作在六拍状态，则步距角为

$$\alpha = \frac{360°}{6 \times 40} = 1.5°$$

若步进电动机通电的脉冲频率为 $f$，则步进电动机的转速为

$$n = \frac{60f}{zk}$$

**二、步进驱动控制基础**

步进电动机的运行特性不仅与步进电动机本身和负载有关，还与配套使用的驱动控制装置有着十分密切的关系。步进电动机驱动控制装置的作用是将数控机床控制系统送来的脉冲信号和方向信号按要求的配电方式自动地循环分配给步进电动机的各相绕组，以驱动步进电动机转子正、反向旋转。它由脉冲分配器、功率驱动器等组成。

（一）环形脉冲分配器

环形脉冲分配器的主要功能是将数控装置送来的一系列进给脉冲指令按一定规律加到功率放大器上，使相应的定子绕组通电或断电，以实现步进电动机按确定的运动方式工作。环形脉冲分配器可分为硬件环分器和软件环分器两类。

1. 硬件环分器

图 5-3 所示为硬环分驱动与数控装置的连接图。图中环形脉冲分配器的输入、输出信号一般均为 TTL 电平，输出信号为高电平，则表示相应的绕组通电，反之则失电。CLK 为数控装置所发脉冲信号，每个脉冲信号的上升或下降沿到来时，输出则改变一次绕组的通电状态；DIR 为数控装置发出的方向信号，其电平的高低即对应电动机绕组通电顺序的改变（转向的改变）；FULL/HALF 用于控制电动机的整步或半步（即三拍或六拍）运行方式，一般情况下，根据需要将其接在固定电平上即可。

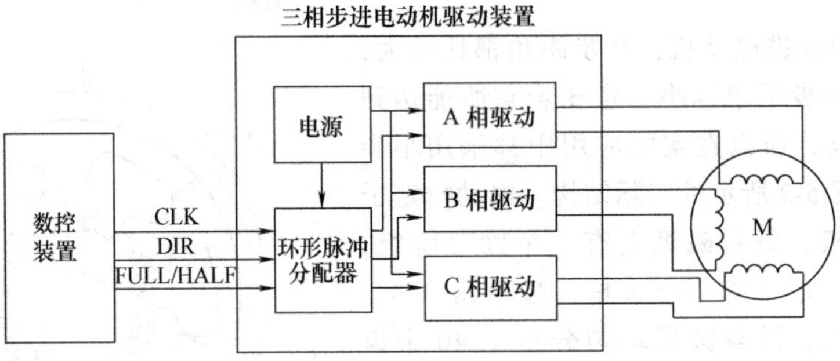


图 5-3 硬环分驱动与数控装置的连接

硬件环分器是一种特殊的可逆循环计数器，可以由门电路及逻辑电路构成。按其电路构成的不同，可分为 TTL 脉冲分配器和 CMOS 脉冲分配器。

图 5-4 所示为国产 CMOS 脉冲分配器 CH250 集成芯片的引脚图和三相六拍接线图。在图 5-4a 中，引脚 A、B 、C 为相输出端；引脚 R、$R^*$ 用于确定初始励磁相：若为 10，则为 A 相；若为 01，则为 A、B 相；若为 00，则为环形分配器工作状态。引脚 CL、EN 为进给脉冲输入端：若 EN =1，进给脉冲接 CL，脉冲上升沿使环形分配器工作；若 CL =0，进给脉冲接 EN，脉冲下降沿使环形分配器工作，否则环形分配器状态锁定。引脚 $J_{3r}$、$J_{3L}$、$J_{6r}$、$J_{6L}$ 为三拍或六拍工作方式的控制端。

图 5-4b 所示为三相六拍工作方式，进给脉冲 CP 的上升沿有效。方向信号为 1 则正转，为 0 则反转。

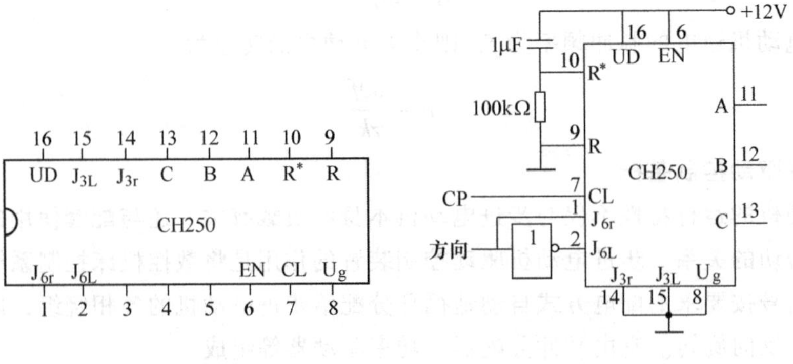


a) 引脚图 b) 接线图

图 5-4 集成芯片的引脚图和三相六拍接线图

2. 软件环分器

图 5-5 所示为软环分驱动与数控装置的连接。由图可知，软环分驱动是由数控装置中的

计算机软件来完成，即数控装置直接控制步进电动机各绕组的通、断电。不同种类、不同相数、不同通电方式的步进电动机，用软环分只需编制不同的程序，将其存入数控装置的EPROM中即可。

（二）功率驱动器

步进电动机的功率驱动器又称功率放大电路，其作用是将来自环形分配器的脉冲信号进行功率放大。功率放大器一般由两部分组成，即前置放大器和大功率放大器。前者是为了放大环形脉冲分配器送来的进给控制信号并推动大功率驱动部分而设置的。它一般由几级反相器、射极跟随器或带脉冲变压器的放大器等组成。后者是进一步将前置放大器送来的电平信号放大，得到步进电动机各相绕组所需用的电流。

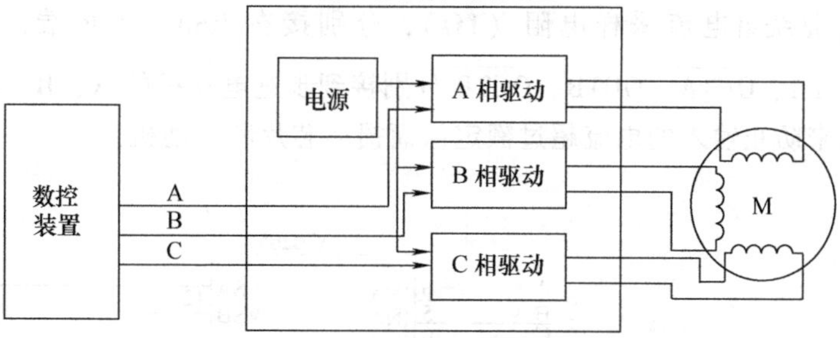

图 5-5 软环分驱动与数控装置的连接图

功率放大电路的控制方式种类较多，常使用单电压驱动、高低压切换驱动、恒流斩波驱动、调频调压驱动等。所采用的功率半导体元件可以是大功率晶体管GTR，也可以是功率场效应晶体管MOSFET或可关断晶闸管GTO。

图5-6a所示为恒流斩波驱动电路。它的工作原理是将环形脉冲分配器输出的脉冲作为输入信号，若为正脉冲，则V1、V2导通，由于$U_1$电压较高，绕组回路又没串联电阻，所以绕组中的电流迅速上升。当绕组中的电流上升到额定值以上某个数值时，由于采样电阻$R_e$的反馈作用，经整形、放大后送至V1的基极，使V1截止。接着绕组由$U_2$低压供电，绕组中的电流立即下降，但刚降到额定值以下时，由于采样电阻$R_e$的反馈作用，使整形电路无信号输出，此时高压前置放大电路又使V1导通，电流又上升。如此反复进行，形成一个在额定电流值上下波动呈锯齿状的绕组电流波形，近似恒流，如图5-6b所示。锯齿波的频率可通过调整采样电阻$R_e$和整形电路的电位器来改变。

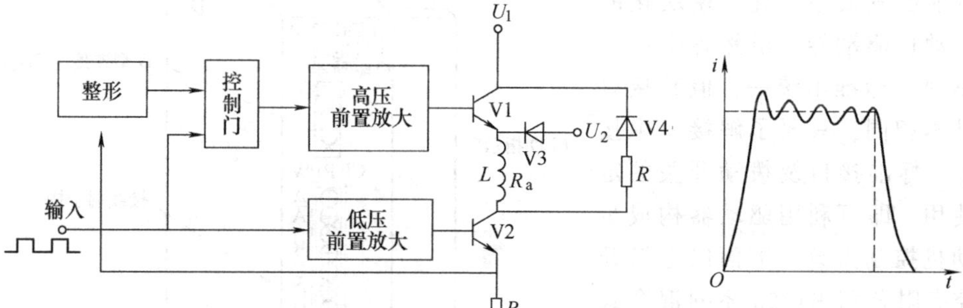

a) 恒流斩波驱动电路　　b) 电流波形图

图 5-6 恒流斩波驱动电路及电流波形图

斩波驱动电路具有绕组的脉冲电流前、后沿陡，快速响应好，功耗小，效率高，输出恒定转矩等特点。但它的电路较复杂，实际应用时，常将它集成化。

SLA7026M 是由图 5-6 所示原理构成的集成斩波恒流功率放大芯片之一。图 5-7 是一个实际使用 SLA7026M 模块组成的四相步进电动机驱动电路。其中，A、B、C 、D 是相控制信号输入端；经分压电阻 $R_2$、$R_3$ 得到的控制信号 $V_{REF}$ 由芯片的 REFA、REFB 端输入；$R_5$、$R_6$ 是绕组电流采样电阻（1Ω），分别接在 RSA、RSB 端，控制绕组电流；功率输出端 OUTA、$\overline{\text{OUTA}}$、OUTB、$\overline{\text{OUTB}}$ 分别接到步进电动机的 A、B、C 、D 四极上；VZ 是稳压管，用来防止输入的电流超过额定值而损坏芯片和电动机。

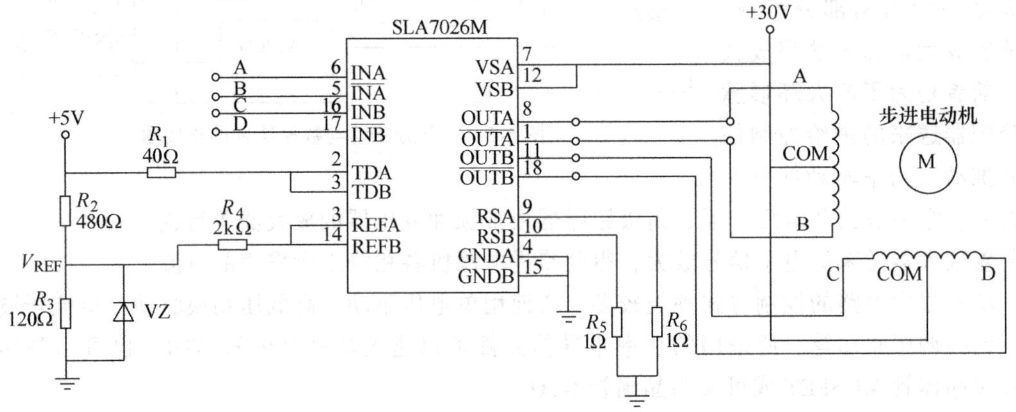


图 5-7　四相步进电动机驱动电路图

该芯片的最大输出电流为 2A，可直接连接驱动小功率电动机。对于数控机床所用的较大功率的步进电动机，可在芯片输出端接大功率管以扩展输出电流和功率。

**三、步进电动机驱动器及应用**

随着步进电动机在各方面的广泛应用，步进电动机的驱动装置也从分立元件电路发展到集成元件电路，目前已发展系列化、模块化的步进电动机驱动器。虽然各生产厂家的驱动器标准不统一，但其接口定义基本相同，只要了解接口中接线端子、标准接口及拨动开关的定义和使用，即可利用驱动器构成步进电动机控制系统。下面以上海开通数控有限公司 KT350 系列混合式步进电动机驱动器为例进行介绍。

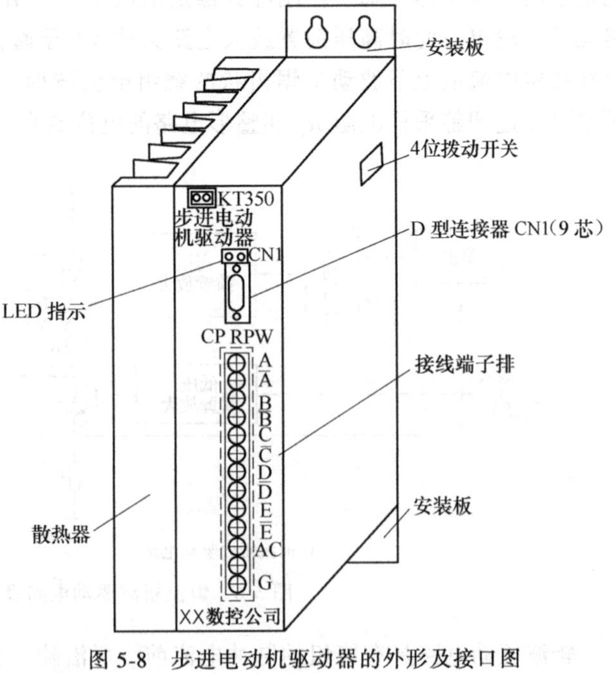


图 5-8　步进电动机驱动器的外形及接口图

图 5-8 为 KT350 步进电动机驱动器的外形及接口图。其中接线端子排 A、$\overline{\text{A}}$、B、$\overline{\text{B}}$、C、$\overline{\text{C}}$、D、$\overline{\text{D}}$、E、E 接至电动机的各相；AC 为电源进

线，用于接 50Hz、80V 的交流电源，端子 G 用于接地；连接器 CN1 为一个 9 芯连接器，可与控制装置连接。RPW、CP 为两个 LED 指示灯；拨动开关 SW 是一个四位开关，用于设置步进电动机的控制方式。

图 5-9 为拨动开关示意图，其中第一位用于脉冲控制模式的选择，OFF 位置为单脉冲控制方式，ON 位置为双脉冲控制方式；第二位用于运行方向的选择（仅在单脉冲方式时有效），OFF 位置为标准运行，ON 位置为单方向运行；第三位用于整/半步运行模式选择，OFF 位置时，电动机以半步方式运行，ON 位置时，电动机以整步方式运行；第四位用于运行状态控制，OFF 位置时，驱动器接受外部脉冲控制运行，ON 位置时，自动试机运行（不需外部脉冲）。

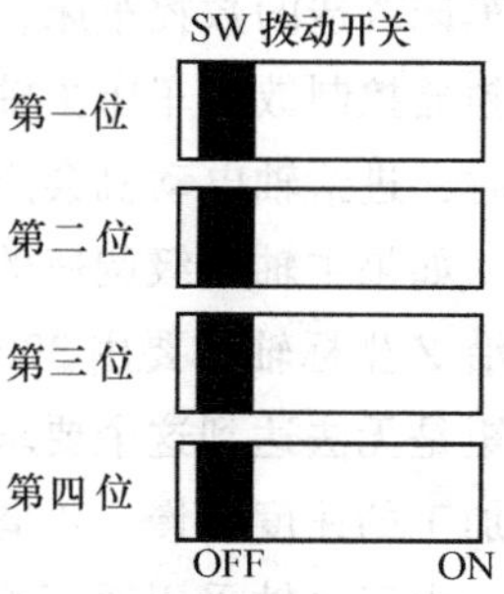


图 5-9　拨动开关示意图

图 5-10 为 KT350 系列混合式步进电动机驱动器的典型接线图。

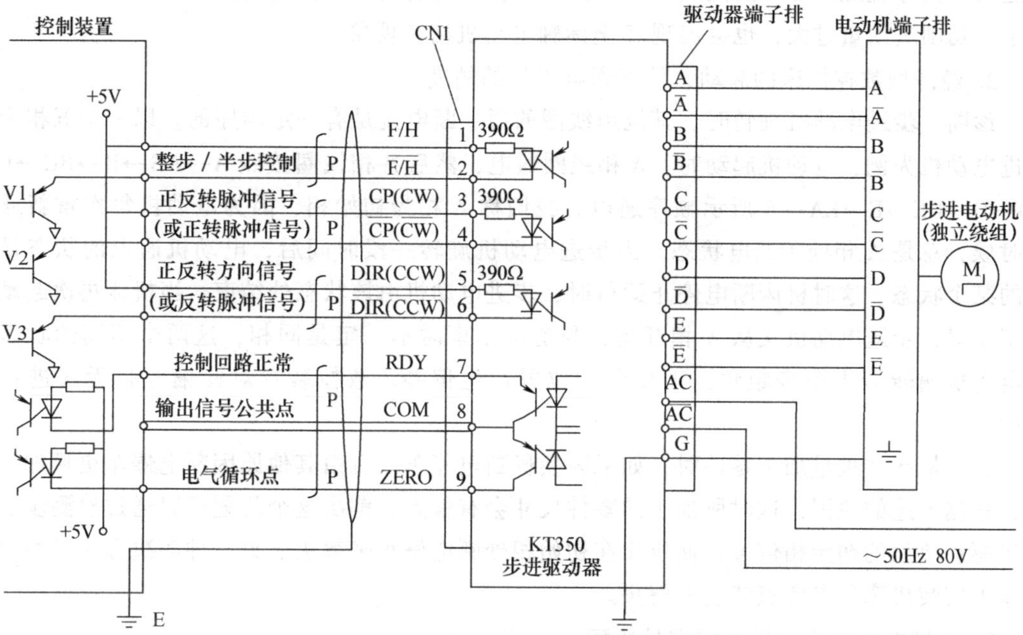


图 5-10　混合式步进电动机驱动器的典型接线图

## 实践技能训练 5-1　步进电动机驱动系统的故障分析与诊断

步进电动机驱动系统主要弱点是高频特性差，在使用中常出现的故障是失步和步进电动机驱动电源的功率管损坏。由于步进驱动系统结构简单，所以分析步进驱动系统的故障是比较容易的，一般从步进电动机矩频特性和步距角两个方面入手。对于经济型数控机床加工中出现的精度问题，也可以从这两个方面考虑。下面通过实例分析。

1. 加工大导程螺纹时，步进电动机出现堵转现象

诊断：开环控制的数控机床的数控装置的脉冲当量一般为0.01mm，$Z$坐标轴G00指令速度一般为2000~3000mm/min。开环控制的数控车床的主轴结构一般有两类：一类是由卧式车床改造的数控车床，主轴的机械结构不变，仍然保持换挡有级调速；另一类是采用通用变频器控制数控车床主轴实现无级调速。这种主轴无级调速的数控车床在进行大导程螺纹加工时，进给轴电动机会产生堵转，这是由步进电动机高速低转矩特性造成的。

如果主轴无级调速的数控车床加工10mm导程的螺纹，主轴转速选择300r/min，那么刀架沿$Z$坐标轴需要用3000mm/min的进给速度配合加工，$Z$坐标轴步进电动机的转速和负载转矩是无法达到这个要求的，因此会出现堵转现象。如果将主轴转速降低，刀架沿$Z$坐标轴加工的速度减慢，$Z$坐标轴步进电动机的转矩增大，螺纹加工的问题似乎可以得到改善。然而由于主轴采用通用变频器调速，使得主轴在低速运行时转矩变小，主轴电动机会产生堵转。

对于主轴保持换挡变速的开环控制的数控车床，在加工大导程螺纹时，主轴可以低速正常运行，大导程螺纹加工的问题可以得到改善，但是表面粗糙度值受到影响。如果在加工过程中，切削进给量过大，也会出现$Z$坐标轴电动机堵转现象。

2. 经济型数控机床的起动、停车影响工件的精度

诊断：步进电动机旋转时，其绕组线圈的通、断电流是有一定顺序的。以一个五相十拍步进电动机为例，电动机起动时，A相线圈通电，然后各相线圈按照A→AB→B→BC→C→CD→D→DE→E→EA→A所示顺序通电。我们称A相为初始相，因为电动机每次重新通电的时候，总是A相处于通电状态。当步进电动机旋转一段时间后，电动机通电的状态是其中的某个状态。这时机床断电停止运行时，步进电动机由该状态处结束。当机床再次起动通电工作时，步进电动机又从A相开始，与前次结束时不一定是同相，这两个不同的状态会使电动机偏转若干个步距角，工作台的位置产生偏差。数控装置对此偏差是无法进行补偿的。

数控机床在批量加工零件时，如果因换班断电停车或者由其他原因断电停车更换加工零件，根据上述的原因，这时所加工的零件尺寸会有偏差。解决这个问题可以通过检测步进电动机驱动单元的初始相信号，使机床在初始相处断电停车来解决。另一种解决方法是在数控机床上安装机床回参考点装置来解决。

3. 步进电动机驱动单元的常见故障

诊断：步进电动机驱动单元的常见故障是晶体管损坏。晶体管损坏的原因主要是晶体管过热或过流造成的。要重点检查提供晶体管的电压是否过高，晶体管散热环境是否良好，步进电动机驱动单元与步进电动机的连线是否可靠，有没有短路现象等，如有故障要逐一排除。

为了改善步进电动机的高频特性，步进电动机驱动单元一般采用大于80V交流电压供电，经过整流后，晶体管上承受较高的直流工作电压。如果步进电动机驱动单元接入的电压波动范围较大或者有电气干扰、散热环境不良等原因，就可能引起晶体管损坏。对于开环控制的数控机床，重要的指标是可靠性。因此，可以适当降低步进电动机驱动单元的输入电压，以换取步进电动机驱动器的稳定性和可靠性。

## 第二节　直流伺服电动机及其驱动控制

随着数控技术的发展，对驱动执行元件的要求越来越高，一般的电动机已不能满足数控机床对伺服控制的要求。近年来开发了多种大功率直流伺服电动机，并且已在闭环和半闭环伺服系统中广泛应用。

### 一、直流伺服电动机的结构和工作原理

普通的直流电动机虽然容易进行调速，但由于转动惯量大，动态特性差，无法满足伺服系统的控制要求。因此，在伺服系统中常用大功率直流伺服电动机，如小惯量直流伺服电动机和宽调速直流伺服电动机等。

由于宽调速直流伺服电动机是用提高转矩的方法来改善其动态性能的，因而在闭环伺服系统中广泛应用。宽调速直流伺服电动机的励磁方式分为电磁式和永磁式两种类型。永磁式电动机效率较高且低速时输出转矩较大，目前几乎都采用永磁式电动机。本节以永磁式宽调速直流伺服电动机为例进行分析。

（一）结构

永磁式宽调速直流伺服电动机的结构与普通直流电动机基本相同，如图 5-11 所示。它由定子和转子两大部分组成，定子包括磁极（永磁体）、电刷装置、机座、机盖等部件；转子通常称为电枢，包括电枢铁心、电枢绕组、换向器、转轴等部件。此外，在转子的尾部装有测速机和旋转变压器（或光电编码器）等检测元件。

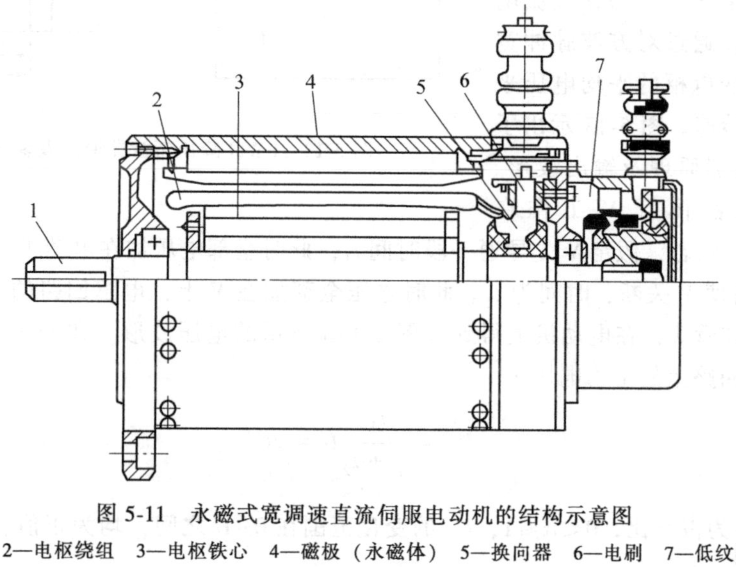


图 5-11　永磁式宽调速直流伺服电动机的结构示意图

1—转轴　2—电枢绕组　3—电枢铁心　4—磁极（永磁体）　5—换向器　6—电刷　7—低纹波测速机

（二）工作原理

图 5-12 是永磁式宽调速直流伺服电动机的工作原理示意图。当电刷通以图示方向的直流电，则电枢绕组中的任一导体的电流方向如图所示。当转子转动时，由于电刷和换向器的作用，使得 N 极和 S 极下的导体电流方向不变，即原来在 N 极下的导体只要一转过中性面进入 S 极下的范围，电流就反向；反之，原来在 S 极下的导体只要一过中性面进入 N 极下，

电流也马上反向。根据电流在磁场中受到的电磁力方向可知，图 5-12 中转子受到顺时针方向力矩的作用，转子做顺时针转动。如果要使转子反转，只需改变电枢绕组的电流方向，即电枢电压的方向。

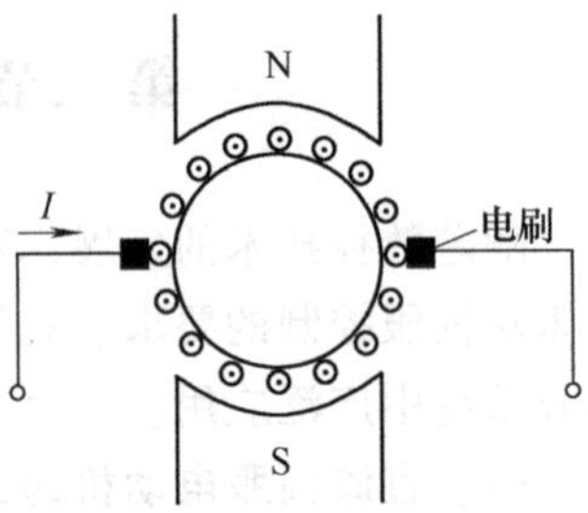

图 5-12 永磁式宽调速直流伺服电动机的工作原理示意图

根据直流电动机的机械特性可以知道，电动机的调速方法有如下三种。

1）改变电动机的电枢电压。

2）改变电动机的磁场大小。

3）改变电动机电枢的串联电阻阻值。

对于直流进给伺服电动机，只能采用改变电枢电压的方式来调速，这种调速方式称为恒转矩调速。在这种调速方式下，电动机的最高工作转速不能超过其额定转速。

**二、直流进给伺服驱动控制基础**

数控机床直流进给伺服系统多采用永磁式直流伺服电动机作为执行元件，为了与伺服系统所要求的负载特性相吻合，常采用控制电动机电枢电压的方法来控制输出转矩和转速。目前，使用最广泛的方法是晶体管脉宽调制器—直流电动机调速（PWM-M），简称 PWM 变换器。它具有响应快、效率高、调整范围宽、噪声污染低、结构简单可靠等优点。

脉宽调速（PWM）的基本原理是利用大功率晶体管的开关作用，将恒定的直流电源电压斩成一定频率的方波电压，并加在直流电动机的电枢上，通过对方波脉冲宽度的控制，改变电枢的平均电压来控制电动机的转速。图 5-13 示出了 PWM 降压斩波器原理及输出波形。

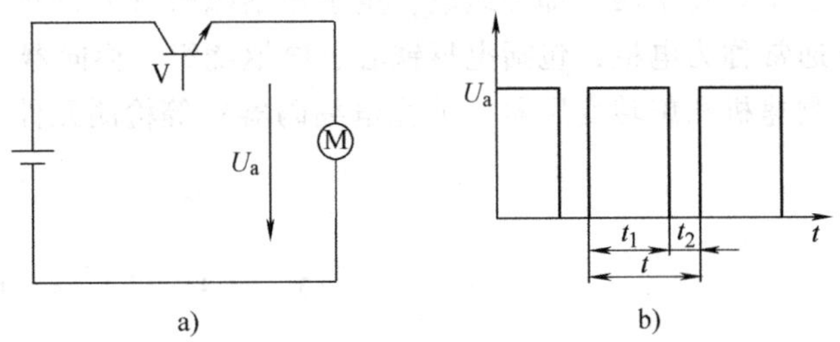

图 5-13 PWM 降压斩波器原理及输出波形

图 5-13a 中的晶体管 V 工作在“开”和“关”状态，假定 V 先导通一段时间 $t_1$，此时全部电压加在电动机的电枢上（忽略管压降），然后使 V 关断，时间为 $t_2$。此时电压全部加在 V 上，电枢回路的电压为 0。反复导通和关闭晶体管 V，在电动机上得到如图 5-13b 所示的电压波形。在 $t=t_1+t_2$ 时间内，加在电动机电枢回路上的平均电压为

$$U_a = \frac{t_1}{t_1 + t_2}U = \alpha U$$

式中，$\alpha=\frac{t_1}{t_1+t_2}$为占空比，$0\leqslant\alpha\leqslant1$；$U_a$ 的变化范围在 0~$U$ 之间，均为正值，即电动机只能在某一个方向调速，称为不可逆调速。当需要电动机在正、反两个方向上都能调速时，需要使用桥式（H 型）降压斩波电路，如图 5-14 所示。桥式电路中，V1、V4 同时导通同时关断，V2、V3 同时导通同时关断，但同一桥臂上的晶体管（如 V1 和 V3、V2 和 V4）不允许同时导通，否则将使直流电源短路。设先使 V1、V4 同时导通 $t_1$ 时间后关断，间隔一定的时间后，再使 V2、V3 同时导通一段时间 $t_2$ 后关断，如此反复，则在电动机上的输出电压波形如图 5-14b 所示。

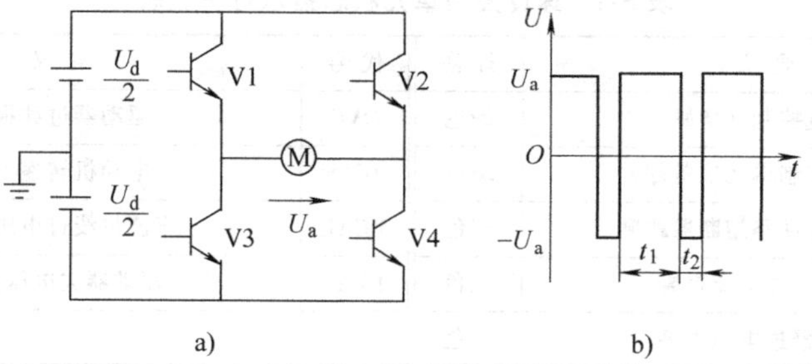


图 5-14　桥式斩波器原理及输出波形

电动机上的平均电压为

$$U_a = \frac{t_1 - t_2}{t_1 + t_2} U_d = (2\alpha - 1) U_d$$

当 $0 \leqslant \alpha \leqslant 1$，$U_a$ 值的范围是 $-U_d \sim U_d$。因此，电动机可以在正、反两个方向上调速。

## 实践技能训练 5-2　直流伺服系统常见故障及诊断

进给伺服系统的故障率，约占整个数控系统故障的1/3。进给伺服系统也有直流与交流二种，其故障现象均可分为三种类型，即可在 CRT 上显示出其故障信息、代码；利用伺服单元上发光二极管显示的故障；没有任何报警指示的故障。第一种类型的故障可借助系统维修手册诊断排除，在此不详述。现以 FANUC 公司生产的伺服系统为例分别介绍直流伺服系统后两种类型的故障分析与排除方法。

1. CRT 和速度控制单元上无报警的故障

（1）机床失控（飞车）　造成机床失控的原因：位置检测器的信号不正常，这很可能是由于连接不良引起；电动机和检测器连接故障，往往可用诊断号 DGN800 ~ 804 判断；速度控制单元不良。

（2）机床振动　造成的原因：参数设定错误，用于位置控制的参数如 DMR、CMR 的设定错误；速度控制单元上的设定棒设定错误；如上述两项均无问题，则应检查机床的振动周期。如振动周期与进给速度无关，则可将速度控制单元上的检测端子 CH5 和 CH6 短路。如振动减小，则可将速度控制单元上的 S9、S11 端子短路再行观察，如振动继续减小，则是速度控制单元上的设定不合适所致。如在 CH5 和 CH6 短路情况下振动不减小，则可减小 RV1 值（逆时针方向转动）观察振动是否减小。如减小且振动周期在几十赫兹，则是由于机床固有振动引起；如未减小，则是速度控制单元的印制电路板不良。

（3）每个脉冲的定位精度太差　除机床本身的问题外，还可能是伺服系统增益太低造成的，这时可将 RV1 往右调两个刻度来解决。

2. 速度控制单元上的指示灯报警

在 FANUC PWM 速度控制单元控制板的右下部有七个报警指示灯，它们分别是 BRK、HVAL、HCAL、OVC、LVAL、TGLS 以及 DCAL；在它们的下方还有 PRDY（位置控制已准备好信号）和 VRDY（速度控制单元已准备好信号）两个状态指示灯，其含义见表 5-1。

表 5-1 速度控制单元状态指示灯一览表

| 代号 | 含义 | 备注 | 代号 | 含义 | 备注 |
|---|---|---|---|---|---|
| PRDY | 位置控制准备好 | 绿色 | OVC | 驱动器过载报警 | 红色 |
| VRDY | 速度控制单元准备好 | 绿色 | TGLS | 电动机转速太高 | 红色 |
| BRK | 驱动器主回路熔断器跳闸 | 红色 | DCAL | 直流母线过电压报警 | 红色 |
| HCAL | 驱动器过电流报警 | 红色 | LVAL | 驱动器欠电压报警 | 红色 |
| HVAL | 驱动器过电压报警 | 红色 | | | |

在正常的情况下，一旦电源接通，首先 PRDY 灯亮，然后是 VRDY 灯亮，如果不是这种情况，则说明速度控制单元存在故障。出现故障时，根据指示灯的提示，可按以下方法进行故障诊断。举例如下。

(1) BRK 报警 BRK 为主回路熔断器跳闸指示，当指示灯亮时，代表速度控制单元的主回路熔断器（参见图 5-15）NFB1、NFB2 跳闸。故障原因主要有以下几种。

1）主回路受到瞬时电压冲击或干扰。这时，可以通过重新合上熔断器 NFB1、NFB2，再进行开机试验，若故障不再出现，可以继续工作；否则，根据下面的步骤，进行检查。

2）速度控制单元主回路的三相整流桥 DS（Diode Module）的整流二极管有损坏（可以参照图 5-15 主回路原理图，用万用表检测）。

3）速度控制单元交流主回路的浪涌吸收器 ZNR（Surge Absorber）有短路现象（可以参照图 5-15 主回路原理图，用万用表检测）。

4）速度控制单元直流母线上的滤波电容器 C1～C3 有短路现象（可以参照图 5-15 主回路原理图，用万用表检测）。

5）速度控制单元逆变晶体管模块 TM1～TM4 有短路现象（可以参照图 5-15 主回路原理图，用万用表检测）。

6）速度控制单元不良。

7）熔断器 NBF1、NBF2 不良。

图 5-15 为 FANUC DC10M、DC20M、DC30M 直流伺服主回路原理图，其余型号的原理与此相似。

(2) HVAL 报警 HVAL 为速度控制单元过电压报警，当指示灯亮时代表输入交流电压过高或直流母线过电压。故障可能的原因如下。

1）输入交流电压过高。应检查伺服变压器的输入、输出电压，必要时调节变压器变比，使输入电压在相应的允许范围。

2）直流母线的直流电压过高。应检查直流母线上的斩波管 Q1、制动电阻 DCR 以及外部制动电阻是否损坏。

3）加减速时间设定不合理。若故障在加减速时发生，应检查系统机床参数中的加减速时间设定是否合理。

4）机械传动系统负载过重。应检查机械传动系统的负载、惯量是否太高；机械摩擦阻力是否正常。

(3) HCAL 报警 HCAL 为速度控制单元过电流报警，指示灯亮表示速度控制单元存在过电流。可能的原因如下。

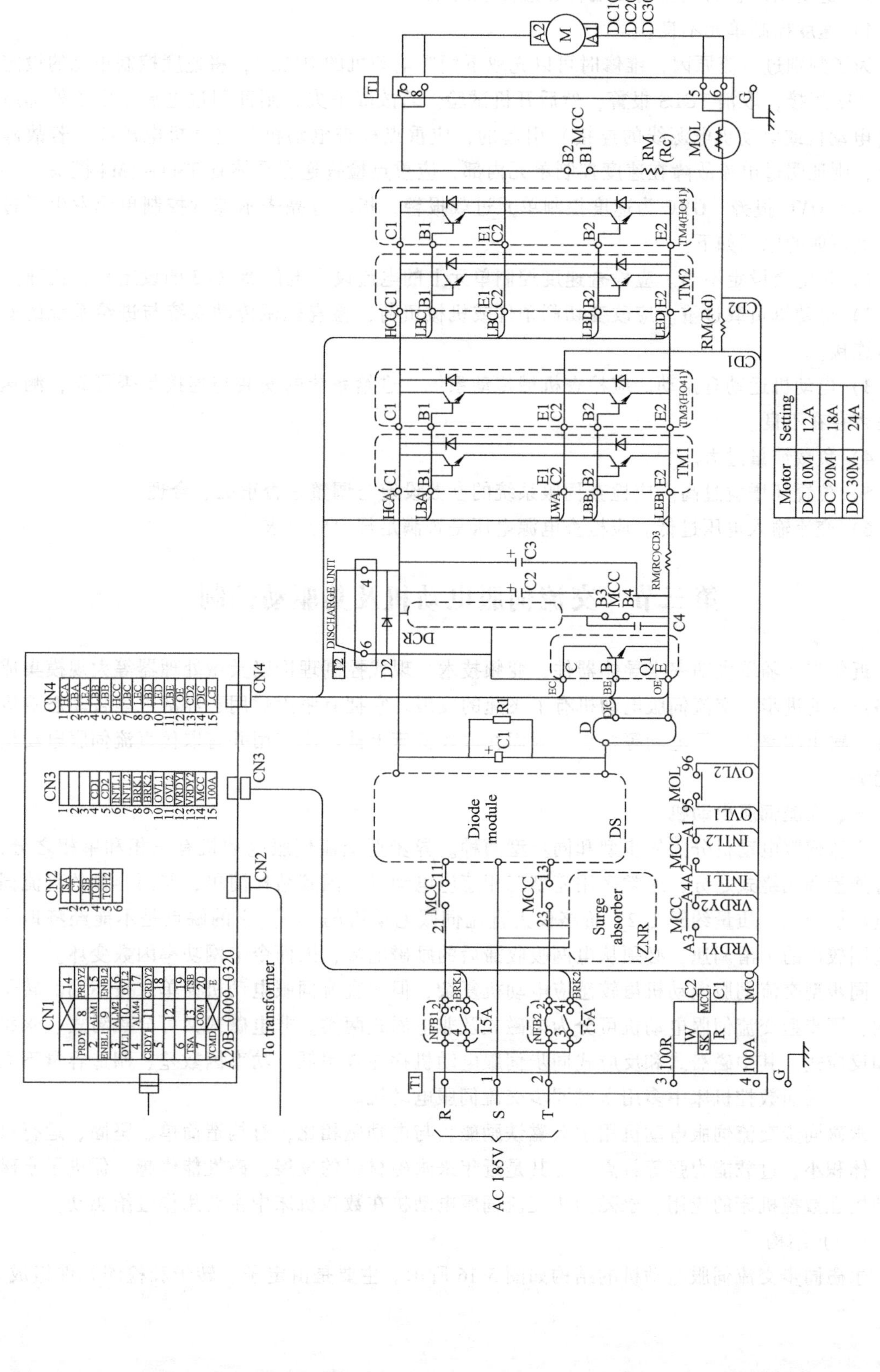


图 5-15　FANUC DC10M、DC20M、DC30M 直流伺服主回路原理图

1）主回路逆变晶体管 TM1～TM4 模块不良。

2）电动机不良。如电枢线间短路或电枢对地短路。

3）逆变晶体管的直流输出端存在短路或对地短路。

4）速度控制单元不良。

为了判别过电流原因，维修时可以先取下伺服电动机的电源线，将速度控制单元的设定端子 S23 短接，取消 TGLS 报警，然后开机试验。若故障消失，则证明过电流是由于外部原因（电动机或电动机电源线的连接）引起的，应重点检查电动机与电动机电源线。若故障保持，则证明过电流故障在速度控制单元内部，应重点检查逆变晶体管 TM1～TM4 模块。

（4）OVC 报警　OVC 为速度控制单元过载报警，指示灯亮表示速度控制单元发生了过载。其可能的原因如下。

1）过电流设定不当。应检查速度控制单元上的电流设定电位器 RV3 的设定是否正确。

2）电动机负载过重。应改变切削条件或机械负荷，检查机械传动系统与进给系统的安装与连接。

3）电动机运动有振动。应检查机械传动系统、进给系统的安装与连接是否可靠，测速机是否存在不良。

4）负载惯量过大。

5）位置环增益过高。应检查伺服系统的参数设定与调整是否正确、合理。

6）交流输入电压过低。应检查电源电压是否满足规定的要求。

## 第三节　交流伺服电动机及其驱动控制

近年来，随着大功率半导体器件、变频技术、现代控制理论以及微处理器等大规模集成电路技术的进步，交流伺服电动机有了飞速的发展。它拥有坚固耐用、经济可靠且动态响应性好、输出功率大、无电刷等特点，因而在数控机床上被广泛应用并有取代直流伺服电动机的趋势。

### 一、交流伺服电动机

交流伺服电动机分为异步型和同步型两种。异步型交流伺服电动机有三相和单相之分，也有笼型和线绕式之分，通常多用笼型三相感应电动机。因其结构简单，与同容量的直流伺服电动机相比，质量约轻 1/2，价格仅为直流伺服电动机的 1/3。它的缺点是不能经济地实现范围较广的平滑调速，必须从电网吸收滞后的励磁电流，因而令电网功率因数变坏。

同步型交流伺服电动机虽较感应电动机复杂，但比直流伺服电动机简单。按不同的转子结构，同步型交流伺服电动机可分为电磁式及非电磁式两类。非电磁式又可分磁滞式、永磁式和反应式。其中磁滞式和反应式同步伺服电动机存在效率低、功率因数差、制造容量不大等缺点，因而数控机床中多用永磁同步交流伺服电动机。

永磁同步交流伺服电动机用永久磁铁励磁，与电励磁相比，有构造简单、坚固、运行可靠、体积小、过载能力强等特点。尤其是近年来永磁材料的发展，磁性能优越，促进了永磁电动机在数控机床的应用。永磁同步交流伺服电动机在数控机床中主要用作进给驱动。

（一）结构

永磁同步交流伺服电动机的结构如图 5-16 所示。主要是由定子、转子和检测元件组成。

定子内侧有齿槽，槽内装有三相对称绕组，其结构与普通交流电动机的定子类似。定子上有通风孔，定子的外形多呈多边形，且无外壳以利于散热。转子主要由多块永久磁铁和铁心组成，这种结构的优点是极数多，气隙磁通密度较高。

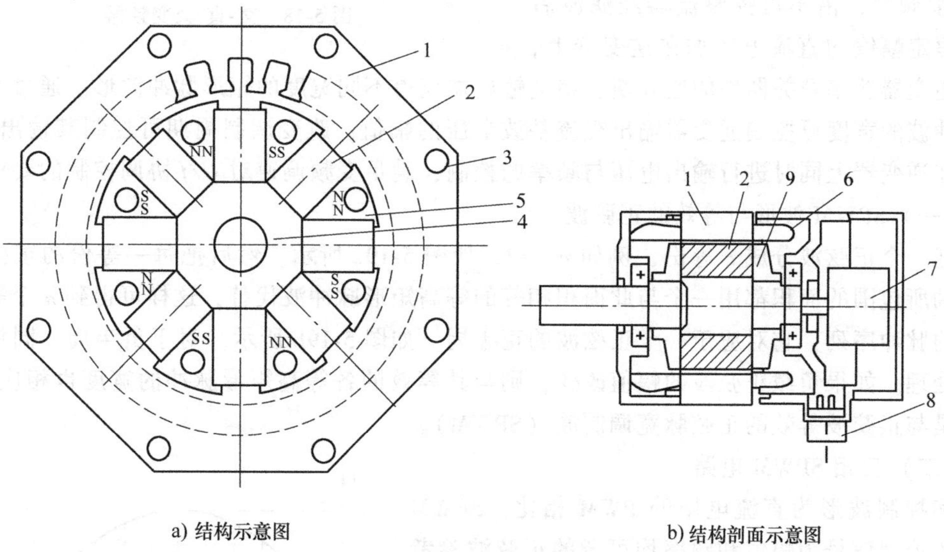


图 5-16 永磁同步交流伺服电动机结构示意图

1—定心 2—永久磁铁 3—轴向通风孔 4—转轴 5—铁心 6—定子三相绕组 7—脉冲编码器 8—接线盒 9—压板

（二）工作原理

当三相定子绕组中通入三相交流电后，就会在定子与转子间产生一个转速为 $n$ 的旋转磁场，转速 $n$ 称为同步转速。设转子为两极永久磁铁，定子的旋转磁场用一对旋转磁极表示。由于定子的旋转磁场与转子的永久磁铁的磁力作用，使转子跟随旋转磁场转动，如图 5-17 所示。当转子加上负载转矩后，转子轴线将落后定子旋转磁场轴线一个 $\theta$ 角。当负载减小时，$\theta$ 也减小；当负载增大时，$\theta$ 也增大。只要负载不超过一定限度，转子始终跟着定子的旋转磁场以恒定的同步转速 $n$（r/min）旋转。同步转速为

$$n = 60\frac{f}{p}$$

式中 $f$——电源频率；

$p$——磁极对数。

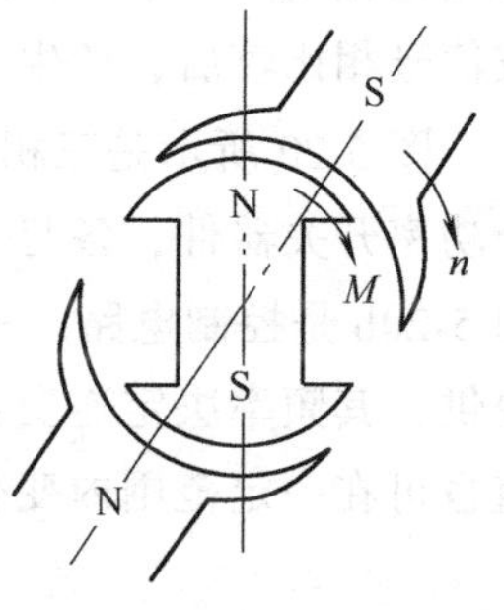


图 5-17 永磁同步交流伺服电动机的工作原理

当负载超过一定限度后，转子不再按同步转速旋转，甚至可能不转。这就是同步交流伺服电动机的失步现象，此负载的极限称为最大同步转矩。

## 二、SPWM 变频控制器

永磁交流同步伺服电动机的同步转速与电源的频率存在严格的对应关系，即在电源电压和频率固定不变时，它的转速是稳定不变的。当采用变频电源供电时，可方便地获得同频率成正比的可变转速。

SPWM 变频控制器，即正弦波 PWM 变频控制器，它是 PWM 型变频控制器调制方法的一种。图 5-18 是 SPWM 型交-直-交变频器，由不可控整流器经滤波后形成恒定幅值的直流电压加在逆变器上，控制逆变器功率开关器件的通和断，使其输出端获得不同宽度的矩形脉冲波形。通过改变矩形脉冲波的宽度可控制逆变器输出交流基波电压的幅值；改变调制周期可控制其输出频率，从而在逆变器上同时进行输出电压与频率的控制，满足变频调速对 $U/f$ 协调控制的要求。

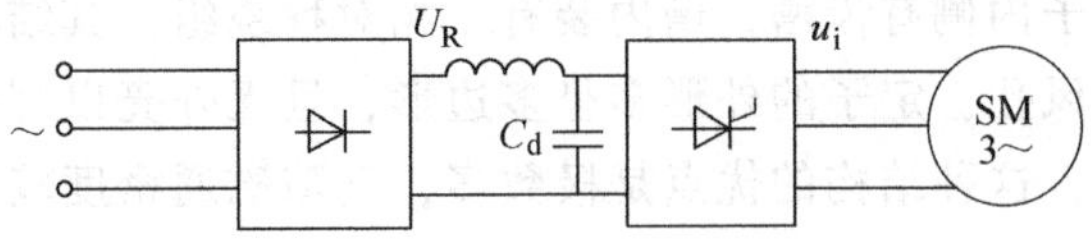


图 5-18 交-直-交变频器

（一）SPWM 波形与等效的正弦波

把一个正弦波分成 $n$ 等份，例如 $n=12$，如图 5-19a 所示。然后把每一等份的正弦曲线与横轴所包围的面积都用一个与此面积相等的等高矩形脉冲波代替，这样可得到 $n$ 个等高不等宽的脉冲序列，它对应于一个正弦波的正半周，如图 5-19b 所示。对于负半周，同样可以这样处理。如果负载正弦波的幅值改变，则与其等效的各等高矩形脉冲的宽度也相应改变，这就是与正弦波等效的正弦脉宽调制波（SPWM）。

（二）三相 SPWM 电路

和控制波形为直流电压的 PWM 相比，SPWM 调制的控制信号为幅值和频率均可调的正弦波参考信号 $u_r$，载波信号 $u_T$ 为三角波。正弦波和三角波相交可得到一组矩形脉冲，其幅值不变，而脉冲宽度是按正弦规律变化的 SPWM 波形。

对于三相 SPWM，逆变器必须产生互差 120°的三相正弦波脉宽调制波。为了得到这些三相调制波，三角波载频信号可以共用，但是必须有一个三相正弦波发生器产生可变频、可变幅且互差 120°的三相正弦波参考信号，然后将它们分别与三角波载波信号相比较后，产生三相脉宽调制波。

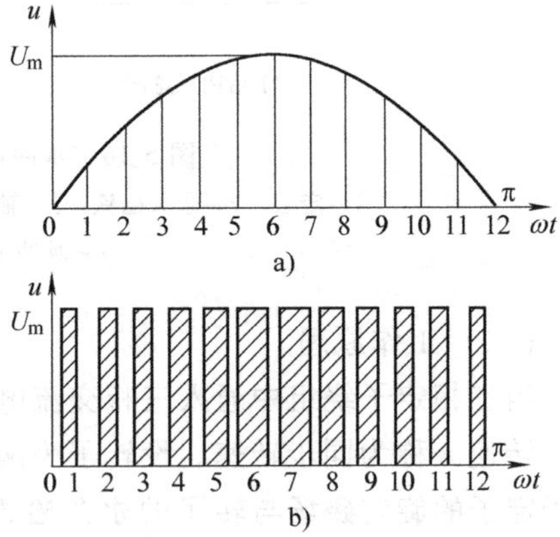


图 5-19 等效的 SPWM 波形

图 5-20 所示是三相 SPWM 变频控制器电路。图 5-20a 为主电路，V1～V6 是逆变器的六个功率开关器件，各与一个续流二极管反并联，由三相整流桥提供恒值直流电压 $U_d$ 供电。图 5-20b 是控制电路，一组三相对称的正弦参考电压信号 $u_{rU}$、$u_{rV}$、$u_{rW}$ 由参考信号发生器提供，其频率决定逆变器输出的基波频率，应在所要求的输出频率范围内可调。参考信号幅值也可在一定范围内变化，决定输出电压的大小。三角波载波信号（$u_T$）是共用的，分别

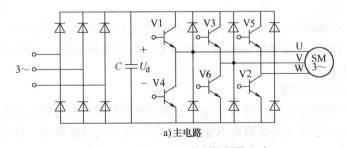

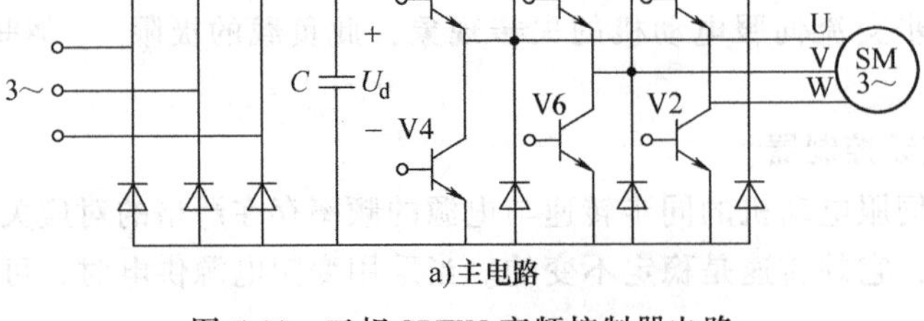


a)主电路

图 5-20 三相 SPWM 变频控制器电路

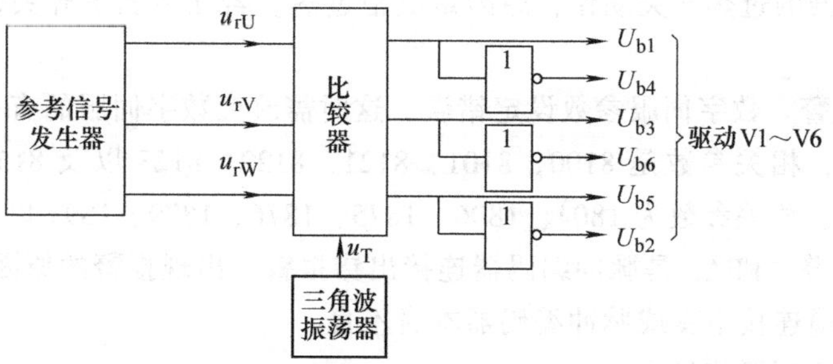


b) 控制电路

图 5-20　三相 SPWM 变频控制器电路（续）

与每相参考电压比较后产生逆变器功率开关器件的驱动控制信号。

## 实践技能训练 5-3　交流伺服系统的常见故障与维修

FANUC 交流速度控制单元有多种规格，早期的交流伺服为模拟式，目前一般都使用数字式伺服。下面介绍数字式交流伺服驱动单元的故障检测与维修。

1. 驱动器上的状态指示灯报警

FANUC S 系列数字式交流伺服驱动器，设有 11 个状态及报警指示灯，指示灯的状态以及含义见表 5-2。

在以上状态指示灯中，HC、HV、OVC、TG、DC、LV 的含义与模拟式交流速度控制单元相同，主回路结构与原理亦与模拟式速度控制单元相同。在表 5-2 中，OH、OFAL、FBAL 为 S 系列伺服增添的报警指示灯，其含义如下。

表 5-2　FANUC S 系列驱动器状态指示灯一览表

| 代号 | 含义 | 备注 | 代号 | 含义 | 备注 |
|---|---|---|---|---|---|
| PRDY | 位置控制准备好 | 绿色 | DC | 直流母线过电压报警 | 红色 |
| VRDY | 速度控制单元准备好 | 绿色 | LV | 驱动器欠电压报警 | 红色 |
| HC | 驱动器过电流报警 | 红色 | OH | 速度控制单元过热 | |
| HV | 驱动器过电压报警 | 红色 | OFAL | 数字伺服存储器溢出 | |
| OVC | 驱动器过载报警 | 红色 | FBAL | 脉冲编码器连接出错 | |
| TG | 电动机转速太高 | 红色 | | | |

（1）OH 报警　OH 为速度控制单元过热报警，发生这个报警的可能原因有如下几点。

1）印制电路板上 S1 设定不正确。

2）伺服单元过热。散热片上热动开关动作，在驱动器无硬件损坏或不良时，可通过改变切削条件或负载，排除报警。

3）再生放电单元过热。可能是 Q1 不良，当驱动器无硬件不良时，可通过改变加减速频率，减轻负荷，排除报警。

4）电源变压器过热。当变压器及温度检测开关正常时，可通过改变切削条件，减轻负荷，排除报警，或更换变压器。

5）电柜散热器的过热开关动作，原因是电柜过热。若在室温下开关仍动作，则需要更换温度检测开关。

（2）OFAL报警　数字伺服参数设定错误，这时需改变数字伺服的有关参数的设定。对于FANUC 0系统，相关参数是8100，8101，8121，8122，8123以及8153～8157等；对于10/11/12/15系统，相关参数为1804、1806、1875、1876、1879、1891以及1865～1869等。

（3）FBAL报警　FBAL是脉冲编码器连接出错报警，出现报警的原因通常有以下几种。

1）编码器电缆连接不良或脉冲编码器本身不良。

2）外部位置检测器信号出错。

3）速度控制单元的检测回路不良。

4）电动机与机械间的间隙太大。

2. 伺服驱动器上的7段数码管报警

FANUC C系列、FANUC α/αi系列数字式交流伺服驱动器通常无状态指示灯显示，驱动器的报警是通过驱动器上的7段数码管进行显示的。根据7段数码管的不同状态显示，可以指示驱动器报警的原因。

FANUC C系列、电源与驱动器一体化结构形式（SVU型）的FANUC α/αi系列交流伺服驱动器的数码管状态以及含义见表5-3。

表5-3　FANUC C/α/αi系列（SVU型）7段数码管状态一览表

| 数码管显示 | 含　义 | 备　注 |
|---|---|---|
| — | 速度控制单元未准备好 | 开机时显示 |
| 0 | 速度控制单元准备好 | |
| 1 | 速度控制单元过电压报警 | 同HV报警 |
| 2 | 速度控制单元欠电压报警 | 同LV报警 |
| 3 | 直流母线欠电压报警 | 主回路断路器跳闸 |
| 4 | 再生制动回路报警 | 瞬间放电能量超过，或再生制动单元不良或不合适 |
| 5 | 直流母线过电压报警 | 平均放电能量超过，或伺服变压器过热、过热检测元器件损坏 |
| 6 | 动力制动回路报警 | 动力制动继电器触点短路 |
| 8 | L轴电动机过电流 | 第一轴速度控制单元用 |
| 9 | M轴电动机过电流 | 第二轴速度控制单元用 |
| b | L/M轴电动机过电流 | |
| 8. | L轴的IPM模块过热、过电流、控制电压低 | 第一轴速度控制单元用 |
| 9. | M轴的IPM模块过热、过电流、控制电压低 | 第二轴速度控制单元用 |
| b. | L/M轴的IPM模块过热、过电流、控制电压低 | |

## 第四节　直流主轴电动机及其驱动控制

机床主轴驱动和进给有很大差别，对直流主轴伺服电动机要求有很宽的调速范围和提供大的转矩和功率。

## 一、主轴直流电动机

主轴驱动采用直流主轴电动机时在结构上与永磁式直流进给伺服电动机不同。由于要求有较大的功率输出，所以在结构上不做成永磁式，而与普通直流电动机相同，其主磁极是采用铁心加励磁绕组，如图 5-21 所示。

### （一）直流主轴电动机的结构

直流主轴电动机由图中可看出结构仍由转子及定子组成，不过定子由主磁极与换向极构成，有时还要带有补偿绕组。为了改善换向性能在电动机结构上均有换向极；为缩小体积，改善冷却效果，避免电动机热量传到主轴上，均采取轴向强迫通风冷却或热管冷却；为适应主轴调速范围宽的要求，一般主轴电动机都能在调速比 1∶100 的范围内实现无级调速，而且在基本速度以上达到恒功率输出，在基本速度以下为恒转矩输出，以适应重负荷的要求。电动机的主极和换向极都采用矽钢片叠成，以便在负荷变化或在加速、减速时有良好的换向性能。电动机外壳结构为密封式，以适应恶劣的机加工车间的环境。在电动机的尾部一般都同轴安装有测速发电机作为速度反馈元件。

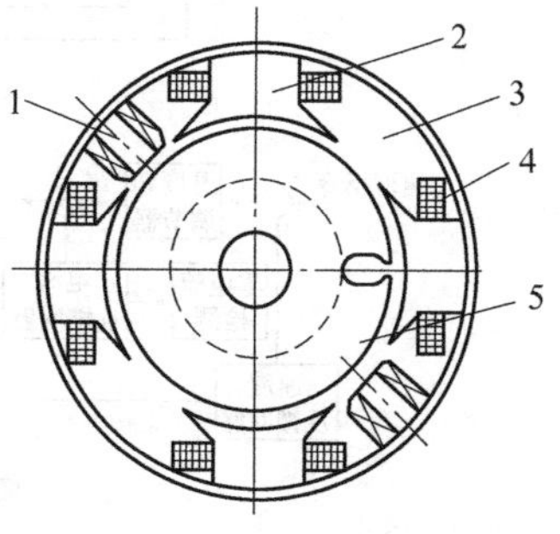

图 5-21 直流主轴电动机结构示意图
1—换向极 2—主磁极 3—定子 4—线圈 5—转子

### （二）直流主轴电动机的工作原理和特性

直流主轴电动机虽然结构上有了很大的变化，但其工作原理和永磁式直流电动机相似，也是建立在电磁力定律基础上的，由励磁绕组和磁极产生磁场，通电导体（电枢绕组）与磁场相互作用产生电磁力和电磁转矩，从而驱动转子做旋转运动。

直流主轴伺服电动机的性能主要表现在转矩-速度特性曲线上，如图 5-22 所示。图中 1 为转矩特性曲线，2 为功率特性曲线。由图可知，在基本转速 $n_j$ 以下属于恒转矩（$T$）调速范围，采用改变电枢电压的方法实现调速，在基本转速 $n_j$ 以上属于恒功率（$P$）调速范围，采用控制励磁电流的方法实现调速。一般来说恒转矩和恒功率速度范围之比为 1∶2。

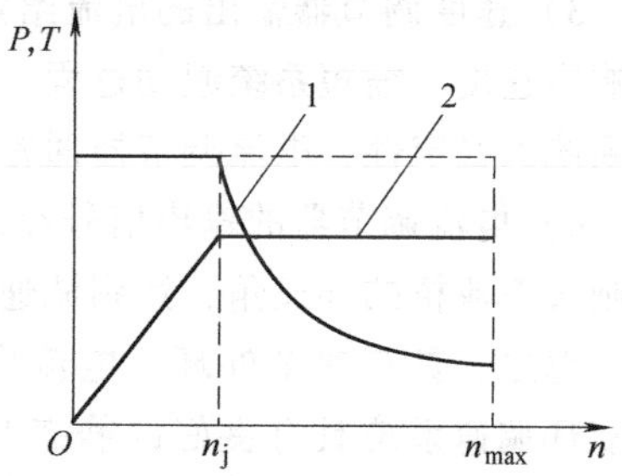

图 5-22 直流主轴电动机特性曲线
1—转矩特性曲线 2—功率特性曲线

## 二、直流主轴驱动控制系统

数控机床常用的直流主轴驱动系统的原理框图如图 5-23 所示。

### （一）调磁调速回路

图 5-23 的上半部分为励磁控制回路，由于主轴电动机功率通常较大，且要求恒功率调速范围尽可能大，因此，一般采用他励电动机，励磁绕组与电枢绕组相互独立，并由单独的可调直流电源供电。

图中，励磁控制回路的电流给定、电枢电压反馈、励磁电流反馈三组信号经比较之后输入至比例-积分调节器，调节器的输出经过电压/相位转换器，控制晶闸管触发脉冲的相位，调节励磁绕组的电流大小，实现电动机的恒功率弱磁调速。

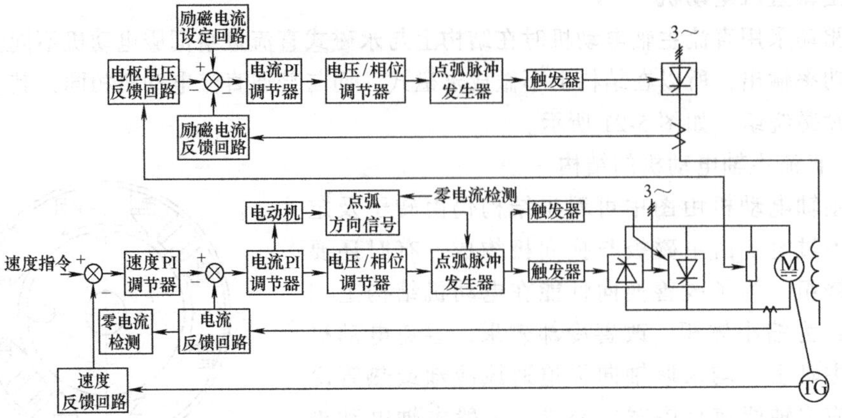


图 5-23 直流主轴驱动系统原理图

（二）调压调速回路

图 5-23 中的下部分为调压调速回路，类似于直流进给伺服系统，它也是由速度环和电流环构成的双闭环速度控制系统，通过控制直流主轴电动机的电枢电压实现变速。该系统具有如下特点：

1）速度指令电压和速度反馈电压在经过“阻容滤波”之后，进入比较器进行比较放大，从而得到速度误差信号。

2）为了获得满意的静态和动态的调速特性，合理地解决速度调节系统的稳定性与精度之间的矛盾，速度调节器通常采用 PI 调节器。速度误差信号经过比例-积分环节（PI 调节器），产生电流给定信号，输出到电流调节器，作为电流给定。

3）速度调节器输出的电流给定值与电流反馈值一起输入电流调节器。为了加快电流环的响应速度，缩短系统起动过程，并减少低速轻载时由于电流断续对系统稳定性的影响，提高系统的稳定性，电流调节器通常使用比例调节器。

4）电流调节器的输出信号经过由同步电路、移相控制电路组成的移相触发环节，控制晶闸管整流桥的导通角，达到调速目的。

总之，具有速度外环、电流内环的双环调速系统具有良好的静态和动态指标，它可最大限度地利用电动机的过载能力，使过渡过程最短。

（三）主回路电路

数控机床主轴要求正、反转，且切削功率应尽可能大，并希望能迅速停止和改变转向，其驱动装置往往采用三相桥式反并联逻辑无环流可逆调速系统，如图 5-24 所示。

由图可知，主回路有 12 只晶闸管组成，它们分成 V1、V2，如图 5-24b 所示，每组按三相桥式连接

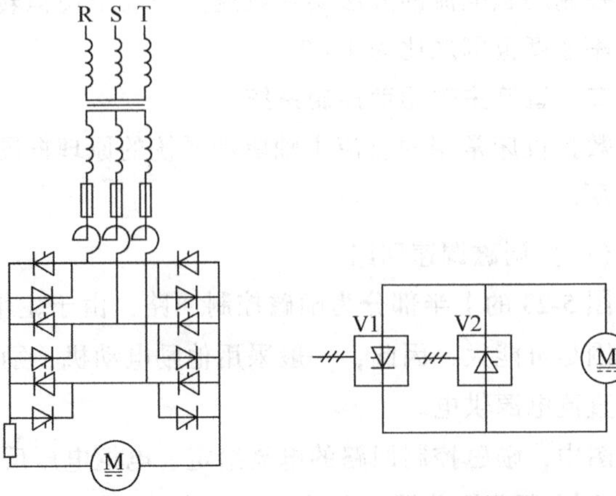


a) 主回路 b) 简图

图 5-24 三相桥式反并联逻辑无环流可逆调速系统的主回路

形成变流桥，两组变流桥反极性并联（即反并联），由一个交流电源供电，分别实现电动机的正转和反转的控制（即可逆驱动），其中 V1 为正组晶闸管，V2 为反组晶闸管。为保证在任何时间内只允许一组桥路工作，另一组桥路阻断，采用逻辑控制电路（它包括方向控制、逻辑判断及输出切换等环节）。

## 实践技能训练 5-4 直流主轴驱动系统的故障诊断与维修

FANUC 直流主轴驱动系统通常用于 20 世纪 80 年代以前的数控机床上，多与 FANUC 5、6、7 系统配套使用。此类机床由于其使用时间已较长，一般都到了故障多发期，但由于当时数控机床的价格通常都比较昂贵，在用户中属于大型、精密、关键设备，保养、维护通常都较好，因此在企业中继续使用的情况比较普遍，维修过程中遇到的问题也较多。

1. 主轴电动机不转

引起主轴不转的原因主要有如下几点。

1）印制电路板不良或表面太脏。

2）触发脉冲电路故障，晶闸管无触发脉冲产生。

3）主轴电动机动力线断线或电动机与主轴驱动器连接不良。

4）机械联接脱落，如高/低档齿轮切换用的离合器啮合不良。

5）机床负载太大。

6）控制信号未满足主轴旋转的条件，如转向信号、速度给定电压未输入。

2. 电动机转速异常或转速不稳定

引起电动机转速异常或转速不稳定的原因有如下几点。

1）D/A 转换器故障。

2）测速发电机断线或测速机不良。

3）速度指令电压不良。

4）电动机不良，如励磁丧失等。

5）电动机负荷过重。

6）驱动器不良。

3. 主轴电动机振动或噪声太大

引起主轴电动机振动或噪声太大故障的原因有如下几点。

1）电源缺相或电源电压不正常。

2）驱动器上的电源开关设定错误（如：50/60Hz 切换开关设定错误等）。

3）驱动器上的增益调整电路或颤动调整电路的调整不当。

4）电流反馈回路调整不当。

5）三相电源相序不正确。

6）电动机轴承存在故障。

7）主轴齿轮啮合不良或主轴负载太大。

4. 发生过电流报警

引起过流报警可能的原因有如下几点。

1）驱动器电流极限设定错误。

2）触发电路的同步触发脉冲不正确。

3）主轴电动机的电枢线圈内部存在局部短路。

4）驱动器的+15V控制电源存在故障。

5. 速度偏差过大

引起速度偏差的原因有如下几点。

1）机床切削负荷太重。

2）速度调节器或测速反馈回路的设定调节不当。

3）主轴负载过大、机械传动系统不良或制动器未松开。

4）电流调节器或电流反馈回路的设定调节不当。

6. 熔断器熔丝熔断

引起熔断器熔丝熔断的原因有如下几点。

1）驱动器控制电路板不良（此时，通常驱动器的报警指示灯LED1亮）。

2）电动机不良，如电枢线短路、电枢绕组短路或局部短路，电枢线对地短路等等。

3）测速发电机不良（此时，通常驱动器的报警指示灯LED1亮）。

4）输入电源相序不正确（此时，通常驱动器的报警指示灯LED3亮）。

5）输入电源存在缺相。

7. 热继电器保护

驱动器的LED4灯亮，表示电动机存在过载。

8. 电动机过热

驱动器的LED4灯亮，表示电动机连续过载，导致电动机温升超过。

9. 过电压吸收器烧坏

在通常情况下，它是由于外加电压过高或瞬间电网电压干扰引起的。

10. 运转停止

驱动器的LED5灯亮，可能的原因有电源电压太低、控制电源存在故障等。

11. LED2灯亮

驱动器的LED2灯亮，表示主电动机励磁丧失，可能的原因是励磁断线、励磁回路不良等。

12. 速度达不到最高转速

引起电动机速度达不到最高转速的原因主要有如下几点。

1）电动机励磁电流调整过大。

2）励磁控制回路存在不良。

3）晶闸管整流部分太脏，造成直流母线电压过低或绝缘性能降低。

13. 主轴在加/减速时工作不正常

造成此故障的原因主要有以下几种。

1）电动机加/减速电流极限设定、调整不当。

2）电流反馈回路设定、调整不当。

3）加/减速回路时间常数设定不当或电动机/负载间的惯量不匹配。

4）机械传动系统不良。

14. 电动机电刷磨损严重或电刷面上有划痕

造成电动机电刷磨损严重或电刷面上有划痕的原因有如下几点。

1）主轴电动机连续长时间过载工作。

2）主轴电动机换向器表面太脏或有伤痕。

3）电刷上有切削液进入。

4）驱动器控制回路的设定、调整不当。

# 第五节 交流主轴电动机及其调速控制

交流主轴电动机是一种具有笼式转子的三相感应电动机，它具有转子结构简单、坚固、价格便宜、过载能力强、使用维护方便等特点。随着电子技术的发展，特别是计算机控制技术的发展，交流主轴电动机的调速性能得到了极大改善，正越来越多地被数控机床应用。

## 一、交流主轴伺服电动机

三相异步交流伺服电动机有笼型和线绕型之分，笼型转子被认为是所能采用的最简单、最牢固的机械结构，能传递很大的转矩，承受很高的转速，得到广泛的应用。

（一）交流主轴伺服电动机的结构

图 5-25 所示为西门子 1PH5 系统交流主轴电动机外形，同轴连接的 ROD323 光电编码器用于测速和矢量变频控制。

交流主轴电动机的总体结构由定子和转子组成。它的内部结构和普通交流异步电动机相似，定子上有固定的三相绕组，转子铁心上开有许多槽，每个槽内装有一根导线，所有导体两端短接在端环上。如果去掉铁心，转子绕组的形状像一个鼠笼，所以称为笼型转子。

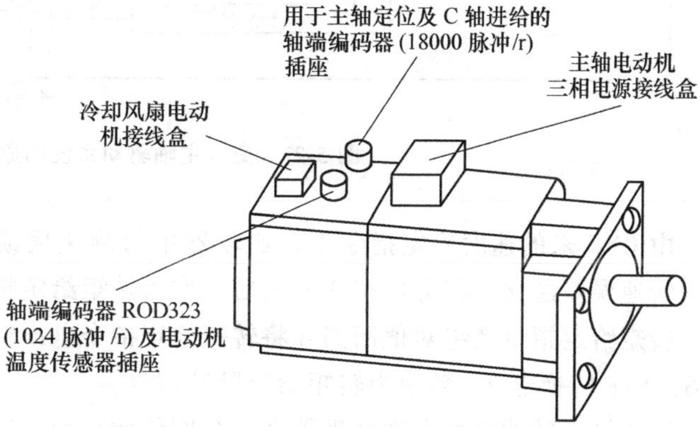


图 5-25 1PH5 系统交流主轴电动机外形图

（二）工作原理

异步交流伺服电动机的工作原理和普通交流异步电动机基本相似。定子绕组通入三相交流电后，在电动机气隙中产生一个励磁的旋转磁场，当旋转磁场的同步转速与转子转速有差异时，转子的导体切割磁感线产生感应电流，与励磁磁场相互作用，从而产生转矩。由此可以看出，在异步伺服电动机中，只要转子转速小于同步转速，转子就会受到电磁转矩的作用而转动。若异步伺服电动机的磁极对数为 $p$，转差率为 $s$，定子绕组供电频率为 $f$，则转子的转速 $n=\dfrac{60f}{p}(1-s)$。异步电动机的供电频率发生变化时，转子的转速也将发生变化。

（三）三相交流主轴伺服电动机的特性

和直流主轴电动机一样，交流主轴电动机也是由功率-速度关系曲线来反映它的性能，其特性曲线可如图 5-26 所示。从图中曲线可见，交流主轴电动机的特性曲线与直流主轴电动机类似：在基本速度以下为恒转矩区域，而在基本速度以上为恒功率区域。但有些电动机，如图中所示那样，当电动机速度超过某一定值之后，其功率-速度曲线又往下倾斜，不能保持恒功率。对于一般主轴电动机，这个恒功率的速度范围只有 1∶3 的速度比。另外，交流主轴电动机也有一定的过载能力，一般为额定值的 1.2~1.5 倍，过载时间则从几分钟到半小时不等。

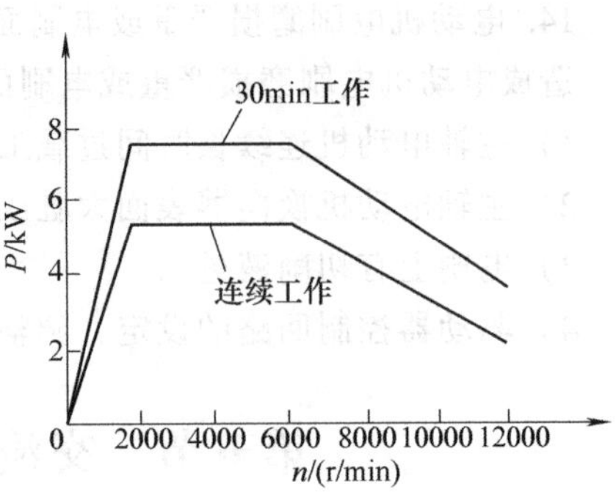


图 5-26 交流主轴电动机的特性曲线图

## 二、交流主轴驱动系统

交流主轴驱动系统的原理如图 5-27 所示。其工作过程如下。

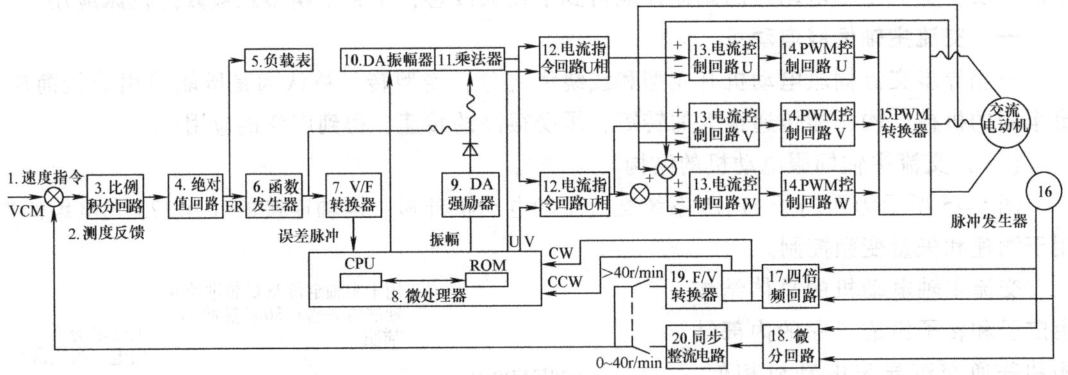


图 5-27 交流主轴驱动系统的原理框图

由 CNC 来的速度给定指令 1 在比较器中与测速反馈信号 2 比较后产生转速误差信号，这一转速误差经比例积分回路 3 放大后，作为转矩给定指令电压输出。

转矩给定指令经绝对值回路 4 将转矩给定指令电压转化为单极性信号。然后经函数发生器 6、V/F 转换器 7，转换为转矩给定脉冲信号。

转矩给定脉冲信号在微处理器 8 中与四倍频回路 17 输出的速度反馈脉冲进行运算。同时，预先存储在微处理器 ROM 中的信息给出幅值和相位信号，分别送到 DA 振幅器 10 和 DA 强励器 9。

DA 振幅器用于产生与转矩指令相对应的电动机定子电流的幅值，而 DA 励磁强化回路用于控制增加定子电流的幅值。两者输出经乘法器 11 处理后，形成定子电流的幅值给定。

另一方面，从微处理器输出的 U、V 相位信号 $\sin\theta$ 和 $\sin(\theta-120°)$ 分别送到 U 相和 V 相的电流指令回路 U 相 12，并在电流指令回路中与幅值给定相乘后产生 U 相和 V 相的电流给定指令。

电流给定指令与电流反馈信号比较之后的误差，经放大送到 PWM 控制回路 14，变成固定频率的脉宽调制信号，其中，W 相信号由 IU、IV 两信号合成产生。

上述脉宽调制信号经 PWM 转换器 15，最终控制电动机的三相电流。

作为检测器件的脉冲编码器产生每转固定的脉冲。这一脉冲经四倍频回路 17 进行倍频后，经 F/V 转换器 19 转换为电压信号，提供速度反馈电压。

由于低速时，F/V 转换器的线性度较差，速度反馈信号一般还需要在微分回路 18 和同步整流电路 20 中进行相应的处理。

## 实践技能训练 5-5 FANUC S 系列数字式主轴驱动系统的故障诊断

1. 电源指示灯 PIL 不亮

FANUC S 系列交流主轴驱动系统驱动器上电源指示灯 PIL 不亮的原因主要有以下几种。

1）驱动器无电源输入。应检查驱动器电源输入端 R、S、T 的电压是否在额定电压的 +10%~15%范围。

2）驱动器主回路电源输入熔断器 FUR、FUS、FUT 熔断。

3）驱动器控制板上的熔断器 F1、F2（1S~3S），或 F2、FS（6S~26S，版本 09A 以下），或 F3（6S~26S，版本 10B 以上）熔断。

4）驱动器的连接器 CN4、CN5（1S~3S），或 CN4、CN5、CN6（6S~26S）连接不良。

5）驱动器控制板不良。

2. 根据驱动器报警显示的故障诊断

在 A06B-6059 系列数字式主轴驱动器上，安装有 6 只 7 段数码管显示器。当驱动器发生故障时，在通常情况下，可以在显示器上显示出报警号 AL-□□。根据不同的报警显示，可以给维修人员提供驱动器出错的原因，从而初步确定故障部位。

A06B-6059 系列数字式主轴驱动器的报警显示及其引起原因见表 5-4。

表 5-4 交流主轴驱动系统报警故障诊断表

| 报警号 | 故障内容 | 故障原因 |
| --- | --- | --- |
| AL-01 | 电动机过热 | 1)主电动机内装式风机不良<br>2)主电动机长时间过载<br>3)主电动机冷却系统污染,影响散热<br>4)电动机绕组局部短路或开路<br>5)温度检测开关不良或连接故障 |
| AL-02 | 实际转速与指令值不符 | 1)电动机过载<br>2)晶体管模块不良<br>3)控制电路保护熔断器 F4A~F4M 熔断或不良<br>4)速度反馈信号不良<br>5)电动机绕组局部短路或开路<br>6)电动机与驱动器电枢线相序不正确或连接不良 |
| AL-03 | 再生制动电路故障(1S~3S) | 再生制动晶体管 TR1 故障 |
| | +24V 熔断器熔断(6S~26S) | 控制电路中的 F1 熔断 |
| AL-04 | 输入电源断相(仅 6S~26S) | 1)进线电源阻抗太大<br>2)晶体管模块不良<br>3)主回路连接不良<br>4)主接触器(MCC)不良<br>5)进线电抗器不良 |

（续）

| 报警号 | 故障内容 | 故障原因 |
|---|---|---|
| AL-06 | 模拟测速系统超速 | 1)驱动器设定或调整不当<br>2)ROM 不良<br>3)速度反馈信号连接不良<br>4)控制板不良 |
| AL-07 | 数字测速系统超速 | |
| AL-08 | 输入电压过高 | 1)输入电压超过额定值<br>2)主轴变频器连接错误 |
| AL-09 | 散热器过热(仅 6S~26S) | 1)驱动器风机不良<br>2)环境温度过高<br>3)冷却系统污染，影响散热<br>4)驱动器长时间过载<br>5)温度检测开关不良或连接不良 |
| AL-10 | 输入电压过低 | 1)输入电压低于额定值的 15%<br>2)主轴变频器连接错误 |
| AL-11 | 直流母线过电压 | 1)电源输入阻抗过高(见 AL-04)<br>2)驱动器控制板不良<br>3)再生制动晶体管模块不良<br>4)再生制动电阻不良 |
| AL-12 | 直流母线过电流 | 1)逆变晶体管模块不良<br>2)电动机电枢线输出短路<br>3)电动机绕组局部短路或对地短路<br>4)驱动器控制板不良 |
| AL-13 | CPU 报警(仅 6S~26S) | 1)驱动器控制板不良<br>2)CPU 内部数据出错 |
| AL-14 | ROM 故障(仅 6S~26S) | 1)ROM 安装故障或不良<br>2)ROM 版本、参数不匹配 |
| AL-15 | 附加电路板选件故障 | 主轴切换电路/转速切换电路板不良或连接不良 |
| AL-16~AL-23 | 主轴驱动器控制电路或接口电路故障 | 1)驱动器控制板安装不良或连接不良<br>2)驱动器接地连接不良<br>3)控制板不良 |
| 无显示 | ROM 故障 | ROM 不良或安装不良 |
| 显示 A | 驱动器软件出错 | 进行驱动器初始化测试 |

注：驱动器的软件版本号可以从驱动器的控制板型号中查出，如控制板型号为 A20B-1003-0010/□□□，则其中的□□□即为软件版本号。

3. 电动机不转或转速不正常

当起动主轴驱动系统后，若出现主电动机不转或转速不正常的故障。其可能的原因如下。

1) 主电动机电枢线连接不良或相序不正确。若在主电动机不转的同时，驱动器显示 AL-02 报警，则表明指令电压已加入驱动器，但实际电动机转速与给定值不符。在一般情况下，应重点检查驱动器与主电动机的电枢线连接相序。

若驱动器不显示 AL-02 报警，应重点检查驱动器指令电压输入。

2）速度反馈信号不良。应对照 FANUC 交流主轴驱动系统的连接图，逐一检查主电动机编码器的连接，并测量 PA/PB、PAP/PBP 的波形。

3）参数设定不当。应重点检查驱动器参数 F01、F02 的设置。

4）ROM 不良或版本错误。

4. 运行时振荡或有噪声

引起主电动机运行过程中出现不正常振动、噪声的原因有如下几点。

1）电动机不良，如电枢绕组对地短路或局部短路。

2）测量反馈信号不良。对照 FANUC 交流主轴驱动系统的连接图，逐一检查主电动机编码器的连接，并测量 PA/PB、PAP/PBP 的波形。

3）驱动器控制板不良。

5. 电动机制动时有不正常的噪声

对于 6S~26S 主轴驱动系统，由于采用了再生制动方式，使能量回馈至电网。当制动能量过大时，再生制动电路为了限制制动极限电流，需要改变电动机的电流波形，从而产生不正常的噪声。

减小驱动参数 F20，降低再生制动功率极限，可以减轻并消除电动机制动时的噪声。

6. 转速超调或出现振荡

当电动机在运转时出现超调或振荡，可能的原因如下。

1）超调：速度环比例增益设定不当，应增加参数 F21、F22 的设定值。

2）振荡：速度环比例增益设定不当，应减小参数 F21、F22 的设定值。

7. 切削功率下降

引起主轴电动机切削功率下降可能的原因如下。

1）ROM 版本不匹配。

2）转矩极限设定不当或外部转矩极限指令生效。

8. 主轴定向准停定位不准

引起主轴定向准停定位不准可能的原因如下。

1）主轴定向准停单元的设定与调整不当。

2）主轴定向准停控制板不良。

3）主轴驱动器控制板不良。

4）主轴位置编码器或磁感应检测开关不良。

9. 加/减速时间太长

引起主轴加/减速时间太长可能的原因如下。

1）转矩极限设定不当或外部转矩极限指令生效。

2）转矩极限信号输入接收电路不良。

3）驱动器控制板调整不当。

4）加/减速时间参数 F19 设定不当。

## 思考练习题

5-1 按结构与材料的不同，步进电动机可分哪几种基本类型？各有什么优缺点？

5-2 试述反应式步进电动机的工作原理？
5-3 步进电动机的步距角和转速是由什么参数决定的？
5-4 步进电动机的主要技术特性有哪些？在什么情况下步进电动机会出现“失步”现象？
5-5 环形脉冲分配器的功用是什么？它可以分成哪几类？
5-6 步进电动机的功率驱动器有哪几部分组成？其作用是什么？
5-7 试述斩波驱动电源的工作原理。
5-8 试述经济型数控机床的起动、停车影响工件精度的原因及其解决的办法。
5-9 永磁式直流伺服电动机由哪几部分组成？其转子绕组中导体的电流是通过什么来实现换向的？
5-10 数控机床直流进给伺服系统通常采用什么方法来实现调速的，该调速方法有何特点？
5-11 试述 PWM 调速的基本原理。
5-12 如何实现 PWM 的双向调速？
5-13 FANUC 直流伺服系统出现 CRT 和速度控制单元上无报警的故障主要有哪些？试分析其原因。
5-14 试分析在 FANUC PWM 速度控制单元上出现 HVAL 报警的原因。
5-15 交流伺服电动机有哪几种？数控机床的交流进给伺服系统通常使用何种交流伺服电动机？
5-16 同步交流伺服电动机的同步速度与哪些参数有关？
5-17 简述 SPWM 变频器的工作机理。
5-18 三相 SPWM 变频器正弦波脉宽调制的控制信号有什么特点？
5-19 如 FANUC 模拟式交流速度控制单元上出现了 VRDY 灯不亮，试问其原因是什么？
5-20 在 FANUC C/α/αi 系列数字式交流伺服驱动器上的 7 段数码管显示 1、2、8 分别表示什么含义？
5-21 直流主轴电动机与直流伺服电动机在结构上有什么不同？
5-22 直流主轴电动机采用了什么调速方法？
5-23 试分析 FANUC 公司直流主轴伺服系统主轴电动机振动或噪声大故障产生的原因。
5-24 交流主轴电动机的结构与普通交流异步电动机有无区别？其转速受哪些参数的影响？
5-25 交流主轴电动机是采用什么理论来控制的？简述交流主轴驱动系统的控制流程。
5-26 试分析 FANUC 模拟式交流主轴驱动器（A06B-6044）上右边第二灯发光报警的原因。
5-27 试分析 FANUC 数字式交流主轴驱动器（A06B-6059）产生 AL-12 报警号的原因。
5-28 试问 FANUC S 系列交流主轴驱动系统发生转速超调或出现振荡的原因是什么？如何消除？

# 第六章
# 数控机床可编程机床控制器

【学习目的】

了解FANUC系统可编程机床控制器PMC的结构组成、工作原理、特点和应用，并能进行简单编程；掌握可编程机床控制器PMC的编程指令系统，并通过数控机床实例加深理解并应用。

【学习重点】

可编程机床控制器PMC工作原理及其在数控机床中的应用。

## 第一节　可编程机床控制器概述

FANUC是日本一家专门研究数控系统的公司，成立于1956年，是世界上最大的专业数控系统生产厂家，其产品占据了全球70%的市场份额。FANUC于1959年首先推出了电液步进电动机，在后来的若干年中逐步发展并完善了以硬件为主的开环数控系统。进入20世纪70年代，微电子技术、功率电子技术，尤其是计算技术得到了飞速发展，FANUC公司毅然舍弃了使其发家的电液步进电动机数控产品，一方面从GETTES公司引进直流伺服电动机制造技术。1976年FANUC公司研制成功数控系统5，随后又与SIEMENS公司联合研制了具有先进水平的数控系统7，从那时起，FANUC公司逐步发展成为世界上最大的专业数控系统生产厂家。数控机床配置FANUC数控系统的约占90%后，FANUC数控系统以其高质量、低成本、高性能，得到了广大用户的认可。就其系统本身而言，经受了连续长时间的工作经验，故障较低。

## 一、FANUC PMC 的概念

PLC（Programmable Logic Controller）是可编程序控制器，是一种采用一类可编程的存储器，用于其内部存储程序，执行逻辑运算、顺序控制、定时、计数与算术操作等面向用户的指令，并通过数字或模拟式输入/输出控制各种类型的机械或生产过程。

PMC（Programmable Machine Controller）是PLC的一个子集，某些厂商将专用于数控机床的PLC称为PMC，所以PMC和PLC是非常相似的。PMC是内置于数控系统用来执行数控机床顺序控制操作的可编程机床控制器。PMC在数控机床上实现的功能主要包括工作方式控制、速度倍率控制、自动运行控制、手动运行控制、主轴控制、机床锁住控制、程序校验控制、硬件超程和急停控制、辅助电动机控制、外部报警以及操作信息控制等。

PMC的优点是时间响应快，控制精度高，可靠性好，控制程序可随应用场合的不同而改变，与计算机的接口及维修方便。

另外，由于PMC使用软件来实现控制，可以进行在线修改，所以有很大的灵活性，具有广泛的工业通用性。

## 二、FANUC PMC 的信号

PMC的信息交换是以PMC为中心，在数控系统、PMC及机床三者之间进行信息交换，如图6-1所示。

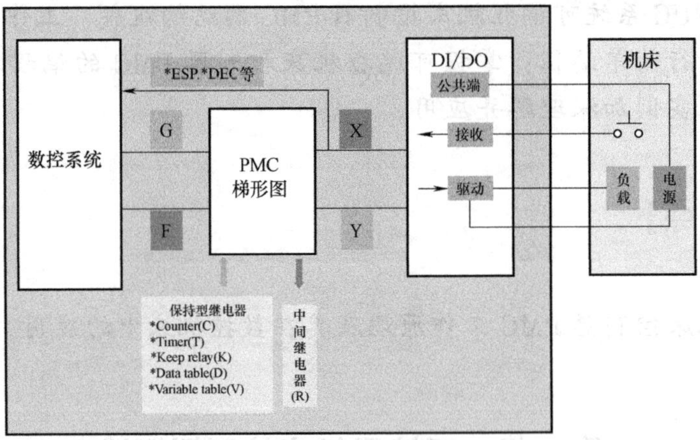


图6-1 数控系统、PMC及机床三者之间关系

数控系统、PMC及机床的信号关系如图6-2所示。

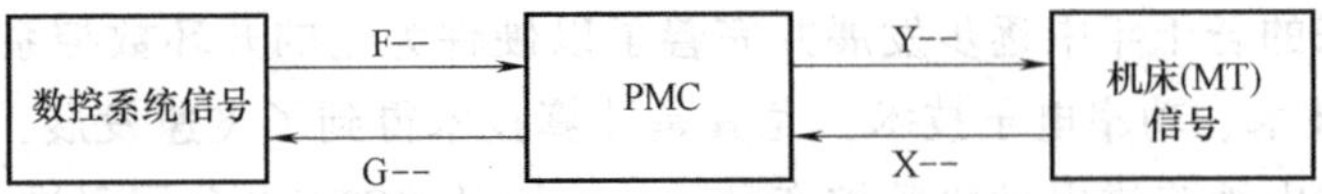


图6-2 数控系统、PMC及机床的信号关系

1. X信号

X信号为机床输出到PMC的信号，主要是机床操作面板的按键、按钮和其他开关的输

入信号。个别 X 信号的含义和地址是 FANUC CNC 预先定义好的，用来作为高速信号，由数控系统直接读取，可以不经过 PMC 的处理，如急停信号。

2. Y 信号

Y 信号为 PMC 输出到机床的信号，主要是机床执行元件的控制信号，以及状态和报警指示等。

3. G 信号

G 信号为 PMC 输出到数控系统的信号，主要是使数控系统改变或执行某一种运行的控制信号。所有 G 信号的含义和地址都是 FANUC CNC 预先定义好的，PMC 编程人员只能使用。

4. F 信号

F 信号为数控系统输出到 PMC 的信号，主要反映数控系统运行状态或运行结果的信号。所有 F 信号的含义和地址都是 FANUC CNC 预先定义好的，PMC 编程人员只能使用。

## 三、FANUC 0i-D PMC 的基本规格

FANUC 针对中国数控机床市场的迅速发展、数控机床的水平和使用特点，2008 年在中国市场推出了新的 CNC 系统 0i-D/0i Mate-D。该系统源自于 FANUC 目前在国际市场上销售的高端 CNC 30i/31i/32i 系列，性能上比 0i-C 系列提高了许多，硬件上采用了更高速的 CPU，提高了 CNC 的处理速度，标配了以太网，控制软件根据用户的需要增加了一些控制与操作功能，特别是一些适于模具加工和汽车制造行业应用的功能，如纳米插补、用伺服电动机做主轴控制、电子齿轮箱、存储卡上程序编辑、PMC 的功能块等。2010 年初，对 0i-D/0i Mate-D 功能进行了提升，如 0i-D 增加了分离型和开放式结构，增加了控制轴数，配备了 AI 轮廓控制Ⅱ和纳米平滑控制，增加了刀具管理功能等。0i Mate-D 配备了纳米插补，增加了磨床功能，新开发了 βiSC 伺服电动机和 βiIC 主轴电动机。FANUC 0i-D PMC 基本规格见表 6-1。

表 6-1 FANUC 0i-D PMC 基本规格

| PMC 规格 | 0i-D PMC | 0i-D PMC/L | 0i Mate-D PMC/L |
|---|---|---|---|
| 编程语言 | 梯形图 | 梯形图 | 梯形图 |
| 梯形图级别数 | 3 | 2 | 2 |
| 第一级程序执行周期 | 8ms | 8ms | 8ms |
| 基本指令执行速度 | 25ns/步 | 1μs/步 | 1μs/步 |
| 梯形图程序容量 | 最大约 32000 步 | 最大约 8000 步 | 最大约 8000 步 |
| 基本指令数 | 14 | 14 | 14 |
| 功能指令数 | 93 | 92 | 92 |
| CNC 接口-输入 F | 768 B×2 | 768 B | 768 B |
| CNC 接口-输出 G | 768 B×2 | 768 B | 768 B |
| DI/DO I/O Link-输入(X) | 最大 2048 点 | 最大 1024 点 | 最大 256 点 |
| DI/DO I/O Link-输出(Y) | 最大 2048 点 | 最大 1024 点 | 最大 256 点 |
| 程序保存区(FLASH ROM) | 最大 384 KB | 128 KB | 128 KB |

## 四、FANUC 0i-D/0i Mate-D PMC 的地址分配（表 6-2）

表 6-2　FANUC 0i-D/0i Mate-D PMC 的地址分配

| 信号种类 | PMC 类型 | | |
|---|---|---|---|
| | 0i-D PMC | 0i-D PMC/L | 0i Mate-D PMC/L |
| F | F0～F767<br>F1000～F1767 | F0～F767 | F0～F767 |
| G | G0～G767<br>G1000～G1767 | G0～G767 | G0～G767 |
| X | X0～X127<br>X200～X327 | X0～X127 | X0～X127 |
| Y | Y0～Y127<br>Y200～Y327 | Y0～Y127 | Y0～Y127 |
| 内部继电器(R) | R0～R7999 | R0～R1499 | R0～R1499 |
| 系统继电器(R9000) | R9000～R9499 | R9000～R9499 | R9000～R9499 |
| 扩展继电器(E) | E0～E9999 | E0～E9999 | E0～E9999 |
| 信息显示(A)请求 | A0～A249 | A0～A249 | A0～A249 |
| 可变定时器(TMR) | T0～T499 | T0～T79 | T0～T79 |
| 可变计数器(CTR) | C0～C399 | C0～C79 | C0～C79 |
| 固定计数器(CTRB) | C5000～C5199 | C5000～C5039 | C5000～C5039 |
| 保持继电器(K)-用户区域 | K0～K99 | K0～K19 | K0～K19 |
| 保持继电器(K)-系统区域 | K900～K999 | K900～K999 | K900～K999 |
| 数据表(D) | D0～D9999 | D0～D2999 | D0～D2999 |
| 标签(LBL) | L1～L9999 | L1～L9999 | L1～L9999 |
| 子程序(SP) | P1～P5000 | P1～P512 | P1～P512 |

## 五、PMC 程序结构

第一级程序每隔 8ms 执行一次，主要编写急停、进给暂停等紧急动作控制程序，其程序编写不宜过长，否则会延长整个 PMC 程序执行时间。第一级程序必须以 END1 指令结束。第二级程序每隔 8×n ms 执行一次，n 为第二级程序的分割数。第二级程序必须以 END2 指令结束。子程序必须在第二级程序后制定。PMC 程序结构图如图 6-3 所示。

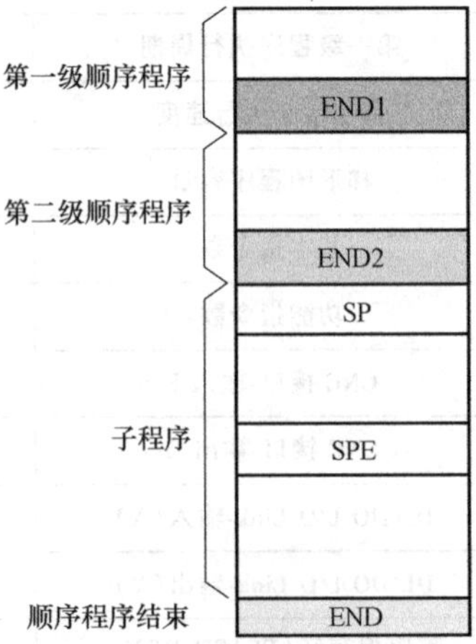

图 6-3　PMC 程序结构图

## 六、关于 PMC 界面的操作

1. 进入 PMC 控制系统画面的操作

首先按系统键进入系统参数界面，如图 6-4 所示。

2. 进入 PMC 诊断与维护界面

连续按图 6-4 中“+”扩展菜单三次，进入 PMC 诊断与维护界面，如图 6-5 所示。

3. 进入梯形图监控与编辑界面

单击图 6-5 中 PMCLAD 按钮进入梯形图监控与编辑界面，如图 6-6 所示。

图 6-4 PMC 控制系统界面

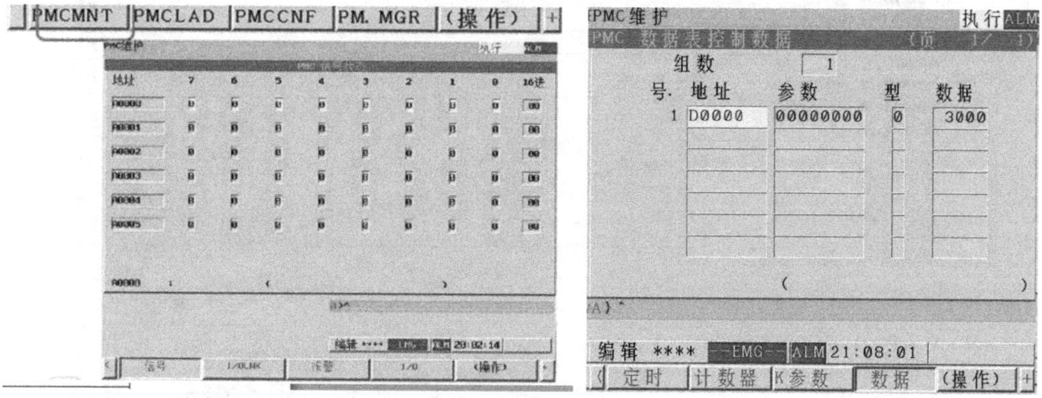


a) b)

图 6-5 PMC 诊断与维护界面

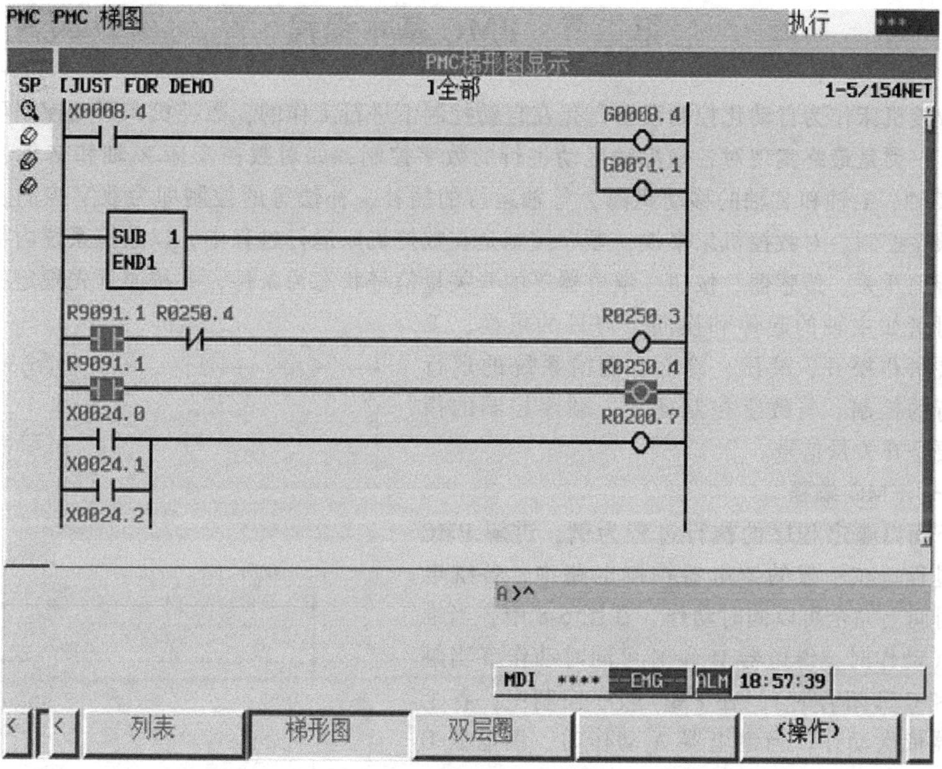


图 6-6 梯形图监控与编辑界面

4. 进入 PMC 配置界面

单击图 6-5 中 PMCCNF 按钮进入 PMC 配置界面，如图 6-7 所示。

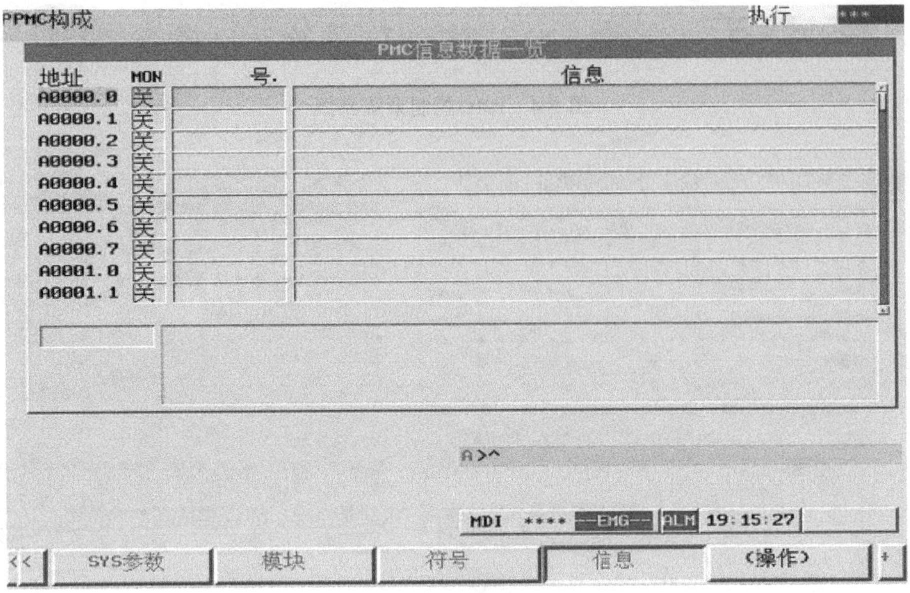


图 6-7 PMC 配置界面

# 第二节 PMC 基本编程

数控机床作为自动化控制设备，是在自动控制下进行工作的，数控机床所受控制可分为两类：一类是最终实现对各坐标轴运动进行的数字控制，如对数控车床 X 轴和 Z 轴，数控铣床 X 轴、Y 轴和 Z 轴的移动距离，各轴运行的插补、补偿等的控制即为数字控制。另一类为顺序控制。对数控机床来说，顺序控制是在数控机床运行过程中，以数控系统内部和机床各行程开关、传感器、按钮、继电器等的开关量信号状态为条件，并按照预先规定的逻辑顺序对诸如主轴的起停和换向，刀具的更换，工件的夹紧和松开，液压、冷却、润滑系统的运行等进行的控制。与数字控制比较，顺序控制的信息主要是开关量信号。

## 一、PMC 编程

下面以顺序程序的执行过程为例，讲解 PMC 编程过程。在一般的继电器控制电路中，各继电器在时间上完全可以同时动作，在图 6-8 中，当继电器 A 动作时，继电器 D 和 E 可同时动作（当触点 B 和 C 都闭合时），在 PMC 顺序控制中，各个继电器依次动作。当继电器 A 动作时，继电器 D 首先动作，然后继电器 E 才动作，如图 6-8a 所示，即各个继电器按梯形图中的顺序（编程次序）动作。

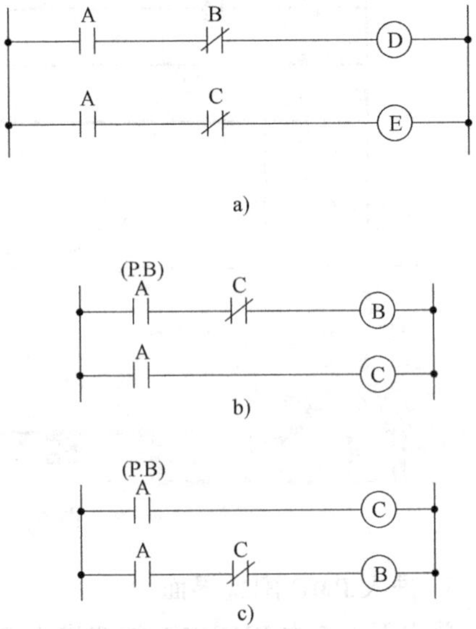


图 6-8 电路举例

图 6-8b、c 则表示了继电器电路和 PMC 程序

之间的区别。

1. 继电器电路

图 6-8b、c 中的动作相同，接通 A（按钮）后，线圈 B 和 C 中有电流通过，B 和 C 接通。C 接通之后 B 断开。

2. PMC 程序

图 6-8b 中，同继电器电路一样，接通 A（按钮）后，线圈 B、C 接通，经过 PMC 程序的一个循环后关断。但在图 6-8c 中，接通 A（按钮）后，线圈 C 接通，但 B 并不接通。

## 二、FANUC 系统 PMC 的功能指令

1. 顺序程序结束指令（END1、END2 和 END）

顺序程序结束指令如图 6-9 所示。

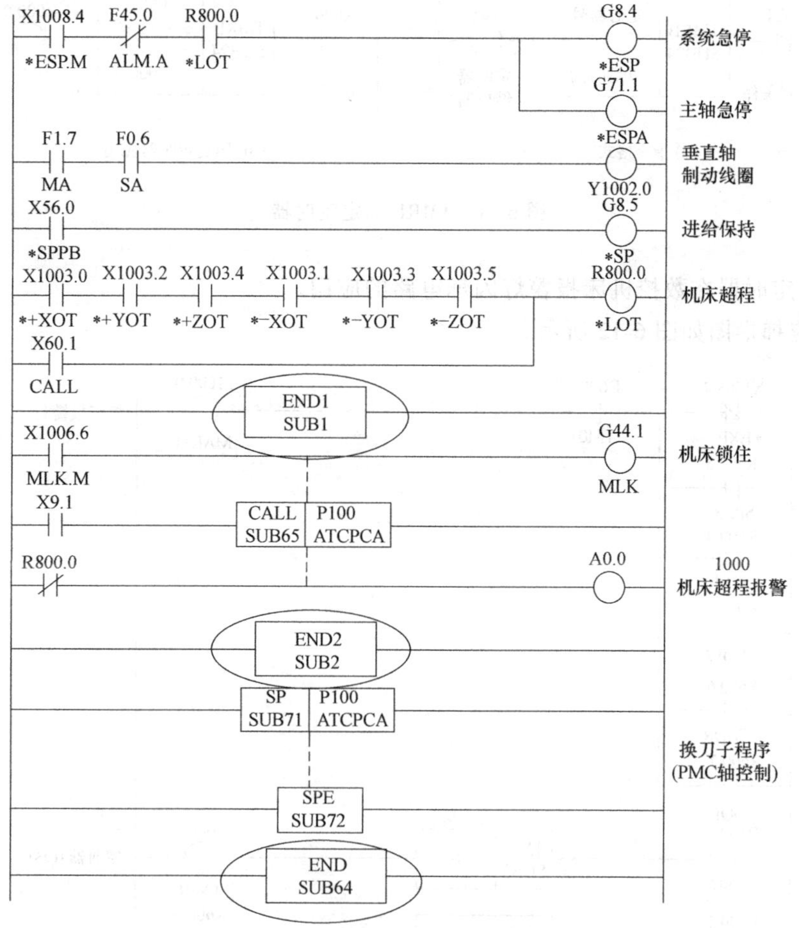


图 6-9　顺序程序结束指令

2. 定时器指令（TMR 和 TMRB）

TMR 可变定时器是指 TMR 指令的定时时间可通过 PMC 参数进行更改，如图 6-10 所示。

TMRB 固定定时器是指 TMRB 的设定时间编在梯形图中，在指令和定时器号的后面加上

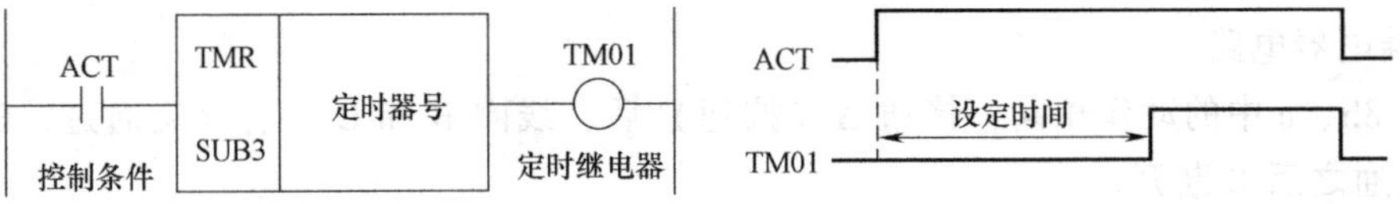


a) 指令格式　　b) 定时器工作

图 6-10　TMR 可变定时器

一项参数预设定时间，与顺序程序一起被写入 FROM 中，所以定时器的时间不能用 PMC 参数改写，如图 6-11 所示。

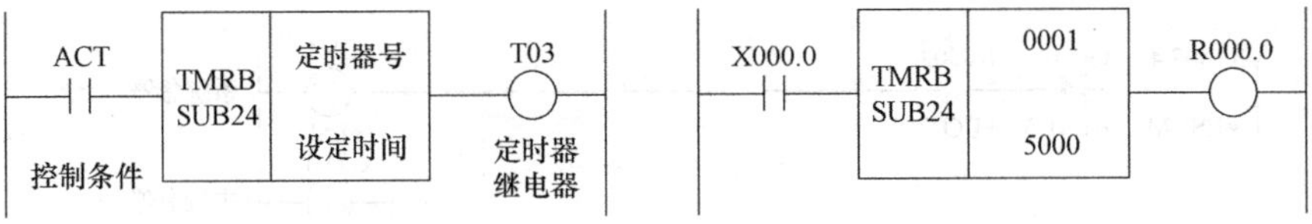


a) 指令格式　　b) 固定定时器应用

图 6-11　TMRB 固定定时器

**例 6-1**　定时器在数控机床报警灯闪烁电路的应用。

**解：**对应梯形图如图 6-12 所示。

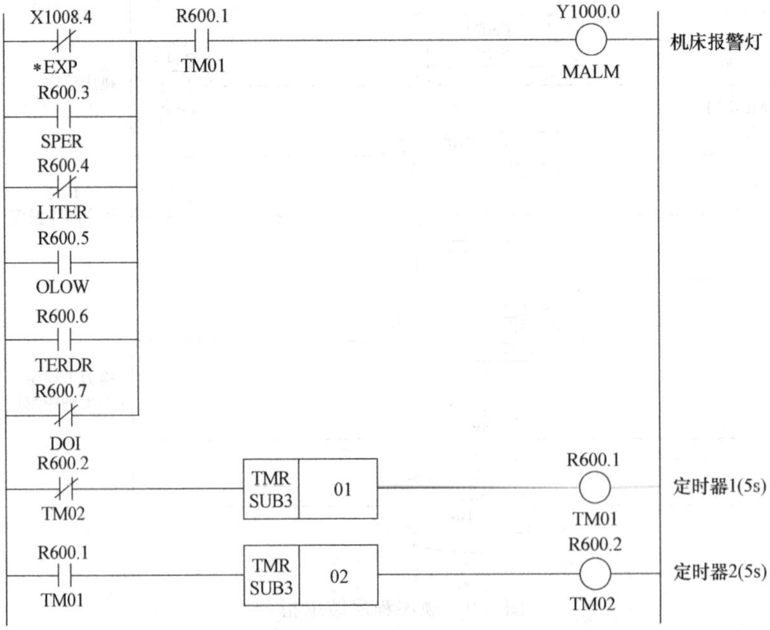


图 6-12　定时器在数控机床报警灯闪烁电路的应用

3. 计数器指令（CTR）

计数器主要功能是进行计数，可以是加计数，也可以是减计数。计数器的预置形式是 BCD 码还是二进制形式由 PMC 的参数设定（一般为二进制代码），如图 6-13 所示。

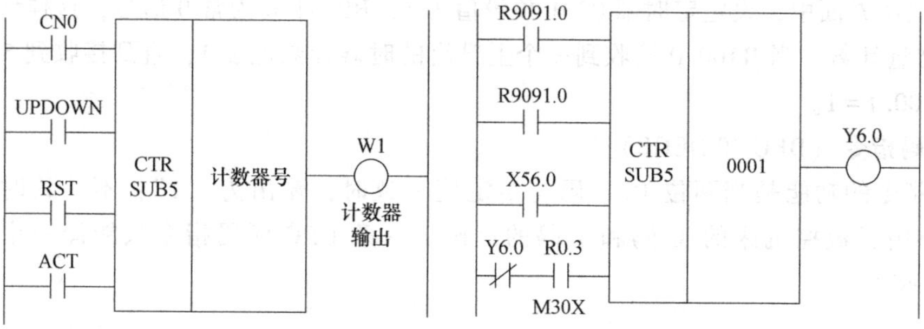


a) 指令格式　　b) 计数器用于计数加工工件应用

图 6-13　计数器指令

**例 6-2**　计数器号在功能指令中的设定。

计算器号在功能指令中设定，相应的预设值和编码形式则在计数器界面中设定，可以使用的计数器号指令，见表 6-3。

**表 6-3　计数器号指令**

| | 1~5 路径 PMC | | | | 双安检 PMC |
|---|---|---|---|---|---|
| | Memory-A | Memory-B | Memory-B | Memory-B | |
| 计数器号 | 1~20 | 1~100 | 1~200 | 1~300 | 1~20 |

预设值和累计值的范围如下：

二进制计数器：0~32，767

BCD 计数器：0~9，999

另外，计数器也可以在 PMC 参数 N610000~N610XXX 和参数 N615000~N615nnn 中进行设定。

输出（W1） W1=1：加计数（UPD=0）时，计数达到预设值；减计数（UPD=1）时，计数器达到 0（CNO=0）或达到（CNO=1）。

指令示例，如图 6-14 所示。

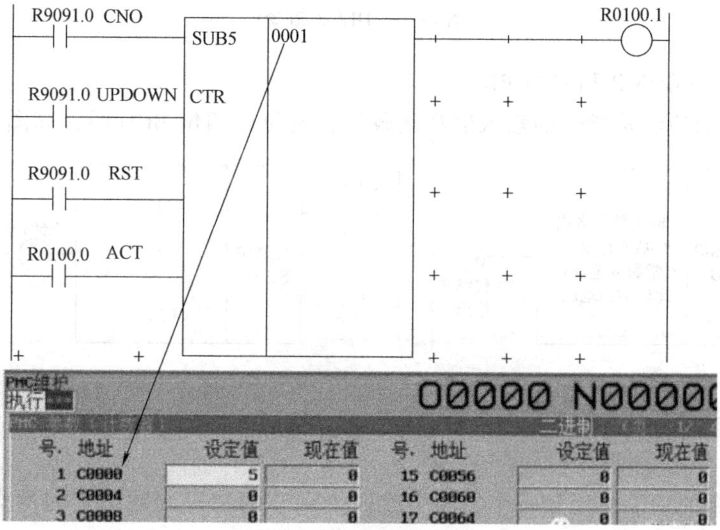


图 6-14　计数器功能梯形图

在计数器界面中，设定定时器0001预设值为5，R9091.0为常0信号，这样计数的起始值为0，增量计数，当R100.0接收到一个上升沿的时候计数值加1，直到接收到5个上升沿后输出R100.1=1。

4. 译码指令（DEC和DECB）

DEC指令的功能是当两位BCD码与给定值一致时，输出为“1”；不一致时，输出为“0”，主要用于数控机床的M码和T码的译码。一条DEC译码指令只能译一个代码，如图6-15所示。

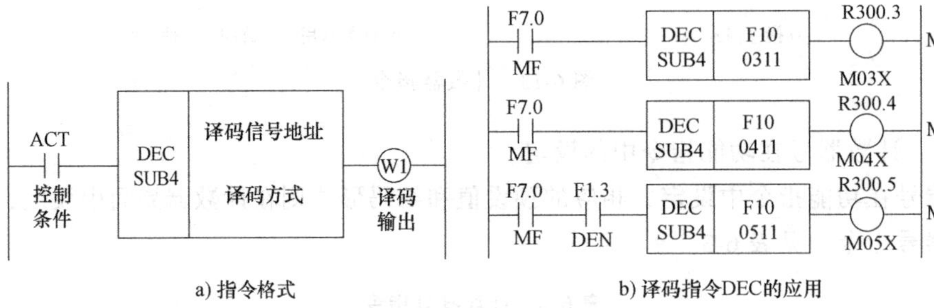


图6-15 DEC指令

DECB指令的功能是可对一个、两个或四个字节的二进制数据译码，所指定的八位连续数据之一与代码数据相同时，对应的输出数据为“1”。主要用于M代码和T代码的译码，一条DECB码可译八个连续M代码或八个连续T代码，如图6-16所示。

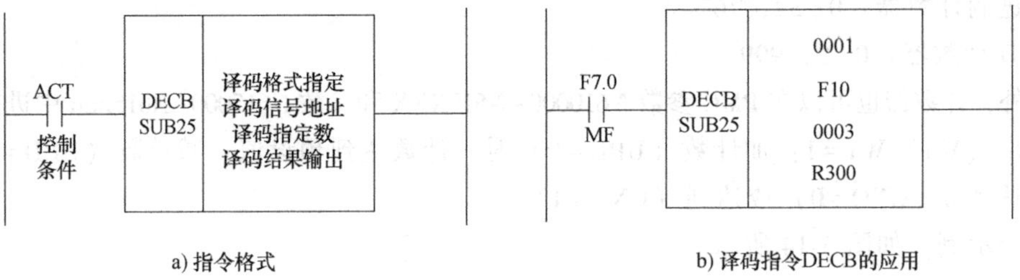


图6-16 DECB指令

5. 比较指令（COMP和COMPB）

COMP指令的功能是指令的输入值和比较值为两位或四位BCD码，如图6-17所示。

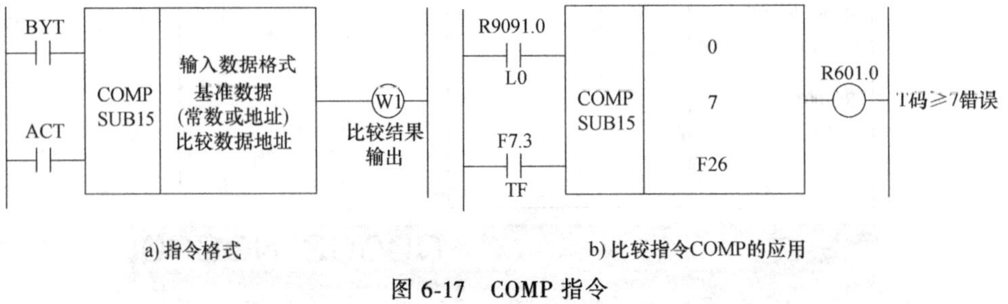


图6-17 COMP指令

COMPB指令的功能是比较一个、两个或四个字节的二进制数据之间的大小，将比较的结果存放在运算结果寄存器（R9000）中，如图6-18所示。

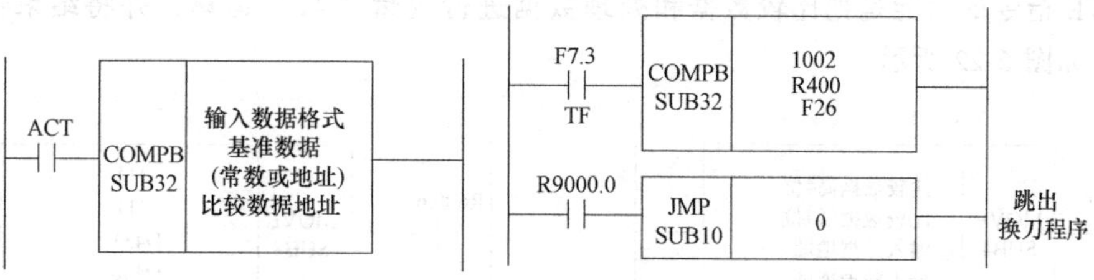


a) 指令格式　　b) 比较指令COMPB的应用

图 6-18　COMPB 指令

6. 常数定义指令（NUME 和 NUMEB）

NUME 指令的功能是对两位或四位 BCD 码的常数定义指令，如图 6-19 所示。

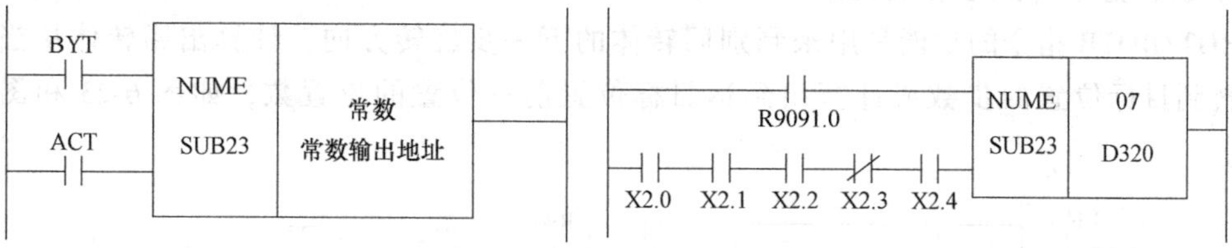


a) 指令格式　　b) NUME指令的应用

图 6-19　NUME 指令

NUMEB 指令的功能是对一个字节、两个字节或四个字节的二进制数据的常数定义指令，如图 6-20 所示。

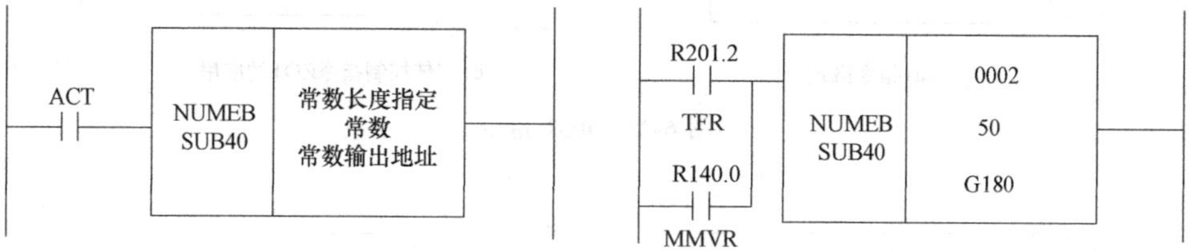


a) 指令格式　　b) NUMEB指令的应用

图 6-20　NUMEB 指令

7. 判别一致指令（COIN）和传输指令（MOVE）

COIN 指令的功能是用来检查参考值与比较值是否一致，可用于检查刀具库、转台等旋转体是否达到目标位置等，如图 6-21 所示。

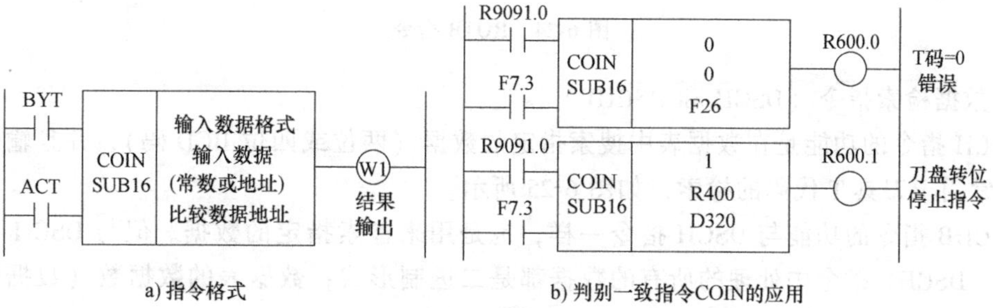


a) 指令格式　　b) 判别一致指令COIN的应用

图 6-21　COIN 指令

MOVE 指令的功能是把比较数据和处理数据进行逻辑“与”运算，并将结果传输到指定地址，如图 6-22 所示。

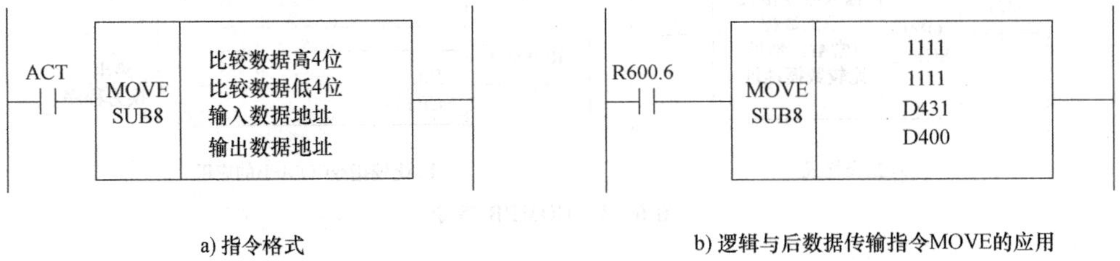


图 6-22 MOVE 指令

8. 旋转指令（ROT 和 ROTB）

ROT/ROTB 指令的功能是用来判别回转体的下一步旋转方向；计算出回转体从当前位置旋转到目标位置的步数或计算出到达目标位置前一位置的位置数，如图 6-23 和图 6-24 所示。

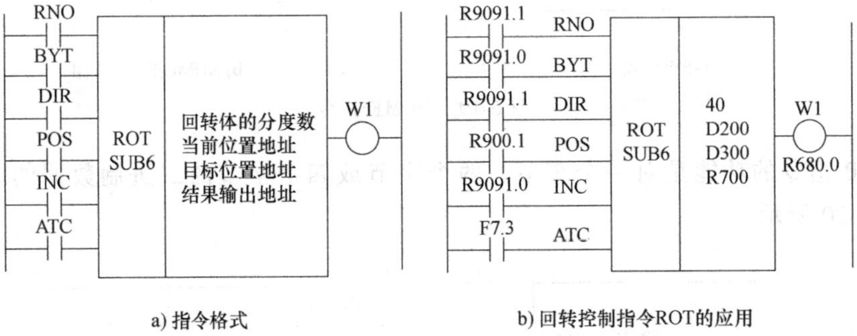


图 6-23 ROT 指令

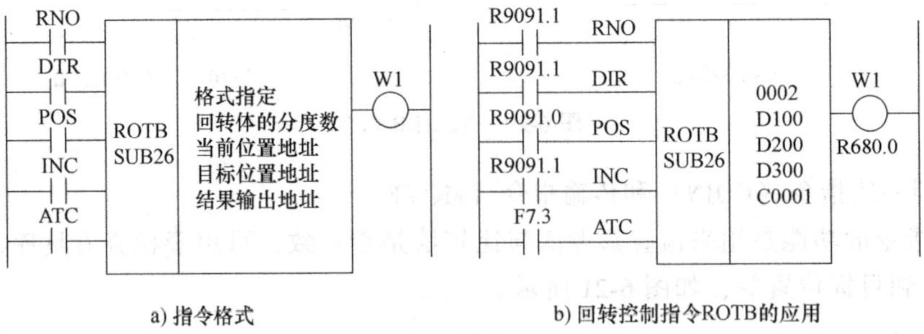


图 6-24 ROTB 指令

9. 数据检索指令（DSCH 和 DSCHB）

DSCH 指令的功能是在数据表中搜索指定的数据（两位或四位 BCD 码），并且输出其表内号，常用于刀具 T 代码的检索，如图 6-25 所示。

DSCHB 指令的功能与 DSCH 指令一样，也是用来检索指定的数据。但与 DSCH 指令不同的是，DSCHB 指令中处理的所有的数据都是二进制形式；数据表的数据数（数据表的容量）用地址指定，如图 6-26 所示。

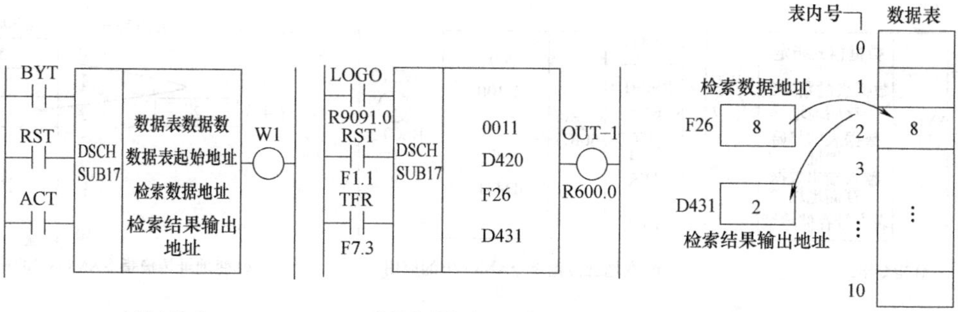


a) 指令格式　　b) 数据检索指令DSCH的应用　　c) 数据检索指令DSCH的检索过程

图 6-25　DSCH 指令

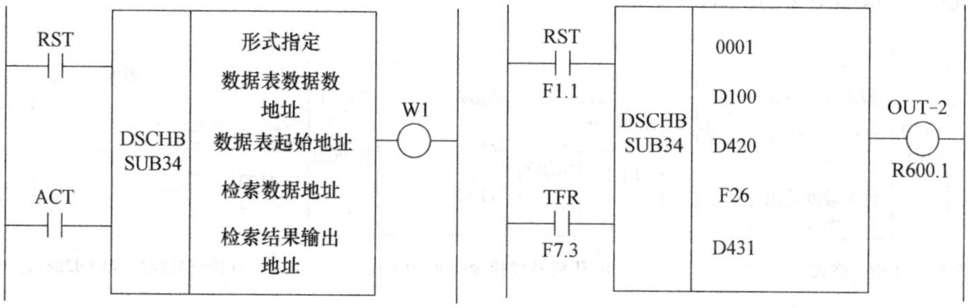


a) 指令格式　　b) 数据检索指令DSCHB的应用

图 6-26　DSCHB 指令

10. 变地址传输指令（XMOV 和 XMOVB）

XMOV 指令的功能是可读取数据表的数据或写入数据表的数据，处理指定的数据（两位或四位 BCD 码）。该指令常用于加工中心的随机换刀控制，如图 6-27 所示。

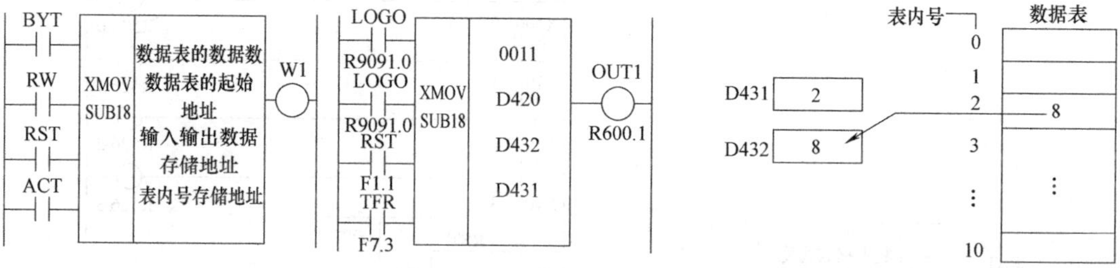


a) 指令格式　　b) 变地址传输指令XMOV的应用　　c) 变地址传输指令XMOV的检索过程

图 6-27　XMOV 指令

XMOVB 指令的功能与 XMOV 指令一样，也是用来读取数据表的数据或写入数据表的数据。但与 XMOV 指令不同的是，XMOVB 指令中处理的所有的数据都是二进制形式；数据表的数据数（数据表的容量）用地址形式指定，如图 6-28 所示。

11. 代码转换指令（COD 和 CODB）

COD 指令的功能是把两位 BCD 码（0~99）数据转换成两位或四位 BCD 码数据的指令。

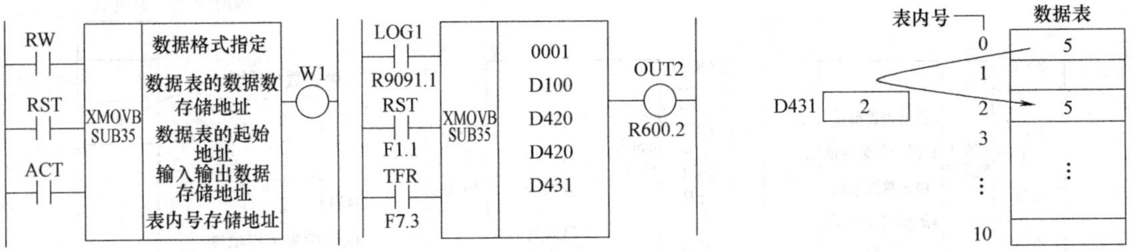


a) 指令格式　　b) 变地址传输指令XMOVB的应用　　c) 变地址传输指令XMOVB的检索过程

图 6-28　XMOVB 指令

具体功能是把两位 BCD 码指定的数据表内号数据（两位或四位 BCD 码）输出到转换数据的输出地址中，如图 6-29 所示。

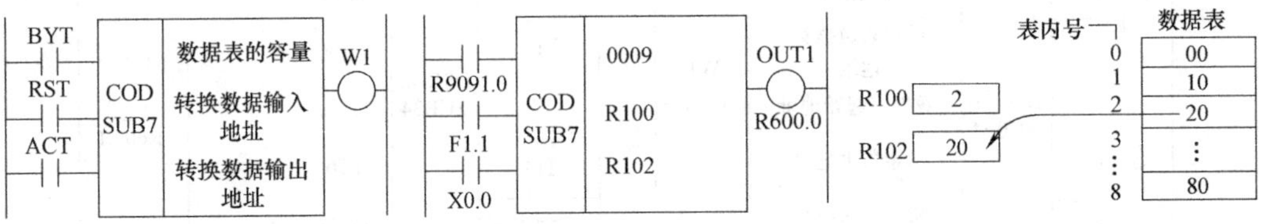


a) 指令格式　　b) 代码转换指令COD的应用　　c) 代码转换指令COD的检索过程

图 6-29　COD 指令

CODB 指令的功能是把两个字节的二进制代码（0~256）数据转换成一个字节、两个字节或四个字节的二进制数据指令。具体功能是把两个字节二进制数指定的数据表内号数据（一个字节、两个字节或四个字节的二进制数据）输出到转换数据的输出地址中，如图 6-30 所示。

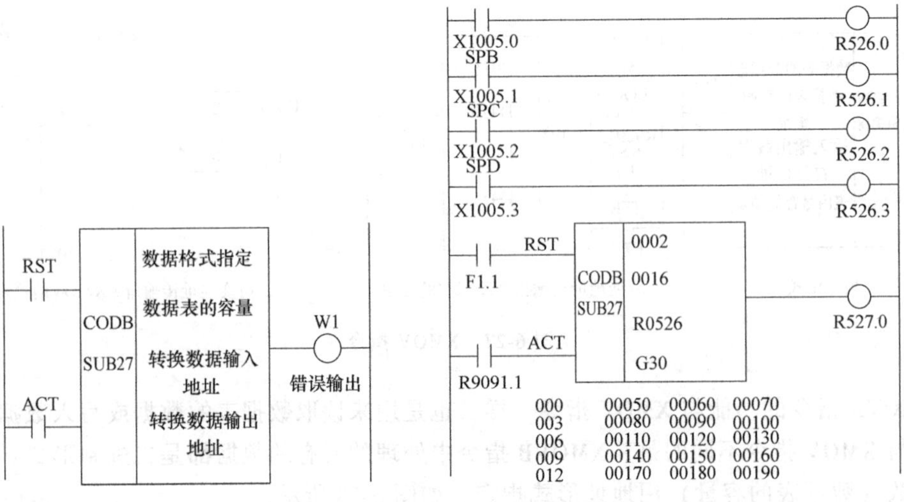


a) 指令格式　　b) 代码转换指令CODB的应用

图 6-30　CODB 指令

**例 6-3　转换输入数值**

注意：如果转换输入数值超出了 CODB 指令数据表范围，输出 W1 = 1，此指令后的 WRT、NOT、SET、和 RST 指令不能使用多线圈输出，在此指令的输出线圈中仅可指定一个。

本例中 BCD 码格式的 R1000 设定为 3，数据表容量设定为 6，当 K2.7 置 1 时，可以将表中第三位的 16 读取到 R1100 中，梯形图如 6-31 所示。

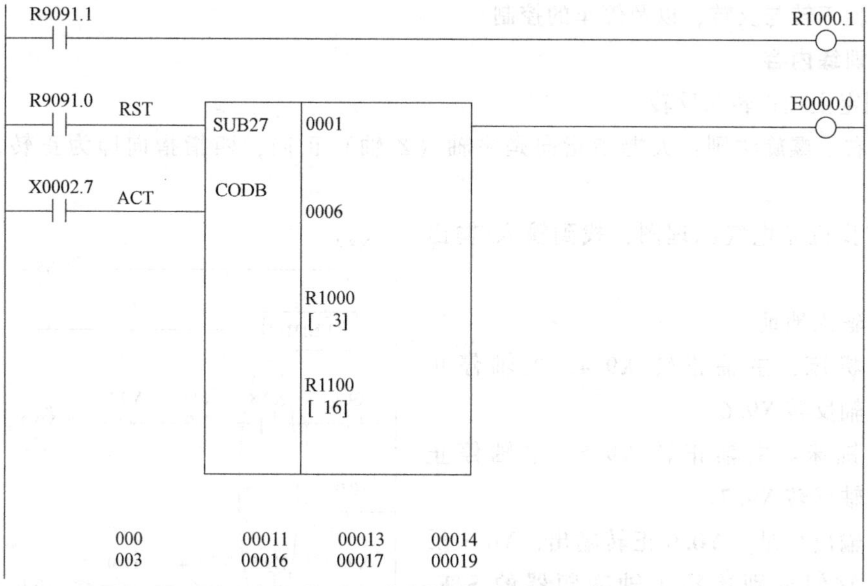


图 6-31　数值转换梯形图

12. 信息显示指令（DISPB）

DISPB 指令的功能是在系统显示装置（CRT 或 LCD）上显示外部信息，机床厂家根据机床的具体工作情况编制机床报警号及信息显示，如图 6-32 所示。

| 信息号 | 信息数据 |
|---|---|
| A0.1 | 1001　EMERGENCY STOP! |
| A0.2 | 1002　DOOR NEED CLOSE! |
| A0.3 | 1003　TOOL LIFE EXGAUST! |
| A0.4 | 2000　PLEASE OIL LEVEL! |

a) 指令格式

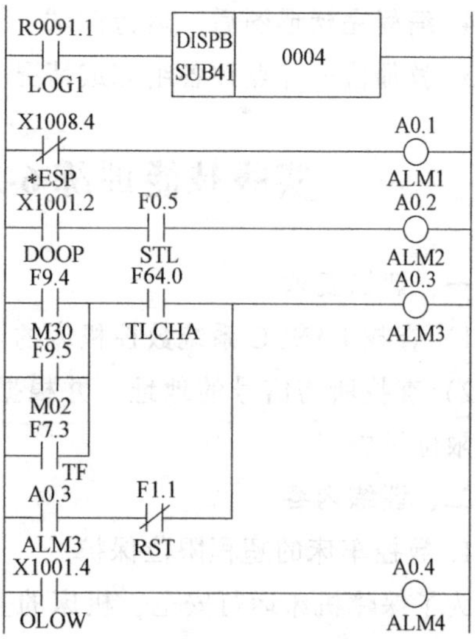


b) 信息显示指令DISPB的应用

图 6-32　DISPB 指令

# 实践技能训练 6-1 数控机床主轴正反转控制

## 一、训练要求

1）查找 FANUC 系统数控机床的电气原理图。

2）查找所需信号的地址，并根据要求编制、输入和调试 PMC 程序，完成 FANUC 数控机床的主轴正转与反转，以及停车的控制。

## 二、训练内容

1. 判定主轴正转与反转

采用右手螺旋法则：大拇指指向是主轴（*Z* 轴）正向，四指指向即为正转，反之是反转。

2. 查找机床电气原理图，找到输入/输出信号地址

（1）输入地址

数控机床：主轴正转 X9.4，主轴停止 X9.5，主轴反转 X9.6。

数控铣床：主轴正转 X9.5，主轴停止 X9.6，主轴反转 X9.7。

（2）输出地址 Y0.0 正转输出，Y0.1 反转输出，它们分别连接主轴变频器的 STF、STR 即变频器的正转与反转输入信号。

3. 根据地址编制并输入梯形图

利用梯形图符号和功能指令等进行编程，如图 6-33 所示。

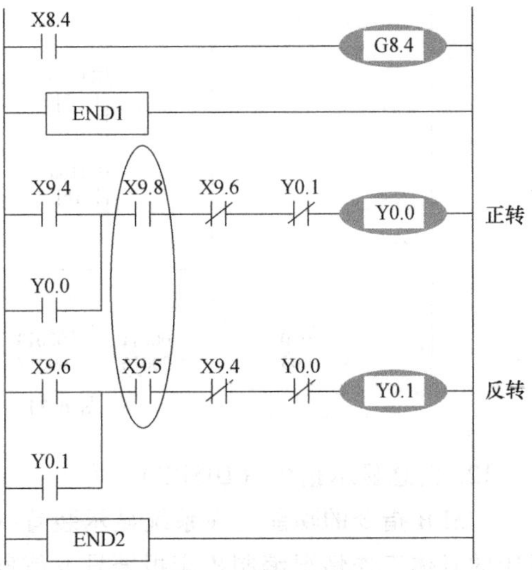


图 6-33 数控机床主轴正反转 PMC 梯形图

4. 编程完梯形图后，运行调试

5. 教师检查并点评各组完成情况

# 实践技能训练 6-2 数控车床的超程限位保护

## 一、训练要求

1）查找 FANUC 系统数控机床的电气原理图。

2）查找所需信号的地址，并根据要求编制、输入和调试 PMC 程序，完成数控车床的超程限位保护。

## 二、训练内容

1. 数控车床的超程限位保护

为了保障机床运行安全，机床的直线轴通常设置有软限位（参数设定限位）和硬限位（行程开关限位）两道保护“防线”，限位问题是数控机床常见故障之一。

2. 查找机床电气原理图，找到输入/输出信号地址

| 坐标轴 | X 信号地址 | G 信号地址 |
| --- | --- | --- |
| +X | X5.0 | G114.0 |
| -X | X5.2 | G116.0 |
| +Z | X5.1 | G114.1 |
| -Z | X5.3 | G116.1 |

PMC 程序分为第一级和第二级，将“急停”放在第一级程序中。

| 急停 X 地址 | 急停 G 地址 |
| --- | --- |
| X8.4 | G8.4 |

3. 根据地址编制并输入梯形图

利用梯形图符号、功能指令等编程，如图 6-34 所示。

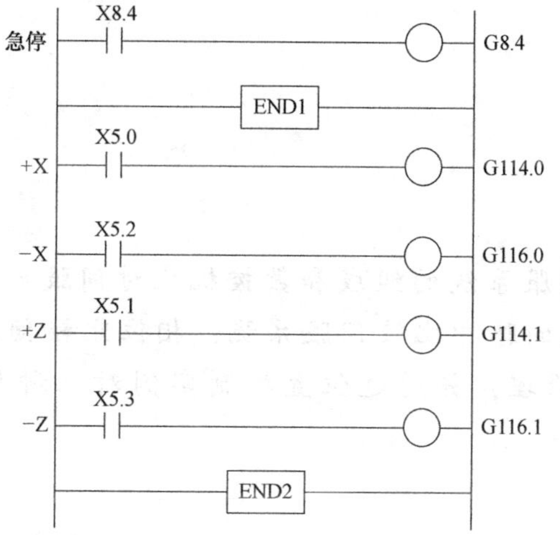


图 6-34　数控机床的超程限位保护 PMC 梯形图

4. 编程完梯形图后，运行调试

5. 教师检查并点评各组完成情况

## 思考练习题

6-1　PMC 是什么？功能有哪些？

6-2　PMC 与 PLC 相比较，有何特点？

6-3　数控机床的控制分为几类？各类控制由谁来完成？

6-4　数控机床中，数控系统、PMC 和机床的信号是如何传递的？

6-5　PMC 编程中常见指令有哪些？

6-6　FANUC PMC 在数控机床故障诊断与维修中有何应用？

# 第七章
# 数控机床伺服系统

## 【学习目的】

理解数控机床伺服系统的组成和数控机床对伺服系统的要求；理解数控伺服系统中位置控制的脉冲比较伺服系统、相位比较伺服系统和幅值比较伺服系统的基本工作原理，并通过位置控制实例对三种伺服系统的控制有所了解。

## 【学习重点】

数控机床伺服系统的组成；脉冲比较控制伺服系统、相位比较伺服系统和幅值比较伺服系统的基本工作原理。

## 第一节　数控机床伺服系统概述

数控机床伺服系统（Servo System）是以机床移动部件的位置和速度为控制量的自动控制系统，又称随动系统、拖动系统或伺服机构。通常数控机床伺服系统是指进给伺服系统，它是数控系统和机床机械传动部件的联接环节，是数控机床的重要组成部分，包含机械传动、电气驱动、检测、自动控制等方面的内容。在数控机床上，伺服驱动系统接收来自数控系统插补装置或插补软件生成的进给脉冲指令，经过一定的信号变换及电压、功率放大，将其精确转化为机床工作台相对于切削刀具的运动，直接反映机床坐标轴跟踪运动指令和实际定位的性能。另外，当要求机床有螺纹加工、准停和恒线速加工等功能时，就对主轴提出了相应的位置控制要求，此时主轴驱动控制系统可称为主轴伺服系统。

## 一、数控机床伺服系统的分类

1）按调节理论分类，可分为开环伺服系统、闭环伺服系统和半闭环系统。

2）按使用直流伺服电动机和交流伺服电动机分类，可分为直流伺服系统和交流伺服系统。

3）按进给驱动和主轴驱动分类，可分为进给伺服系统和主轴伺服系统。进给伺服系统是指一般概念的伺服系统，包括速度控制环和位置控制环。而主轴伺服系统一般是指主轴驱动控制满足主轴调速及正、反转功能即可。

此外，刀库的位置控制是为了在刀库的不同位置选择刀具，与进给坐标轴的位置控制相比，性能要低得多，故称为简易位置伺服系统。

4）按反馈比较控制方式分类，可分为脉冲比较伺服系统、相位比较伺服系统、幅值比较伺服系统和全数字伺服系统。

从位置控制的角度看，开环控制不需要位置检测与反馈；闭环和半闭环控制需要有位置检测与反馈环节，它们是基于反馈控制原理工作的。因此，以后内容主要是以闭环伺服系统为主。

## 二、伺服系统的组成

闭环或半闭环伺服系统有位置检测装置、位置控制、伺服驱动装置、伺服电动机及机床进给传动链组成，如图 7-1 所示。

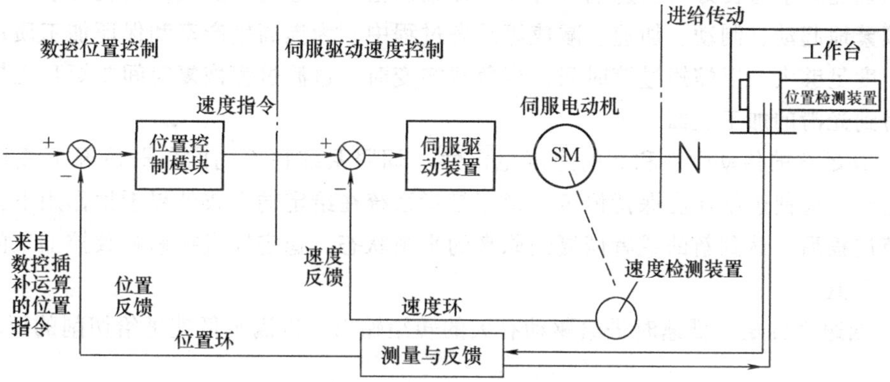


图 7-1 闭环伺服系统组成

闭环伺服系统一般结构通常有位置环和速度环组成。内环是速度环，有伺服电动机、伺服驱动装置、测速装置及速度反馈组成；外环是位置环，由数控系统中的位置控制、位置检测装置及位置反馈组成。

在位置控制中，根据插补运算得到的位置指令（即一串脉冲或二进制数据），与位置检测装置反馈来的机床坐标轴的实际位置相比较，形成位置偏差，经变换得到速度给定电压。在速度控制中，伺服驱动装置根据速度给定电压和速度检测装置反馈的实际转速对伺服电动机进行控制，以驱动机床传动部件。

### 三、数控机床对伺服系统的要求

（1）可逆运行 在加工过程中，机床工作台根据加工轨迹的要求，随时都要频繁地正向运行或反向运行，同时要求在方向变化时，不应有反向间隙和运动的损失。

（2）高精度 包括位移精度和定位精度。伺服系统的位移精度是指指令脉冲要求机床工作台的位移量和该指令经伺服系统转化为工作台实际位移量之间的符合程度。定位精度是指输出量能复现输入量的精确程度。伺服系统的分辨率是指当伺服系统接受数控装置送来的一个脉冲时，工作台相应移动的单位距离称为分辨率，也称脉冲当量。系统分辨率取决于系统稳定工作性能和所使用的位置检测元件。

（3）调速范围宽 调速范围是指机械装置要求电动机能提供的最高转速 $n_{max}$ 和最低转速 $n_{min}$ 之比。

为适应不同的加工条件，数控机床要求进给能在很宽的范围内无级变化。目前，先进水平是在进给速度范围已达到脉冲当量为1μm的情况下，进给速度从0~240m/min连续可调。但对一般的数控机床而言，要求进给伺服系统在0~24m/min进给速度下都能工作，而且可以分为以下几种状态：

1）在1~24m/min范围，即1∶24调速范围内，要求速度均匀、稳定、无爬行，且降速要小。

2）在1mm/min以下时，具有一定的瞬时速度，而平均速度很低。

3）在零速时，即工作台停止运动时，要求电动机有电磁转矩，以维持定位精度，使定位误差不超过系统的允许范围，即应处于伺服锁住状态。

（4）动态响应快，无超调 为保证轮廓切削形状精度和小的加工表面粗糙度值，对位置伺服系统还要求有良好的快速响应特性，即跟踪指令信号响应要快。这就要求：在伺服系统处于频繁地起动、制动、加速、减速等动态过程中，为提高生产率和保证加工质量，要求加、减速度足够大，以缩短过渡时间；当负载突变时，过渡过程恢复时间要短且无振荡，这样才能得到光滑的加工表面。

（5）有足够的传动刚性和高的速度稳定性 伺服系统在不同的负载情况下或切削条件发生变化时，应使进给速度保持恒定。稳定是指系统在给定输入或外界干扰作用下，能在短暂的调节过程后，达到新的或者恢复到原来的平衡状态。稳定性直接影响数控加工的精度和表面粗糙度值。

（6）低速大转矩 低速时进给驱动有大的转矩输出，以满足低速进给切削的要求。

## 第二节 脉冲比较伺服系统

位置控制是伺服系统的重要组成部分，是保证位置控制精度的重要环节。从闭环、半闭环伺服系统组成可知，位置控制环和速度控制环是紧密相连的。速度控制环的给定值，是来自位置控制环。而位置控制环的输入，一方面来自轮廓插补运算，即在每一个插补周期内插补运算输出一组数据给位置环，另一方面来自位置检测反馈装置，即将机床移动部件的实际位置量的检测信号输给位置环。插补得到的指令位移和位置检测得到的机床移动部件的实际位移在位置控制单元进行比较，得到位置偏差，位置控制环再根据速度指令的要求及各环节的放大倍数对位置数据进行处理。再把处理的结果作为速度环的给定值。其控制原理可用

图 7-2 表示。就闭环和半闭环伺服系统而言，位置控制的实质是位置随动控制。

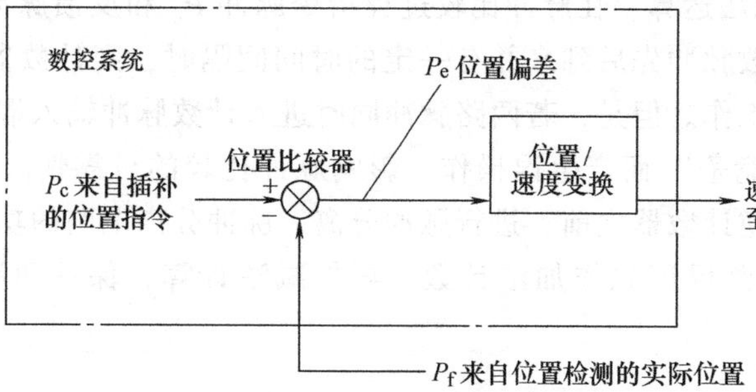


图 7-2　位置控制原理

由原理图知：$P_e=P_c-P_f$，位置控制首要解决的问题是位置比较实现的方式。

脉冲比较伺服系统结构比较简单，常采用光电编码器、光栅作为位置检测装置，以半闭环的控制结构形式构成的脉冲比较伺服系统使用较为普遍。

**一、脉冲比较伺服系统的特点**

指令位置信号与位置检测装置的反馈信号在位置控制单元中，是以脉冲数字的形式进行比较的。比较后得到的位置偏差经 D/A 转换，发送给速度控制单元。

**二、脉冲比较伺服系统**

1. 系统结构框图（以半闭环为例，见图 7-3）

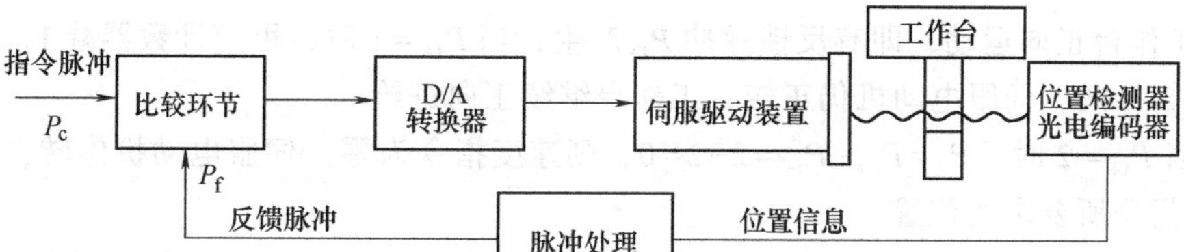


图 7-3　半闭环脉冲比较系统结构框图

2. 组成

光电编码器和伺服电动机调速本书前面已述，本节主要阐述脉冲比较环节的组成及工作原理。脉冲比较环节（器）的基本组成有两个部分：一是可逆计数器，二是脉冲分离电路，如图 7-4 所示。脉冲比较法是将 $P_c$ 脉冲信号与 $P_f$ 的脉冲信号相比较，得到脉冲偏差信号 $P_e$。

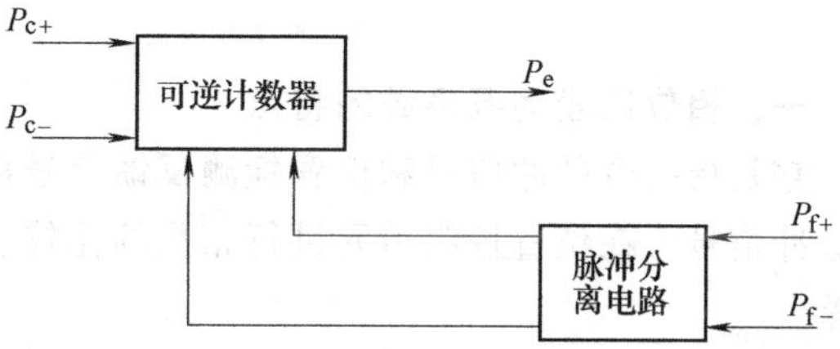


图 7-4　脉冲比较器

$P_{c+}$、$P_{c-}$和 $P_{f+}$、$P_{f-}$的加、减定义见表 7-1。

**表 7-1　$P_c$、$P_f$ 的定义**

| 位置指令 | 含义 | 可逆计算器运算 | 位置反馈 | 含义 | 可逆计算器运算 |
|---|---|---|---|---|---|
| $P_{c+}$ | 正向运动指令 | + | $P_{f+}$ | 正向位置反馈 | − |
| $P_{c-}$ | 反向运动指令 | − | $P_{f-}$ | 反向位置反馈 | + |

当输入指令脉冲为 $P_{c+}$ 或 $P_{f-}$ 时，可逆计数器作加法运算；当指令脉冲为 $P_{c-}$ 或反馈脉冲为 $P_{f+}$ 时，可逆计算器作减法运算。在脉冲比较过程指令脉冲 $P_c$ 和反馈脉冲 $P_f$ 到来时可能错开或重叠。当这两路计数脉冲先后到来并有一定的时间间隔时，则计数器无论先加后减，或先减后加，都能可靠地工作。但是，若两路脉冲同时进入计数脉冲输入端，则计数器的内部操作可能会因脉冲的“竞争”而产生误操作，影响脉冲比较的可靠性。为此，必须在指令脉冲与反馈脉冲进入可逆计数器之前，进行脉冲分离。脉冲分离电路的功能是在加、减脉冲同时到来时，则由该电路保证先作加法计数，再作减法计算，保证两路计数脉冲不会丢失。

3. 工作原理

当数控系统要求工作台向一个方向进给时，经插补运算得到一系列进给脉冲作为指令脉冲，其数量代表了工作台的指令进给量，频率代表了工作台的进给速度，方向代表了工作台的进给方向。以增量式光电编码器主例，当光电编码器与伺服电动机及滚珠丝杠直联时，随着伺服电动机的转动，产生序列脉冲输出，脉冲的频率将随着转速的快慢而升降。现设工作台处于静止状态。

1）指令脉冲 $P_c=0$，这时反馈脉冲 $P_f=0$，$P_e=0$，则伺服电动机的速度为零，工作台继续保持静止不动。

2）现有正向指令 $P_{c+}=2$，可逆计数器加 2，在工作台尚未移动之前，反馈脉冲 $P_{f+}=0$，可逆计数器输出 $P_e=P_{c+}-P_{f+}=2-0=2$，经转换速度指令为正，伺服电动机正转，工作台正向进给。

3）工作台正向运动，即有反馈脉冲 $P_{f+}$ 产生，当 $P_{f+}=1$ 时，可逆计数器减 1，此时 $P_e=P_{c+}-P_{f+}=2-1>0$，伺服电动机仍正转，工作台继续正向进给。

4）当 $P_{f+}=2$ 时，$P_e=P_{c+}-P_{f+}=2-2=0$，则速度指令为零，伺服电动机停转，工作台停止在位置指令所要求的位置。

当指令脉冲为反向 $P_{c-}$ 时，控制过程与正向时相同，只是 $P_e<0$，工作台反向进给。

## 第三节　相位比较伺服系统

### 一、相位比较伺服系统的特点

它是指指令脉冲信号和位置检测反馈信号都转换为相应的同频率的某一载波的不同相位的脉冲信号，在位置控制单元进行相位的比较。它们的相位差反映了指令位置与实际位置的偏差。

### 二、相位比较伺服系统

1. 系统结构框图（见图 7-5）

2. 组成

此系统位置检测装置采用感应同步器，该装置工作在相位工作状态，即位置控制为相位比较法。感应同步器工作在相位工作方式时，$U_d=kU_m\sin(\omega t-\theta)$，其中 $\theta=2\pi x/\tau$。相位比较不是脉冲数量上的比较，是脉冲相位之间的比较，如超前或滞后多少。实现相位比较的比较器为鉴相器。

感应同步器检测信号为电压模拟信号，该装置还有励磁信号。相位比较首先要解决信号

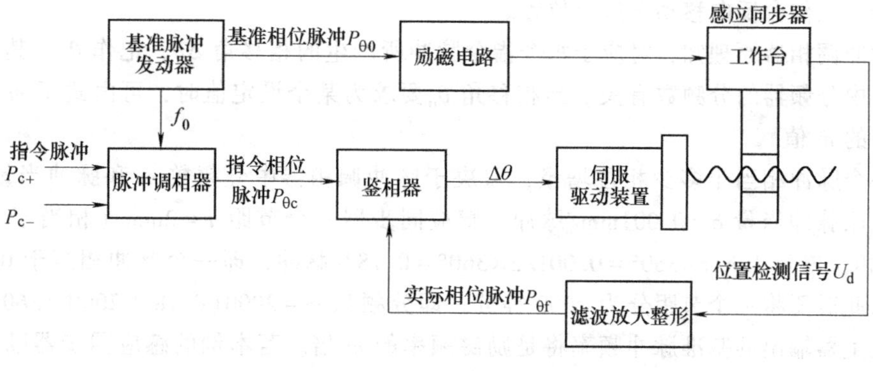


图 7-5　半闭环相位比较系统结构框图

处理的问题，即怎样形成指令脉冲 $P_{\theta c}$ 和实际相位脉冲 $P_{\theta f}$，实现此变换功能的为脉冲调相器。脉冲调相器：一产生基准相位脉冲 $P_{\theta 0}$，由该脉冲形成的正、余弦励磁绕组的励磁电压频率与 $P_{\theta 0}$ 相同，感应电压 $U_d$ 的相位 $\theta$ 随着工作台的移动，相对于基准相位 $\theta_0$ 有超前或滞后；二是通过对指令脉冲 $P_{c+}$、$P_{c-}$的加、减，再通过分频产生相位超前或滞后于 $P_{\theta 0}$ 的指令相位脉冲 $P_{\theta c}$。

鉴相器的输出信号通常为脉冲宽度调制波，经低通滤波器得到电压信号，作为速度控制信号，且必须对超前和滞后做出判别，使得速度控制信号在正向指令时为正，在反向指令时为负。

3. 工作原理

感应同步器相位检测信号经整形放大滤波后所得的实际相位脉冲 $P_{\theta f}$ 为位置反馈信号。指令脉冲 $P_{c+}$、$P_{c-}$经脉冲调相后，转换成相位、极性与指令脉冲有关的脉冲信号 $P_{\theta c}$。由于 $P_{\theta c}$ 的相位 $\theta_c$ 和 $P_{\theta f}$ 的相位 $\theta_f$ 均以 $P_{\theta 0}$ 的相位 $\theta_0$ 为基准，因此 $\theta_c$ 和 $\theta_f$ 通过鉴相器即能获得 $\Delta\theta$。伺服驱动装置接受相位差 $\Delta\theta$ 信号以驱动工作台朝指令位置进给，实现位置跟踪，其工作原理概述如下。

1）当无进给指令时，即 $P_{c+}=0$，工作台静止，$\theta_c$ 与 $\theta_0$ 同相位，且因工作台静止无反馈，故 $\theta_f$ 也与 $\theta_0$ 同相位，经鉴相器 $\Delta\theta=0$，则速度控制信号为零，伺服电动机不转，工作台仍静止，如图 7-6a 所示。

2）有正向进给指令，$P_{c+}=2$，在指令获得瞬时，工作台仍静止，此时，$\theta_c$ 超前相位 $\theta_0$，但 $\theta_f$ 保持不变，经鉴相器 $\Delta\theta>0$，速度控制信号大于零，伺服电动机正转，工作台正向移动，如图 7-6b 所示。

3）随着工作台的正向移动，有反馈信号产生，由此产生 $\theta_f$ 超前 $\theta_0$，但 $\theta_c$ 仍超前 $\theta_f$，经鉴相器 $\Delta\theta>0$，速度控制信号仍大于零，伺服电动机正转，工作台正向移动，如图 7-6c 所示。

4）随着工作台的继续正向移动，$\theta_f$ 超前，$\theta_0$ 的数值增加，当 $\theta_c=\theta_f$ 时，经鉴相器 $\Delta\theta=0$，速度控制信号等于零，伺服电动机停转，工作台停止在指令所要求的位置上，如图 7-6d 所示。

当进给为反向指令时，相位比较同正向进给类似。所不同的是指令脉冲相对于基准脉冲为减脉冲，故 $\theta_c$ 相对于 $\theta_0$ 也为滞后，经鉴相器比较后所得到的速度指令信号为负，伺服电动机反转，工作台反向移动至指令位置。

由脉冲调相器原理知，对应于每个指令脉冲所产生的相移角 $\Delta\theta$，记作 $\theta_0$，其量值与脉冲调相器中分频器的分频数有关。当相移角 $\theta_0$ 要求为某个设定值时，可由式子 $m=360°/\theta_0$ 计算所需的 $m$ 值。

而一个脉冲相当于多少相位增量，取决于脉冲调相器中分频数 $m$ 和脉冲当量。例如，某数控机床脉冲当量 $\delta=0.001\text{mm}$/脉冲，感应同步器一个节距 $\tau=2\text{mm}$（相当于 360°电角度），则相位增量为 $\delta/\tau\times360°=0.001/2\times360°=0.18°$/脉冲，即一个脉冲相当于 0.18°的相位移，因此需要将一个节距分为 2000 等分，即分频数 $m=2000(0.18°\times2000=360°)$。而基准脉冲发生器输出的基准脉冲频率将是励磁频率的 $m$ 倍。若本例的感应同步器励磁频率取为 10kHz，$m=2000$，则基准频率 $f_0=2000\times10\text{kHz}=20\text{kHz}$。

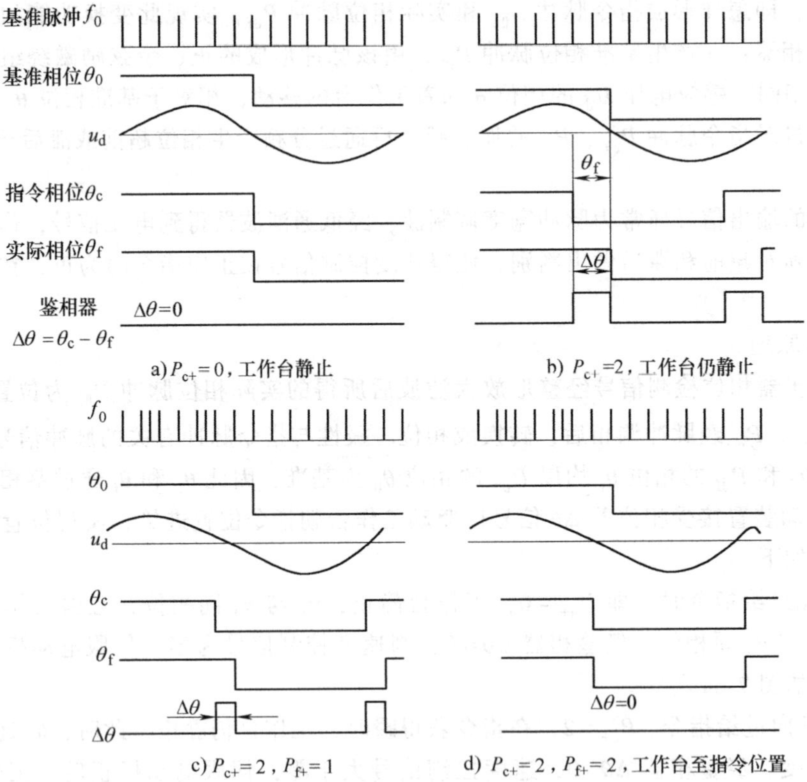


图 7-6　相位比较波形

# 第四节　幅值比较伺服系统

## 一、幅值比较伺服系统的特点

幅值比较伺服系统是以位置检测信号的幅值大小来反映机械位移的数值，并以此作为位置反馈信号与指令信号进行比较构成的闭环控制系统。该系统的特点之一是所用的位置检测元件应用来检测幅值，位置检测可用感应同步器或旋转变压器。

## 二、幅值比较伺服系统

1. 系统结构框图（图 7-7）

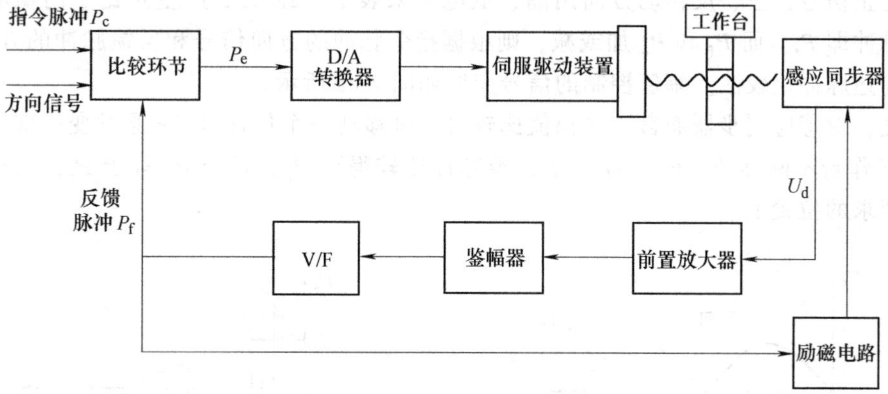


图 7-7　幅值比较伺服系统结构框图

2. 组成

图 7-7 所示幅值伺服系统为半闭环控制系统。本节需主要说明位置测量信号处理电路中的鉴幅器、电压-频率变换器和励磁电路。

鉴幅器是将位置检测器测得的实际位移信号的交变电势（表示工作台作正向或反向进给），经鉴幅器输出信号的极性来表示其工作台进给的方向。

V/F（电压-频率变换器）是把鉴幅后的输出模拟电压，变换成相应的脉冲序列。

励磁电路的作用是：工作在鉴幅方式的位置检测器的两路励磁信号应为

$$U_s = U_m \sin\phi \sin\omega t$$

$$U_c = U_m \cos\phi \sin\omega t$$

这是一组同频率同相位而幅值随正余弦函数变化的正弦交变信号。要实现幅值可变，就必须控制角的变换，可用脉冲调宽方式来控制矩形波脉冲宽等效地实现正弦励磁的方法实现调幅的要求。

3. 工作原理

幅值比较的工作原理与相位比较基本相同，不同处在于幅值伺服系统的位置检测器将测量出的实际位置转换成测量信号幅值的大小，再通过测量信号处理电路，将幅值的大小转换成反馈脉冲频率的高低。反馈脉冲一路进入比较电路，与指令脉冲进行比较，得到位置偏差，经数/模转换后，作为速度控制信号；另一路进入励磁电路，控制产生幅值工作方式的励磁信号。感应同步器在幅值工作方式时，感应电压 $U_d = kU_m(2\pi/\tau)\Delta x \sin\omega t$。每当改变一个 $x$ 位移增量，就有感应电压 $U_d$ 产生，当 $U_d$ 超过某一预先整定的门槛电平时，就产生脉冲信号，该脉冲作为反馈检测脉冲 $P_f$ 与指令脉冲 $P_c$ 比较得到偏差脉冲 $P_e$。同时为了使电气角 $\phi$ 跟随位移角 $\theta$ 的变化，$P_f$ 用来修正励磁信号 $U_s$、$U_c$ 使感应电压重新降低到门槛电平以下，这样通过不断的修正、比较，实现对位置的控制。由此，幅值比较的实质仍是脉冲比较，只不过反馈脉冲通过门槛电平获得的。

门槛电平的整定是根据脉冲当量确定的，例如，当脉冲当量为 0.01mm 时，门槛值整定在 0.01mm 的数值上，即每产生 0.01mm 的位移量，经放大刚好达到门槛电平。一旦感应同步器输出的电压超过门槛值，便会产生门槛电平。该电平信号反映了工作台的移动方向，正向移动时为正，反向移动时为负。鉴幅器输出的电平信号经处理后，将正、反移动的电平信号统一为正信号，正、反移动方向用高、低电平来表示。经 V/F 产生正比于门槛电平的脉冲，该脉冲即 $P_f$。而 $P_f$ 和 $P_c$ 加或减，则根据指令脉冲的方向信号和反馈脉冲的方向信号，方法同前述脉冲比较法。幅值控制的信号变换如图 7-8a 所示。

总之，对感应同步器而言，在幅值比较时，每移动一个位移量 $\Delta x$ 通过变换即产生一定的 $P_f$，工作台不断移动，$P_f$ 不断产生，经脉冲比较得到 $P_e$，直至 $P_c$ 等于 $P_f$，工作台停止在指令要求的位置上。

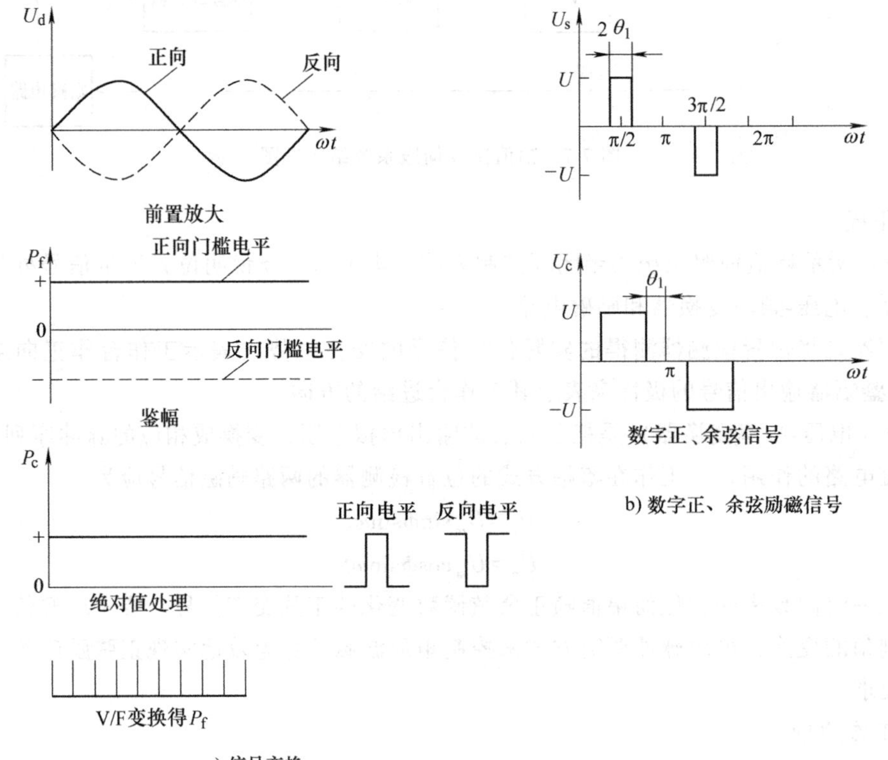


图 7-8 幅值比较控制波形

## 第五节 数控机床伺服系统控制实例

本章主要论述了位置比较的三种方式，现我们通过位置控制实例来对此进行说明。进给坐标轴的位置控制一般采用大规模专用集成电路位置控制芯片，也可采用通用芯片构成位置控制模板。这里以控制芯片为例说明。

MB8739 是 FANUC 公司专用的位置控制芯片。其结构如图 7-9 所示。该芯片适用的位置检测装置为增量式的光栅或光电编码器，即采用的是脉冲比较方式。在图 7-9 中，与伺服电动机同轴的光电编码器产生一系列脉冲，并经接收器反馈到 MB8739，其中 PA、PB 为相位差 90°的系列脉冲，PC 为零标志脉冲。

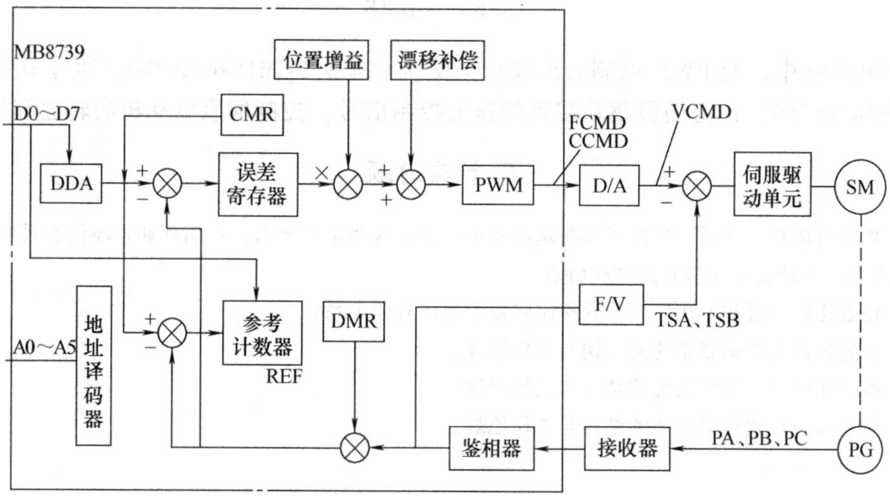


图 7-9　MB8739 组成的位置控制图

MB8739 包括位置测量与反馈的全部线路，集成度非常高，其结构主要包括以下几部分。

（1）DDA 插补器　该插补器作为粗、精二级插补结构的第二级精插补（细插补），它的输入是上一级软件插补及一个插补周期的进给信息（粗插补数据）。

（2）误差寄存器　实现指令位置与实际位置的比较，并寄存比较后的误差 $P_e$，实际上是采用可逆计数器的脉冲比较。位置指令 $P_c$ 来自 DDA 插补器，位置反馈值 $P_f$ 来自鉴相器，即 $P_e=P_c-P_f$。

（3）位置增益　将位置偏差乘以位置增益 $K_v$，获得速度指令值 $K_c$。位置增益 $K_v$ 决定了速度对位置偏差的响应程度，可根据实际系统的要求来设定。

（4）漂移补偿　伺服系统经常受到漂移的干扰，即在无速度信号输出时，坐标轴可能发生移动，从而影响机床的精度。漂移补偿的作用就是当漂移达到一定程度时，自动予以补偿。

（5）速度指令脉宽调制 PWM　作用是将速度指令调制成某一固定频率，宽度与位置偏差成正比的矩形波脉冲，输出粗误差指令 CCMD 和精误差指令 FCMD。

（6）鉴相器　作用是处理光电编码器的反馈信号，通过辨向和倍频获得表示运动方向的一系列脉冲。一是作为位置反馈脉冲，二是经频率—电压变换（F/V）形成速度反馈模拟电压 TSA、TSB，其大小与转速成正比，正、反由鉴相器对 PA、PB 脉冲的相位进行辨向获得。

（7）参考计数器　机床各坐标轴回参考点时，通过参考计数器对零标志脉冲 PC 进行计数，产生参考点信号 REF，又称栅格信号。

（8）地址译码器　控制芯片内部各数据和寄存器的地址选择。

（9）CMR 和 DMR　CMR 为指令脉冲倍率，DMR 为检测脉冲倍率，它们的数值由软件设定。设置的目的是为了在比较器中进行比较的指令脉冲和反馈脉冲的当量相符。设光电编码器的每转脉冲数为 $N$，指令脉冲当量为 $\delta$，滚珠丝杠螺距为 $t$，则

$$\mathrm{CMR}=\frac{N\delta}{t}\mathrm{DMR}$$

在MB8739中，经PWM调制后形成正、反速度指令PCMD和CCMD，通过D/A生成速度控制电压VCMD，作为伺服驱动装置的速度控制信号，控制伺服电动机的转速和转向。

## 思考练习题

7-1 数控机床对伺服系统提出了哪些基本要求？试按这些基本要求，对闭环和开环伺服系统进行综合比较，说明各个系统的应用特点及结构特点。

7-2 位置比较有哪些方法？与位置检测装置的选择有何关系？

7-3 简述脉冲比较伺服系统的结构与工作原理。

7-4 简述相位比较伺服系统的结构与工作原理。

7-5 简述幅值比较伺服系统的结构与工作原理。

# 第八章
# 数控机床液压传动

【学习目的】

掌握液压传动的基本原理，弄清各种液压元件的结构和原理。能参照设备说明书，读懂简单的液压系统图，初步具备对一般液压系统的使用、安装调试和维修的能力。

【学习重点】

液压泵的选择；各种液压元件的选择及故障分析和排除；液压传动系统的使用和维护。

## 第一节　液压传动基础

### 一、液压传动工作原理

图 8-1 为液压千斤顶的工作原理示意图。大小两个液压缸 10、4 的内部分别装有活塞 11 和 3，大小活塞与缸体之间保持一种良好的配合关系。

其工作过程如下：工作时关闭放油阀 8。当向上提起杠杆 1 时，小活塞 3 同时被提升，小液压缸 4 下腔的密封容积增大，形成局部真空。这时单向阀 7 由于受液压缸 10 中油液的作用而关闭，油箱 6 中的油液则在大气压力的作用下，推开单向阀 5，进入小液压缸 4 的下腔，如图 8-1b 所示。压下杠杆 1，小活塞 3 下降，小液压缸 4 下腔的密封容积减小，其内部的油液由于受挤压，使压力升高，迫使单向阀 5 关闭，而单向阀 7 被推开，油液经油管 9 进

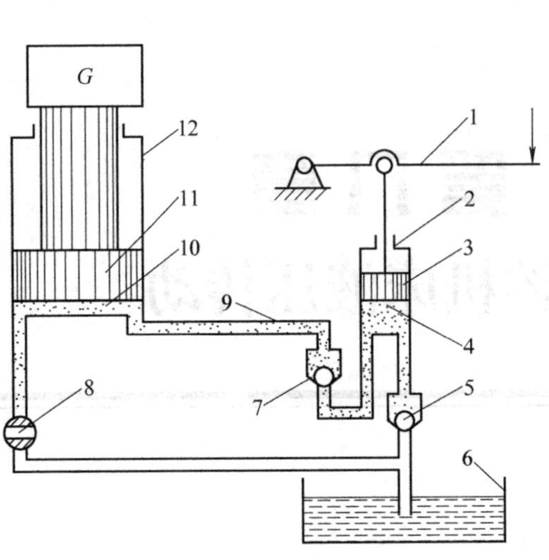


a) 工作原理图

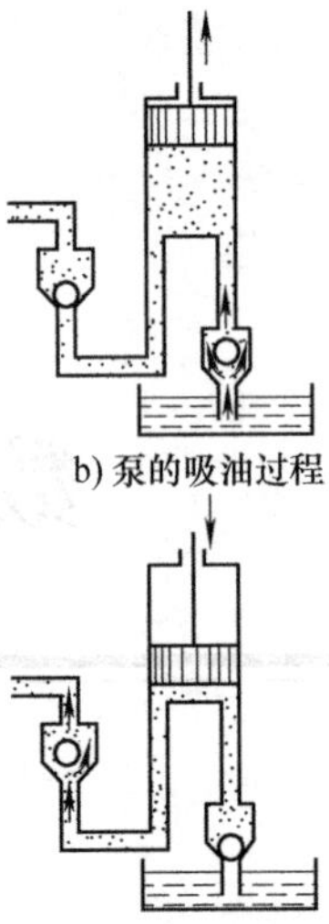


图 8-1 液压千斤顶的工作原理

1—杠杆 2—泵体 3、11—活塞 4、10—液压缸 5、7—单向阀 6—油箱 8—放油阀 9—油管 12—缸体

入大液压缸 10 的下腔。由于大液压缸 10 的下腔也是一个密封的工作容积，所进入的油液因受挤压而产生的作用力就推动大活塞 11 上升，并将重物向上顶起一段距离。如此反复地提、压杠杆 1，油液就不断地从油箱吸入并压入大液压缸 10 的下腔，使活塞 11 连同重物不断上升，从而达到起重的目的。

若将放油阀 8 旋转 90°，大液压缸 10 下腔与油箱直接连通，在重物的重力 $G$ 的作用下，液压缸 10 中的油液流回油箱，活塞 11 下降并回到原位（即液压缸 10 的最下部）。

可见液压千斤顶是一个简单的液压传动装置。从其工作过程可以看出，液压传动是以液压油作为工作介质，通过密封容积的变化来传递运动，通过液体内部的压力能来传递动力。

从上面的例子可以看出，液压系统除工作介质油液外，一般由以下四部分组成。

1）动力部分：将电动机输出的机械能转化为液体内部的压力能，是能量转换装置，即液压泵（如液压千斤顶中的小液压缸）。

2）执行部分：将液压泵输给的油液压力能转换为带动工作机构的机械能，也是一种能量转换装置，即液压缸或液压马达（如液压千斤顶中的大液压缸）。

3）控制部分：用来控制和调节油液的压力、流量和方向，包括各种控制阀，如溢流阀、节流阀和换向阀等。

4）辅助部分：液压系统不可缺少的组成部分，包括油箱、油管、过滤器、密封圈和压力表等，分别起储油散热、输油、过滤、密封和测量油压等作用，以保证系统正常工作。

**二、液压传动的特点**

液压传动和机械传动、电气传动相比，主要有以下优点。

1）能方便地实现无级调速，传动平稳，而且易于获得较大的力。

2）各运动机件均在油液中工作，润滑好，寿命长。

3）易于实现自动过载保护。

4）采用电液联合控制，能方便地实现自动控制。

但液压传动还存在以下缺点。

1）由于液体的泄漏和可压缩性，使液压传动无法保证准确的传动比。

2）系统对油液温度的变化比较敏感，不宜在很高或很低的温度下工作。

3）当系统出现故障时，不易查找原因。

## 三、液压传动的工作介质

液压传动系统中最常用的工作介质是液压油液，液压油液有许多重要特性，最重要的是黏性。黏性是指油液在流动时，分子间的内聚力要阻止分子间的相对运动而产生摩擦力的性质。黏性的大小用黏度来表示。液压油液的黏度对温度的变化十分敏感，温度升高，黏度显著降低。

## 四、液压传动的两个基本参数——压力和流量

### （一）液体的压力及其特性

1. 液体静压力

如图 8-2a 所示，液压缸的左腔充满了液压油液，当活塞受到向左的外力 $F$ 作用时，液压缸左腔内的油液由于受活塞的作用而处于被挤压状态，同时油液对活塞也存在一个反作用力 $F_p$。若不考虑活塞的自重，当活塞处于平衡时其受力情况如图 8-2b 所示。

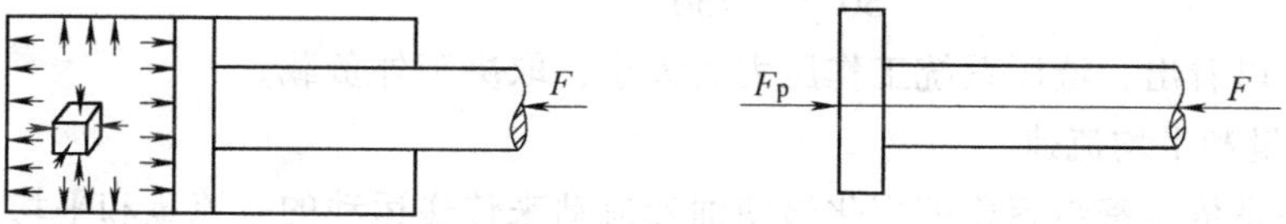


图 8-2 油液压力的形成

油液单位面积上所承受的作用力称为压强，在工程上习惯称为压力，用 $p$ 表示，即

$$p = F/A \tag{8-1}$$

式中 $F$——作用在油液表面上的外力（N）；

$A$——油液表面的承压面积，即活塞的有效作用面积（$m^2$）；

$p$——油液的压力（Pa）。由于 Pa 的量值较小，在工程上常用的压力单位还有千帕（kPa）和兆帕（MPa），它们之间的关系是

$$1MPa = 10^3kPa = 10^6Pa$$

显然，当压力为 $p$ 的油液，作用在面积为 $A$ 的物体上时，所产生的液压作用力 $F_p$ 为

$$F_p = pA \tag{8-2}$$

2. 液压系统及元件的额定压力

液压系统及元件在正常工作条件下，按试验标准连续运转（工作）时的最高工作压力，称为额定压力。系统压力超过此值即过载，所以液压系统必须在额定压力以下工作。

3. 帕斯卡原理

在密闭容器中静止的油液，当任意一点受到外力作用时，由这个外力所产生的压力，可以大小不变地通过油液传递到液体内部的任何地方，这又称为静压力传递原理。

**例 8-1** 在图 8-1 所示的液压千斤顶中，已知大活塞 11 的直径 $D = 34mm$，小活塞 3 的直径 $d = 13mm$，手在杠杆 1 右端的着力点到左端铰链的距离为 750mm，杠杆铰链到左端铰链

的距离为25mm，重物的重量 $G=5000\text{kg}$，求油液的工作压力及手在杠杆上所加的力各有多大？

**解**：1）求缸中油液的工作压力 $p$。

物体所受的重力为 $G=mg=5000\times9.8\text{N}=49000\text{N}$

根据式（8-1）可得 $p=\dfrac{G}{A}=\dfrac{G}{\pi D^2/4}=\dfrac{49000}{\pi\ (34\times10^{-3})^2/4}\text{MPa}\approx54\times10^6\text{Pa}=54\text{MPa}$

2）求手在杠杆上所加的力 $F$。

根据帕斯卡原理可知，作用在小活塞上的油液压力也为 $p$，即54MPa。据式（8-2）可算出作用在小活塞上的力 $F_p$ 为

$$F_p=pA_1=p\pi d^2/4=54\times10^6\times\pi\times\ (13\times10^{-3})^2/4\text{N}\approx7164\text{N}$$

显然，连杆作用于杠杆中间铰链处的力也等于 $F_p$，其方向垂直向上。根据杠杆平衡条件可得

$$F\times750=F_p\times25$$

故可得出手在杠杆上所加的力为

$$F=\frac{25}{750}F_p=\frac{25}{750}\times7164\text{N}=238.8\text{N}$$

从上例可以看出，液压系统工作压力的大小，取决于外负载。

（二）流量和平均流速

液压传动是依靠密封容积的变化迫使油液流动来传递运动的。流量和平均流速是描述油液流动时的两个主要参数。

（1）流量　在单位时间内，流过管路或液压缸某一截面的液体体积的多少，用 $q$ 表示。若在时间 $t$ 内，流过管路或液压缸某一截面的油液体积为 $V$，则油液的流量为

$$q=\frac{V}{t} \tag{8-3}$$

流量的单位为 $\text{m}^3/\text{s}$（米³/秒），工程上常用的单位为L/min（升/分），二者的关系是

$$1\text{m}^3/\text{s}=6\times10^4\text{L/min}$$

（2）平均流速　图8-3所示为液体在一直管内流动，设管道的通流截面积为 $A$，流过截面Ⅰ-Ⅰ的液体经时间 $t$ 后到达截面Ⅱ-Ⅱ处，所流过的距离为 $l$，则流过的液体体积 $V=Al$，因此流量为

$$q=\frac{V}{t}=\frac{Al}{t}=Av \tag{8-4}$$

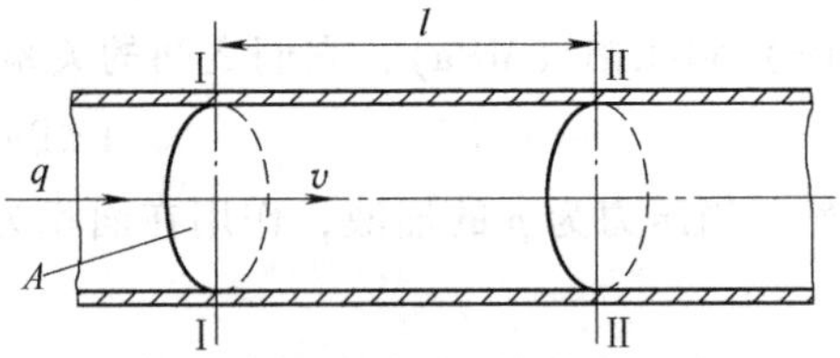

图8-3　流量与平均流速

上式中，$v$ 是液体在通流截面上的平均流速。由于液体存在黏性，导致在同一截面上各点处液体的实际流速分布不均匀，越近管道中心，流速越大。因此，在应用中，实际流速不便使用，平均流速才具有实用价值。

在液压缸工作时，活塞（或液压缸）的运动速度就等于缸内液体的平均流速，即

$$v=\frac{q}{A} \tag{8-5}$$

式中　$v$——活塞的运动速度（m/s）；

$q$——输入液压缸的流量（$m^3/s$）；

$A$——活塞的有效作用面积（$m^2$）。

从式（8-5）可知，当液压缸的活塞有效作用面积一定时，活塞（或液压缸）运动速度的大小取决于输入液压缸的流量。

**五、压力损失**

由于油液有粘性，所以在流动时油液分子之间、油液与管壁之间就存在摩擦和碰撞，对液流产生阻碍作用，这种阻碍油液流动的阻力称为液阻。液阻的存在会引起液压系统的能量损失，主要表现为压力损失。压力损失分为两类，即沿程压力损失和局部压力损失。

（1）沿程压力损失　液体在直径不变的直管中流动时，因内摩擦而产生的能量损失。显然管道越长，油液黏度越大，沿程压力损失就越大。

（2）局部压力损失　液体流经管道的弯头、大小管的接头、突变截面和阀口等局部障碍时，因液流方向和速度大小发生突变，使液体质点间相互撞击而造成的能量损失，称为局部压力损失。

液压系统中产生的压力损失，绝大部分转换为热能，引起系统油温升高，泄漏增大，造成功率浪费，甚至影响系统的工作性能。因此应采取相应措施，使管路系统压力损失减小，保证系统正常工作。

由于影响压力损失的因素很复杂，要精确计算较为困难，所以通常可以采用以下近似的估算方法。

液压泵最高工作压力的近似计算式为

$$p_{泵} = K_{压} p_{缸} \tag{8-6}$$

式中　$p_{泵}$——液压泵最高工作压力（Pa）；

$p_{缸}$——液压缸最高工作压力（Pa）；

$K_{压}$——系统压力损失系数，一般取 $K_{压}=1.3\sim1.5$。系统较复杂或管路较长时取大值，反之取小值。

**六、泄漏损失**

由于液压元件间存在间隙，液压系统在正常工作的情况下，当间隙的两端存在压力差时，就会从液压元件的密封间隙漏过少量油液的现象称为泄漏。液压系统的泄漏使液压泵输出的流量不能全部进入液压缸，引起流量减少，也造成了功率损失。

液压泵输出流量的近似计算公式为

$$q_{泵} = k_{漏} q_{缸} \tag{8-7}$$

式中　$q_{泵}$——液压泵最大输出流量（$m^3/s$）；

$q_{缸}$——液压缸的最大流量（$m^3/s$）；

$k_{漏}$——系统的泄漏系数，一般取 $k_{漏}=1.1\sim1.3$。系统复杂或管路较长时取大值，反之取小值。

**七、驱动液压泵的电动机功率的计算**

1. 液压缸的输出功率 $N_{缸}$

功率等于力和速度的乘积。对于液压缸来说，其输出功率等于负载 $F$ 与活塞（或液压缸）运动速度 $v$ 的乘积，即

$$N_{缸} = Fv \tag{8-8}$$

如果不计液压缸的损失，则有 $F=p_{缸}A$ 和 $v=q_{缸}/A$，代入（8-8）式得出液压缸的输出功率为

$$N_{缸}=p_{缸}q_{缸} \tag{8-9}$$

式中 $N_{缸}$——液压泵的输出功率（W）；

$p_{缸}$——液压缸的最高工作压力（Pa）；

$q_{缸}$——液压缸的最大输出流量（$m^3/s$）。

2. 液压泵的输出功率 $N_{泵}$

同理，可得到液压泵的输出液压功率为

$$N_{泵}=p_{泵}q_{泵} \tag{8-10}$$

式中 $N_{泵}$——液压泵的输出功率（W）；

$p_{泵}$——液压泵的最高工作压力（Pa）；

$q_{泵}$——液压泵输出的最大流量（$m^3/s$）。

对于定量液压泵，$q_{泵}$ 即为该泵的额定流量。

3. 液压泵的效率和驱动液压泵的电动机功率的计算

由于液压泵在工作过程中存在机械摩擦和泄漏所造成的机械损失和流量损失，所以驱动液压泵电动机所需的功率 $N_{电}$ 要比液压泵实际输出的功率 $N_{泵}$ 大。液压泵的总效率可由下式计算

$$\eta_{总}=N_{泵}/N_{电} \tag{8-11}$$

式中 $N_{电}$——驱动液压泵的电动机功率（W）；

$\eta_{总}$——液压泵的总效率，对于外啮合齿轮泵取 0.63~0.80，叶片泵取 0.75~0.85，柱塞泵取 0.80~0.90，或参照液压泵产品说明。

驱动液压泵的电动机功率

$$N_{电}=N_{泵}/\eta_{总}=p_{泵}q_{泵}/\eta_{总} \tag{8-12}$$

## 第二节 液 压 泵

### 一、液压泵

液压泵是液压系统的动力元件，它将原动机输出的机械能转化为工作液体的压力能，为系统提供液压油。

1. 液压泵的工作原理

液压泵都是依靠密封容积变化的原理来进行工作的，故一般称为容积式液压泵。图 8-4 所示为单柱塞液压泵的工作原理图，柱塞 2 装在缸体 3 内，并可做左右移动，在弹簧 4 的作用下，柱塞紧压在偏心轮 1 的外表面上。当电动机带动偏心轮旋转时，偏心轮推动柱塞左右运动，使密封容积 a 的大小发生周期性的变化。当 a 由小变大时压力变小，形成部分真空，使油箱中的油液在大气压的作用下，经吸油管道顶开单向阀 6 进入油腔 a 实现吸油；反之，当 a 由大变小时油压变大，a 腔中吸满的油液将顶开单向阀 5 流入系统而实现压油。电动机带动偏心轮不断旋转，液压泵就不断地吸油和压油。

容积式液压泵都是靠密封容积的变化来实现吸油和压油的，其排油量的大小取决于密封腔的容积变化值。其正常工作的必备条件如下。

1）具有若干个密封且又可以周期性变化的空间。

2）油箱内液体的绝对压力必须恒等于或大于大气压力（保证泵能正常吸油）。

3）具有相应的配流机构（将吸、压油腔隔开，保证泵有规律地连续吸、排液体）。

2. 液压泵的分类和职能符号

液压泵的种类很多，目前最常见的按结构形式可分为齿轮泵、叶片泵及柱塞泵等；按泵的输油方向能否改变可分为单向泵和双向泵；按泵的排量能否调节可分为分定量泵和变量泵；按泵的额定压力的高低可分为低压泵、中压泵和高压泵三类。其图形符号如图 8-5 所示。

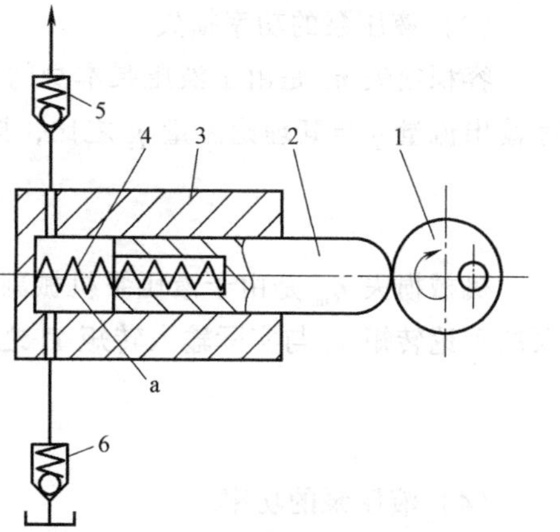


图 8-4 容积式液压泵工作原理图

1—偏心轮 2—柱塞 3—缸体

4—弹簧 5、6—单向阀

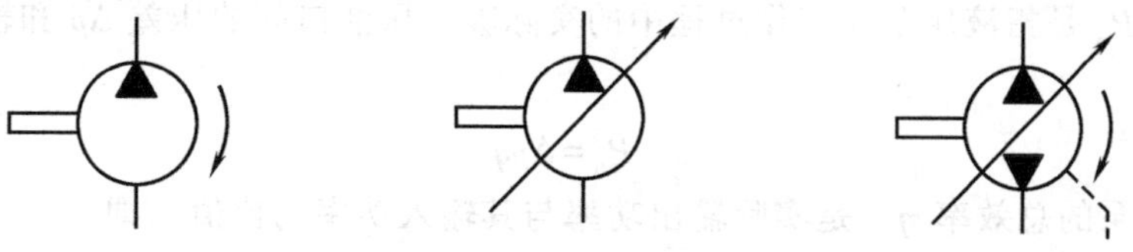

a) 定量泵 b) 单向变量泵 c) 双向变量泵

图 8-5 液压泵的图形符号

3. 液压泵的主要性能参数

(1) 压力

工作压力 $p$ 是指液压泵实际工作时的输出压力。其值取决于外负载的大小和排油管路上的压力损失，而与液压泵的流量无关。

额定压力 $p_n$ 是指液压泵在正常工作条件下，按试验标准规定连续运转的最高压力（受泵本身泄漏和结构强度限制）。

(2) 排量和流量

排量 $V$ 是指液压泵每转一周，由其密封容积几何尺寸变化计算而得的排出液体的体积。排量可以调节的液压泵称为变量泵；排量不可以调节的液压泵则称为定量泵。

理论流量 $q_t$ 是指在不考虑液压泵的泄漏流量的条件下，单位时间内所排出的液体体积。

$$q_t = Vn$$

式中 $V$——液压泵的排量（$m^3/r$）；

$n$——主轴转速（r/s）。

实际流量 $q$ 是指液压泵在某一具体工况下，单位时间内所排出的液体体积，它等于理论流量 $q_t$ 减去泄漏和压缩损失后的流量 $q_l$，即

$$q = q_t - q_l$$

额定流量或公称流量、铭牌流量 $q_n$ 是指在正常工作条件下，试验标准规定（如在额定压力和额定转速下）必须保证的流量。

需要注意的是，$q \leqslant q_n \leqslant q_t$。

(3) 液压泵的功率损失

容积损失 $\eta_v$ 是由于液压泵本身的泄漏所引起在流量上的能量损失。它等于液压泵的实际输出流量 $q$ 与其理论流量 $q_t$ 之比，即

$$\eta_v = \frac{q}{q_t}$$

机械损失 $\eta_m$ 是由于液压泵机械副之间的摩擦所引起在转矩上的能量损失。它等于液压泵的理论转矩 $T_t$ 与实际输入转矩 $T_i$ 之比，即

$$\eta_m = \frac{T_t}{T_i}$$

(4) 液压泵的功率

输入功率 $P_i$ 是指作用在液压泵主轴上的机械功率，即驱动液压泵的电动机所需的功率。当输入转矩为 $T_i$，角速度为 $\omega$ 时，有

$$P_i = T_i\omega = 2T_i\pi n$$

输出功率 $P_o$ 是指液压泵在工作过程中的实际吸、压油口间的压差 $\Delta p$ 和输出流量 $q$ 的乘积，即

$$P_o = \Delta pq$$

(5) 液压泵的总效率 $\eta$ 是实际输出功率与其输入功率的比值，即

$$\eta = \frac{P_o}{P_i} = \eta_m\eta_v$$

## 二、齿轮泵

齿轮泵是液压泵中结构最简单的一种，且价格便宜，故在一般机械上被广泛使用；齿轮泵一般做成定量泵，可分为外啮合齿轮泵和内啮合齿轮泵，其中以外啮合齿轮泵应用最广。

1. 齿轮泵的工作原理

外啮合齿轮泵的构造和工作原理如图 8-6 所示，它由装在壳体内的一对齿数相同、宽度和泵体接近而又互相啮合的齿轮所组成，齿轮两侧由端盖罩住，壳体、端盖和齿轮的各个齿间槽组成了许多密封工作腔。

如图 8-6b 所示，当齿轮按图示方向旋转时，左侧吸油腔由于相互啮合的齿轮逐渐脱

a) 实物图

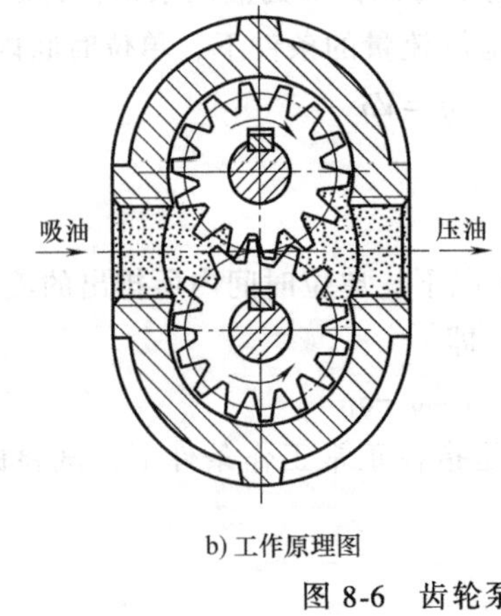


b) 工作原理图

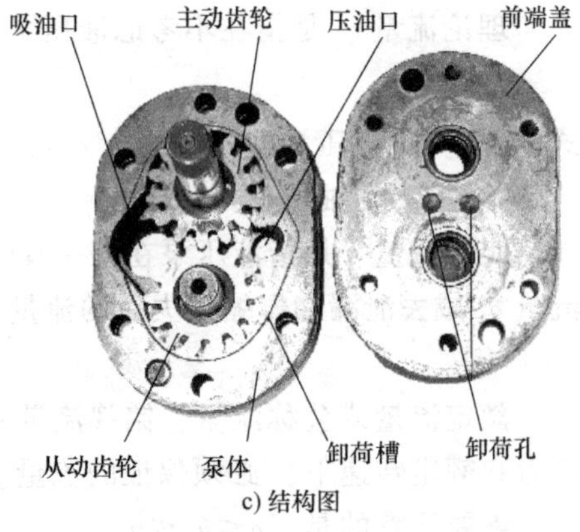


c) 结构图

图 8-6 齿轮泵

开，密封容积逐渐增大，形成部分真空。因此油箱中的油液在外界大气压的作用下，经吸油管进入吸油腔，将齿间槽充满，并随着齿轮旋转，把油液带到右侧的压油腔内。在右侧压油区，由于齿轮在这里逐渐进入啮合，密封容积不断减小，油液便被挤出去，从压油腔输送到压油管路中去。这里的啮合点处的齿面接触线一直起着隔离高、低压腔的作用，因此在齿轮泵中不需要设置专门的配流机构，这是齿轮泵和其他类型容积式液压泵的不同之处。

2. 齿轮泵的结构特点

现以 CB-B 型齿轮泵的结构为例分析齿轮泵在结构上存在的问题，图 8-6 所示是典型的齿轮泵的分离三片式结构，三片是指泵的前后端盖和泵体。

（1）齿轮泵的泄漏　外啮合齿轮运转时泄漏途径有三种方式：端面泄漏，通过齿轮两端面和端盖间的端面间隙泄漏，占总泄漏量的 75%~80%；径向泄漏，通过泵体内孔和齿顶圆间的径向间隙泄漏，占总泄漏量的 20%~25%：齿侧泄漏，通过齿轮啮合处的间隙泄漏，约占齿轮泵总泄漏量的 5%。

总之，泵工作压力越高，泄漏越大。

（2）齿轮泵的困油现象　齿轮泵要平稳工作，齿轮啮合的重叠系数必须大于 1，也就是要求在一对齿轮即将脱开啮合前，后面的一对齿轮就要开始啮合。就在两对轮齿同时啮合的这一小段时间内，留在齿间的油液困在两对轮齿和前后泵盖所形成的一个密闭空间中，这个空间称为困油区。困油区的容积会随齿轮的旋转而发生周期性的变化。两对轮齿刚进入啮合时形成的空间如图 8-7a 所示，当齿轮继续旋转时，这个空间的容积就逐渐减小，直到两个啮合点 $A$、$B$ 处于节点两侧的对称位置时，如图 8-7b 所示，这时封闭容积减至最小。由于油液的可压缩性很小，当封闭空间的容积减少时，被困的油受挤压，压力急剧上升，油液从零件结合面的缝隙中强行挤出，导致油液发热，并使齿轮和轴承受到很大的径向力；当齿轮继续旋转，这个封闭容积又逐渐增大到图 8-7c 所示的最大位置，容积增大时又会造成局部真空，使油液中溶解的气体分离，产生空穴现象，这些都将使齿轮泵产生强烈的噪声。这就是齿轮泵的困油现象。

消除困油现象采取的措施是在泵盖（或轴承座）上对应困油区的位置开卸荷槽，如图 8-7d 虚线所示，当密闭容积增大时使其与吸油腔相通，及时补油；当密闭容积减小时使其与压油腔相通，及时排油。

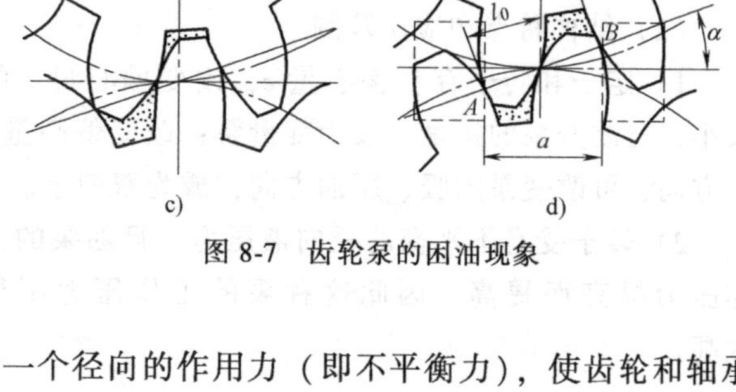

图 8-7　齿轮泵的困油现象

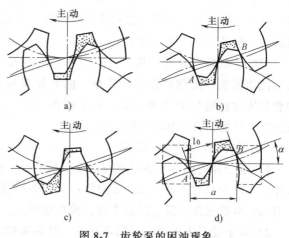

（3）齿轮泵的径向不平衡力　在齿轮泵中，作用在齿轮外圆上的压力是不相等的，如图 8-8 所示，在压油腔和吸油腔处齿轮外圆和齿廓表面承受着工作压力和吸油腔压力，在齿轮和壳体内孔的径向间隙中，可以认为压力由压油腔压力逐渐分级下降至吸油腔压力，这些液体压力综合作用的结果，相当于给齿轮一个径向的作用力（即不平衡力），使齿轮和轴承

受载，这就是径向不平衡力。工作压力越大，径向不平衡力也越大，使齿轮和轴承受到很大的冲击载荷，甚至可以使轴发生弯曲，使齿顶和壳体发生接触，同时加速轴承的磨损，降低轴承的寿命，并产生振动和噪声。

为了减小径向不平衡力，常采用的方法是缩小压油口，以减小压力油作用面积；同时适当增大泵体内表面和齿顶间隙，使齿轮在压力作用下，齿顶不能和壳体相接触。

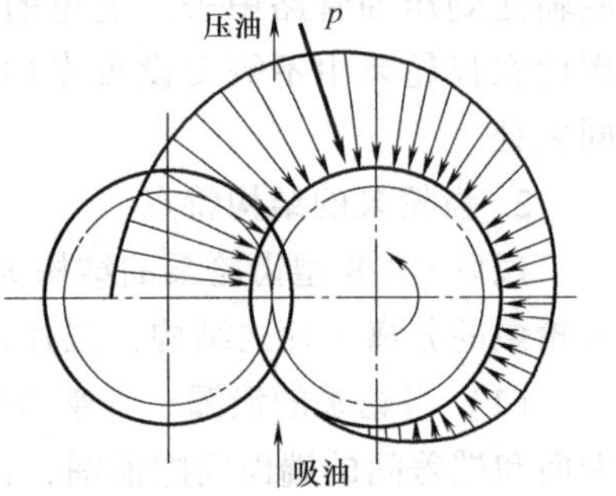

图 8-8 齿轮泵的径向不平衡力

3. 齿轮泵的特点和应用

齿轮泵存在结构简单，价格便宜，工作可靠，自吸能力好，维护方便，耐冲击，转动惯量大等优点；但也存在流量不可调节，噪声大，易磨损，压力低，效率不高等缺点，故齿轮泵一般用于环境差、精度要求不高的场合，如工程机械、建筑机械、农用机械等。

## 三、叶片泵

叶片泵根据各密封工作容积在转子旋转一周吸、排油液次数的不同，分为双作用叶片泵和单作用叶片泵。其优点是运转平稳，压力脉动小，噪声小，结构紧凑，尺寸小，流量大。其缺点是与齿轮泵相比结构较复杂，对油液要求高，如果油液中有杂质，则叶片容易卡死。叶片泵广泛应用于机械制造中的专用机床，自动线等中、低压液压系统中。

### 1. 单作用叶片泵

（1）工作原理 单作用叶片泵主要由定子、转子、叶片、配油盘及两侧端盖组成，定子具有圆柱形内表面，定子和转子间有偏心距 $e$，叶片装在转子槽中，并可在槽内滑动。图 8-9 为其工作原理图，当转子逆时针方向回转时，由于离心力的作用，使叶片紧靠在定子内壁，这样在定子、转子、叶片和两侧配油盘间就形成若干个密封的工作区间。在定子中心的右侧，叶片逐渐伸出，相邻叶片间的工作空间逐渐增大，从吸油口吸油，这就是吸油腔；在定子中心的左侧，叶片被定子内壁逐渐压进槽内，工作空间逐渐减小，将油液从压油口压出，这就是压油腔，在吸油腔和压油腔间有一段封油区，把吸油腔和压油腔隔开。转子不停地旋转，泵就不停地吸、压油。

因叶片泵转子每转一周，每个工作空间完成一次吸油和压油，故称单作用叶片泵。因叶片泵从吸油腔到压油腔液压力逐渐升高，转子周围所受径向液压力不平衡，故又称非卸荷式叶片泵。

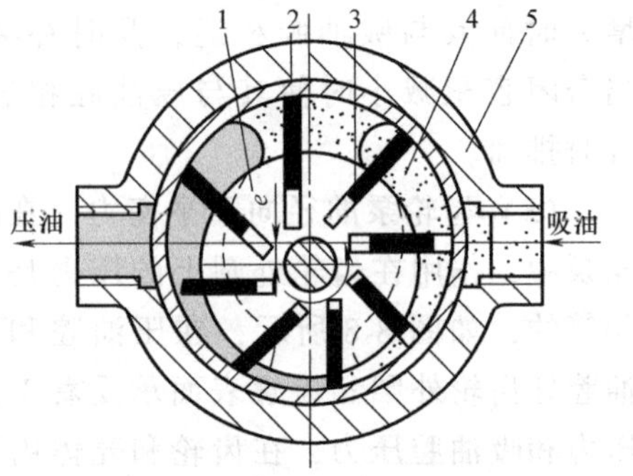

图 8-9 单作用叶片泵工作原理图

1—转子 2—定子 3—叶片

4—配油盘 5—泵体

（2）结构特点和应用范围

1）定子和转子存在偏心量 $e$，改变偏心量 $e$ 的大小，可改变泵的排量，成为变量泵；改变偏心量 $e$ 的方向，可改变泵的吸、压油方向，成为双向泵。

2）转子受有不平衡的径向液压力，且随泵的工作压力提高而提高，因此这种泵的工作压力不能太高。

3）叶片有一个与旋转方向相反的倾斜角（24°），这样能更有利于叶片在惯性力作用下向外伸出。

单作用叶片泵为变量泵，轴承受单向力作用，易磨损，泄漏大，压力不高，噪声大，一般用于机床和注射机等。

2. 双作用叶片泵

（1）工作原理 双作用叶片泵也是由定子1、转子2、叶片3和配油盘4等组成，但与单作用叶片泵的区别是，转子和定子中心重合，定子内表面是由两段长半径圆弧、两段短半径圆弧和四段过渡曲线所组成。其工作原理如图8-10a所示，当转子顺时针方向转动时，叶片在离心力和根部压力油的作用下，在转子槽内向外移动而压向定子内表面，由叶片、定子的内表面、转子的外表面和两侧配油盘间就形成若干个密封空间。当密封空间从小圆弧上经过渡曲线而运动到大圆弧的过程中，叶片外伸，密封空间的容积增大，从油箱中吸入油液；当密封空间从大圆弧经过渡曲线运动到小圆弧的过程中，叶片被定子内壁逐渐压过槽内，密封空间容积变小，将油液从压油口压出。转子不停地旋转，泵就不停地吸、压油。

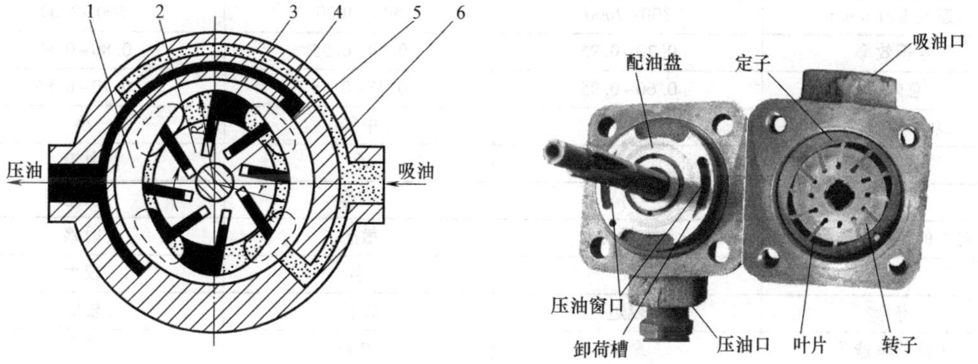


a) 工作原理 b) 结构图

图8-10 双作用叶片泵工作原理

1—定子 2—转子 3—叶片 4—配油盘 5—传动轴 6—泵体

因叶片泵转子每转一周，每个工作空间完成两次吸油和压油，故称双作用叶片泵。因叶片泵的两个吸、压油区沿径向对称分布，转子周围所受径向液压力平衡，故又称卸荷式叶片泵。

（2）结构特点和应用范围 如图8-10b所示，双作用叶片泵配油盘上开有三角槽和环形沟槽，三角槽能防止压力突跳变，同时避免困油现象，减缓了流量和压力脉动并降低了噪声；环形沟槽与压油腔和转子叶片槽底部相通，使叶片底部通以压力油，防止压油区叶片内滑。定子内表面曲线由四段圆弧和四段过渡曲线组成，常采用等加速等减速曲线。叶片沿旋转方向前倾10°~14°，以减小压力角，使叶片在槽中转动灵活减少磨损。

双作用叶片泵为定量泵，轴承径向受力平衡，寿命较长，结构紧凑，流量均匀，噪声小。一般用于机床、注射机、液压机、起重运输机械、工程机械、飞机等。

**四、液压泵的选择**

一般来说，由于各类液压泵各自突出的特点，其结构、功用和动转方式各不相同，因此应根据不同的使用场合选择合适的液压泵。

液压泵的选用原则：根据主机工作情况、功率大小和系统对工作性能的要求，首先确定液压泵的类型，然后按系统所要求的压力和流量大小确定规格型号。

一般在机床液压系统中，往往选用双作用叶片泵和限压式变量叶片泵；而在筑路机械、港口机械以及小型工程机械中往往选择抗污染能力较强的齿轮泵。常用液压泵的性能与应用范围见表8-1。

选用泵时有以下注意事项。

1）合理选择液压油的黏度，黏度过高，吸油阻力增大，影响泵的流量；黏度过低，会因叶片泵内部间隙的影响，造成真空度不够，难吸油，对设备工作造成不良影响。

2）油液温度应合适，一般应控制在20～50℃。

3）须保证油液过滤良好及环境清洁。

**表8-1 常用液压泵的性能与应用范围**

| 类型 | 齿轮泵 | 双作用叶片泵 | 单作用叶片泵 |
|---|---|---|---|
| 工作压力/MPa | <20 | 6.3～21 | ≤7 |
| 转速范围/(r/min) | 300～7000 | 500～4000 | 500～2000 |
| 容积效率 | 0.70～0.95 | 0.80～0.95 | 0.80～0.90 |
| 总效率 | 0.60～0.85 | 0.75～0.85 | 0.70～0.85 |
| 功率重量比 | 中等 | 中等 | 小 |
| 流量脉动率 | 大 | 小 | 中等 |
| 自吸特性 | 好 | 较差 | 较差 |
| 对油的污染敏感性 | 不敏感 | 敏感 | 敏感 |
| 噪声 | 大 | 小 | 较大 |
| 寿命 | 较短 | 较长 | 较短 |
| 单位功率造价 | 最低 | 中等 | 较高 |
| 应用范围 | 机床、工程机械、农机、航空、船舶、一般机械 | 机床、注射机、液压机、起重运输机械、工程机械 | 机床、注射机 |

# 实践技能训练8-1 齿轮泵的拆装训练

## 一、拆装时注意事项

1）拆解齿轮泵时，先用内六方扳手松开并卸下泵盖及轴承压盖上全部连接螺栓，卸下定位销、泵盖及轴承盖，轻轻取出泵体，观察卸荷槽、困油区及吸、压油腔等结构，弄清其作用，并分析其工作原理。

2）从泵壳内取出传动轴、从动齿轮轴套、主动齿轮、被动齿轮及密封圈；检查轴头骨架油封，如其阻油唇边良好能继续使用，则不必取出，如损坏则取出更换。

3）将拆下的零件用煤油进行清洗。

4）拆装中应用铜棒轻轻敲打零部件，以免损坏零部件和轴承，切忌不要乱敲硬砸；遇到元件卡住的情况时，请指导老师来解决。

5）装配时，遵循先拆的部件后安装，后拆的零部件先安装的原则，正确合理地安装，先将齿轮、轴装在后泵盖的滚动轴承内，轻轻装上泵体和前泵盖，打紧定位销，拧紧螺栓，注意使其受力均匀。安装完毕后应使泵转动灵活，没有卡死现象。

**二、液压泵常见故障及排除方法**（见表 8-2、表 8-3、表 8-4）

**表 8-2　齿轮泵常见故障及排除方法**

| 故障 | 故障原因 | 排除方法 |
| --- | --- | --- |
| 泵不输出油、输出油量不足、压力提不高 | 1)原动机转向不对<br>2)吸油管路或过滤器堵塞<br>3)间隙过大(端面、径向)<br>4)泄漏引起空气混入<br>5)油液黏度过大或温升过高 | 1)纠正转向<br>2)疏通管路、清洗过滤器<br>3)修复零件<br>4)紧固连接件<br>5)控制油液黏度在合适的范围内 |
| 噪声大、压力波动严重 | 1)泵与原动机不同轴<br>2)齿轮精度太低<br>3)骨架油封损坏<br>4)吸油管路或过滤器堵塞<br>5)油液中混有空气 | 1)调整同轴度<br>2)更换齿轮或修研齿轮<br>3)更换油封<br>4)疏通管路、清洗过滤器<br>5)排空气体 |
| 泵旋转不灵活或卡死 | 1)间隙过小(端面、径向)<br>2)装配不良<br>3)油液中有杂质 | 1)修复零件<br>2)重新装配<br>3)保持油液清洁 |

**表 8-3　叶片泵常见故障及排除方法**

| 故障 | 故障原因 | 排除方法 |
| --- | --- | --- |
| 外泄漏 | 1)密封件老化<br>2)吸、压油口连接部位松动<br>3)密封面磕碰或泵壳体砂眼 | 1)更换密封<br>2)紧固管接头或螺钉<br>3)修磨密封面或更换壳体 |
| 过度发热 | 1)油温过高<br>2)油黏度太大、内泄过大<br>3)工作压力过高<br>4)回油口直接接到泵入口 | 1)改善油箱散热条件或使用冷却器<br>2)选用合适的液压油液<br>3)降低工作压力<br>4)回油口接至油箱液面以下 |
| 泵不吸油或无压力 | 1)泵转向不对或漏装传动键<br>2)泵转速过低或油箱液面过低<br>3)油温过低或油液黏度过大<br>4)吸油管路或过滤器堵塞<br>5)吸油管路漏气 | 1)纠正转向或重装传动键<br>2)提高转速或补油液至最低液面以上<br>3)加热至合适黏度后使用<br>4)疏通管路、清洗过滤器<br>5)密封吸油管路 |
| 输油量不足或压力不高 | 1)叶片移动不灵活<br>2)各连接处漏气<br>3)间隙过大(端面、径向)<br>4)吸油不畅或液面太低<br>5)叶片和定子内表面接触不良 | 1)不灵活叶片单独配研<br>2)加强密封<br>3)修复或更换零件<br>4)清洗过滤器或向油箱内补油<br>5)定子磨损发生在吸油区，双作用叶片泵可将定子旋转 180°后重新定位装配 |
| 噪声、振动过大 | 1)吸油不畅或液面太低<br>2)有空气侵入<br>3)油液黏度过高<br>4)转速过高<br>5)泵与原动机不同轴<br>6)配油盘端面与内孔不垂直或叶片垂直度误差太大 | 1)清洗过滤器或向油箱内补油<br>2)检查吸油管，注意液位<br>3)适当降低油液黏度<br>4)降低转速<br>5)调整同轴度至规定值<br>6)修磨配油盘端面或减小叶片垂直度误差值 |

表8-4　轴向柱塞泵常见故障及排除方法

| 故障 | 可能引起的原因 | 排除方法 |
| --- | --- | --- |
| 流量不够 | 1)油液不洁造成吸油口滤油器堵死或阀门吸油阻力较大<br>2)吸油管漏气,油液液面太低<br>3)中心弹簧断裂,缸体和配流盘无初始密封力<br>4)变量泵倾角处于小偏角<br>5)配油盘与泵体配油面贴合不平或严重磨损<br>6)油液温度过高 | 1)去掉滤油器,提高油液清洁度;增大阀门,减少吸油阻力<br>2)排除漏气,提高油液液面<br>3)更换中心弹簧<br>4)增大偏角<br>5)消除贴合不平的原因,重新安装配流盘;更换配油盘<br>6)降低油液温度 |
| 压力波动,压力表指示值不稳定 | 1)压力阀本身不能正常工作<br>2)系统中有空气<br>3)吸油腔真空度太大<br>4)因油液不洁等原因使配油面严重磨损<br>5)压力表座处于振动状态 | 1)更换压力阀<br>2)排除空气<br>3)降低真空度值使其小于0.016MPa<br>4)修复或更换零件并消除磨损原因<br>5)消除表座振动原因 |
| 无压力或大量泄漏 | 1)滑靴脱落<br>2)配油面严重磨损<br>3)调压阀未调整好或建立不起压力<br>4)中心弹簧断,无初始密封力<br>5)泵和电动机安装不同轴,造成泄漏严重 | 1)更换柱塞滑靴<br>2)更换或修复零件并消除磨损原因<br>3)重新调整或更换调压阀<br>4)更换中心弹簧<br>5)调整泵轴与电动机轴的同轴度 |
| 噪声过大 | 1)吸油阻力太大,自吸真空度太大,接头处不密封,吸入空气<br>2)泵和电动机安装不同轴,主轴受径向力<br>3)油液的黏度太大<br>4)油液中含有大量泡沫 | 1)密封,排除系统中的空气<br>2)调整泵和电动机的同轴度<br>3)降低油液黏度<br>4)视不同情况消除进气原因 |
| 油液温度提升过快 | 1)油箱容积太小<br>2)泵内漏损太大<br>3)液压系统泄漏太大<br>4)周围环境温度过高 | 1)增加容积或加置冷却装置<br>2)检修油泵<br>3)修复或更换有关元件<br>4)改善环境条件或加冷却 |
| 伺服变量机构失灵不变量 | 1)伺服活塞卡死<br>2)变量活塞卡死<br>3)变量头转动不灵活<br>4)单向阀弹簧断裂 | 1)消除卡死原因<br>2)消除卡死原因<br>3)消除转动不灵原因<br>4)更换弹簧 |
| 泵不能转动(卡死) | 1)柱塞与缸体卡死(油脏或油温变化引起)<br>2)滑靴脱落(柱塞卡死、负载过大)<br>3)柱塞球头折断(柱塞卡死、负载过大) | 1)更换新油、控制油温<br>2)更换或重新装配滑靴<br>3)更换零件 |

## 三、液压泵的噪声

(1) 产生噪声的原因

1) 泵的流量脉动和压力脉动造成泵构件的振动。

2) 吸油腔和压油腔突然相通，产生流量和压力突变，产生噪声。

3) 空穴现象。

4) 泵内流道截面突然扩大、收缩、急转弯等。

5）机械原因，如转动部分不平衡等。

（2）降低噪声的措施

1）消除泵内部油液压力的急剧变化。

2）在泵的出口装置消声器，以吸收泵流量和压力脉动。

3）装在油箱上的泵应使用橡胶垫减振。

4）压油管上一段用高压软管，对泵和管路的连接进行隔振。

5）防止空穴现象，采用直径较大的吸油管，防止油液中混入空气等。

6）合理选用液压泵。

## 第三节　液　压　缸

液压执行元件是把将液压泵供给的液压能转换为机械能输出的装置，包括带动运动部件实现往复直线运动的液压缸和实现回转运动的液压马达两种类型。

### 一、液压缸

1. 液压缸的分类

液压缸按结构形式可分为活塞缸、柱塞缸和摆动缸三类；按活塞杆形式可分为单活塞杆式、双活塞杆式；按供油方向（作用方式）可分为单作用式和双作用式两类，其中单作用式液压缸只有一腔能进出压力油，活塞或缸体只能依靠液压力做单向运动，回程需借助自重或外力；双作用式液压缸两腔均能进出压力油，活塞或缸体能作正、反两个方向移动。

2. 液压缸的结构组成

（1）液压缸的典型结构举例　图 8-11 是较为常用的双作用单活塞杆液压缸。它是由缸底 20、缸筒 10、缸盖兼导向套 9、活塞 11 和活塞杆 18 组成。缸筒一端与缸底焊接，另一端缸盖（导向套）与缸筒用卡键 6、套 5 和弹簧挡圈 4 固定，以便拆装检修，两端设有油口 A 和 B。活塞 11 与活塞杆 18 利用卡键 15、卡键帽 16 和弹簧挡圈 17 连在一起。活塞与缸孔的密封采用的是一对 Y 形密封圈 12，由于活塞与缸孔有一定间隙，采用由尼龙 1010 制成的耐磨环（又称支承环）13 定心导向。活塞杆 18 和活塞 11 的内孔由 O 形密封圈 14 密封。较长的导向套 9 则可保证活塞杆不偏离中心，导向套外径由 O 形圈密封圈 7 密封，而其内孔则由 Y 形密封圈 8 和防尘圈 3 分别防止油外漏和灰尘带入缸内。缸与杆端销孔与外界连接，销孔内有尼龙衬套抗磨。

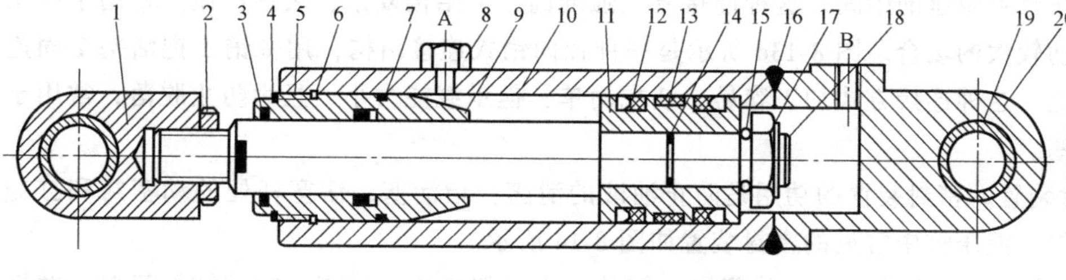


a) 工作原理

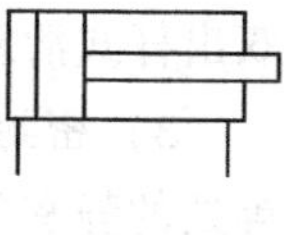

b) 图形符号

图 8-11　双作用单活塞杆液压缸

1—耳环　2—螺母　3—防尘圈　4、17—弹簧挡圈　5—套　6、15—卡键　7、14—O 形密封圈　8、12—Y 形密封圈　9—缸盖兼导向套　10—缸筒　11—活塞　13—耐磨环　16—卡键帽　18—活塞杆　19—衬套　20—缸底

（2）液压缸的组成 从上面所述的液压缸典型结构中可以看到，液压缸的结构基本上可以分为缸筒组件、活塞杆组件、密封装置、缓冲装置和排气装置五个部分。

1）缸筒组件。缸筒组件包括缸筒和缸盖及其连接方式，一般来说，缸筒和缸盖的结构形式和其使用的材料有关。图 8-12 所示为缸筒和缸盖的常见结构形式。

图 8-12a 所示为法兰连接式，结构简单，容易加工，也容易装拆，但外形尺寸和重量都较大，常用于铸铁制的缸筒上。图 8-12b 所示为半环连接式，它的缸筒壁部因开了环形槽而削弱了强度，为此有时要加厚缸壁，它容易加工和装拆，重量较轻，常用于无缝钢管或锻钢制的缸筒上。图 8-12c 所示为螺纹连接式，它的缸筒端部结构复杂，外径加工时要求保证内外径同心，装拆要使用专用工具，它的外形尺寸和重量都较小，常用于无缝钢管或铸钢制的缸筒上。图 8-12d 所示为拉杆连接式，结构的通用性大，容易加工和装拆，但外形尺寸较大，且较重。图 8-12e 所示为焊接连接式，结构简单，尺寸小，但缸底处内径不易加工，且可能引起变形。

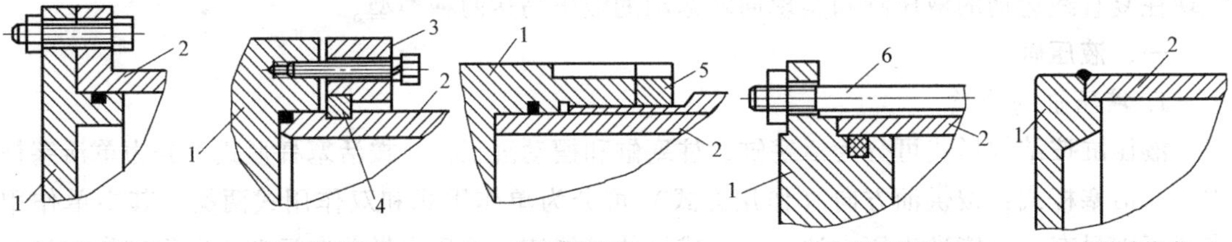


图 8-12 缸筒和缸盖结构

1—缸盖 2—缸筒 3—压板 4—半环 5—防松螺母 6—拉杆

2）活塞杆组件。活塞杆组件包括活塞、活塞杆及其连接方式。活塞杆一般用 35 钢、45 钢或无缝钢管做成实心或空心杆，活塞材料一般为钢或铸铁，也有用铝合金制成的。图 8-13 所示为几种常见的活塞与活塞杆的连接形式。

图 8-13a 所示为活塞与活塞杆之间采用螺母连接，它适用负载较小，受力无冲击的液压缸中。这种连接方式结构简单，安装方便可靠，但在活塞杆上车螺纹将削弱其强度，常用于单杆缸。图 8-13b、c 所示为卡环式连接方式。图 8-13b 中活塞杆 5 上开有一个环形槽，槽内装有两个半环 3 以夹紧活塞 4，半环 3 由轴套 2 套住，而轴套 2 的轴向位置用弹簧卡 1 来固定。图 8-13c 中的活塞杆，使用了两个半环 4，它们分别由两个密封圈座 2 套住，半圆形的活塞 3 安放在密封圈座的中间。这种连接方式强度高，但结构复杂，装拆不便。常用于高压大负载或振动较大的场合。图 8-13d 所示是一种径向销式连接结构，用锥销 1 把活塞 2 固连在活塞杆 3 上。这种连接方式加工容易，装配简单，但承载能力小，且为防止脱落，常用于双出杆式活塞。

3）密封装置。密封装置的功用是防止油液的泄露，指活塞、活塞杆处的动密封和缸盖等处的静密封。液压缸中常见的密封装置如图 8-14 所示。

图 8-14a 所示为间隙密封，它依靠运动间的微小间隙来防止泄漏。它的结构简单，摩擦阻力小，可耐高温，但泄漏大，加工要求高，磨损后无法恢复原有能力，只有在尺寸较小、压力较低、相对运动速度较高的缸筒和活塞间使用。图 8-14b 所示为摩擦环密封，它依靠套在活塞上的摩擦环（尼龙或其他高分子材料制成）在 O 形密封圈弹力作用下贴紧缸壁而防

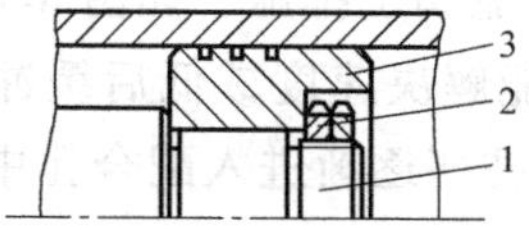


a) 螺母连接

1—活塞 2—螺母 3—活塞杆

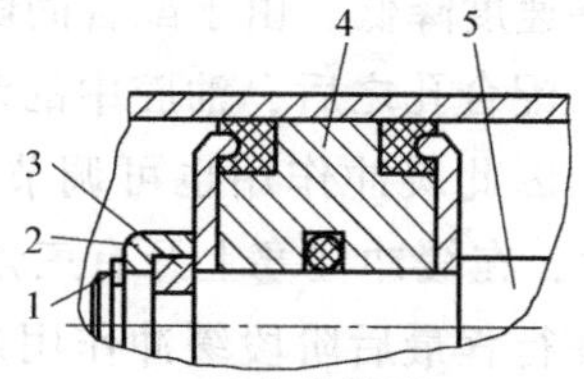


b) 卡环式连接

1—弹簧卡 2—轴套 3—半环 4—活塞 5—活塞杆

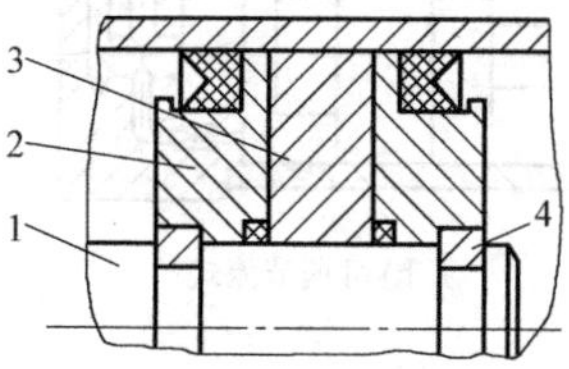


c) 卡环式连接

1—活塞杆 2—密封圈座 3—活塞 4—半环

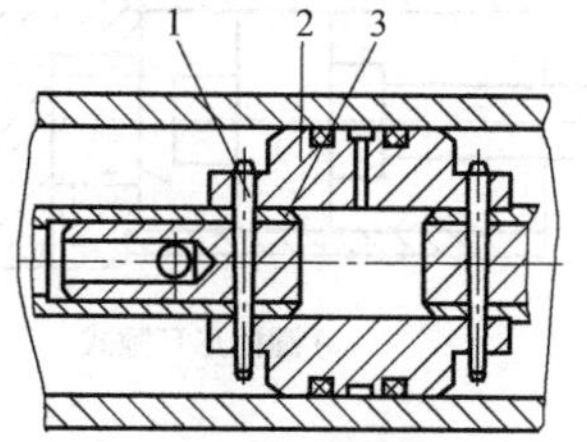


d) 径向销式连接

1—锥销 2—活塞 3—活塞杆

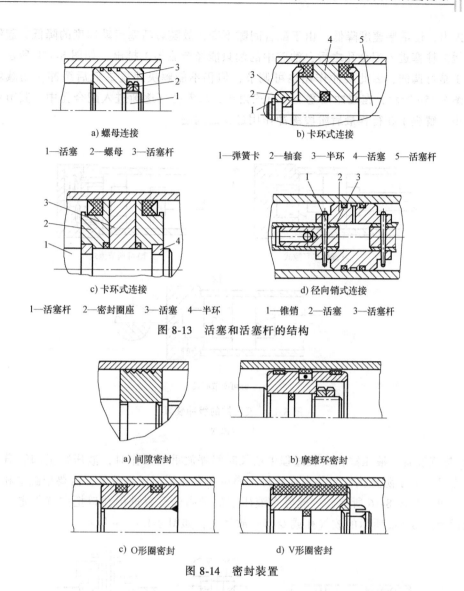

图 8-13 活塞和活塞杆的结构

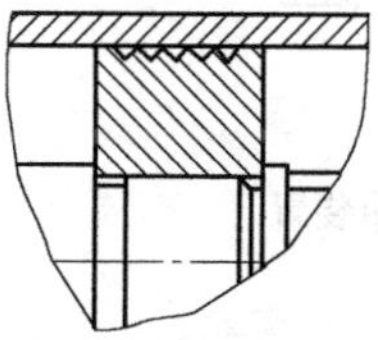

a) 间隙密封

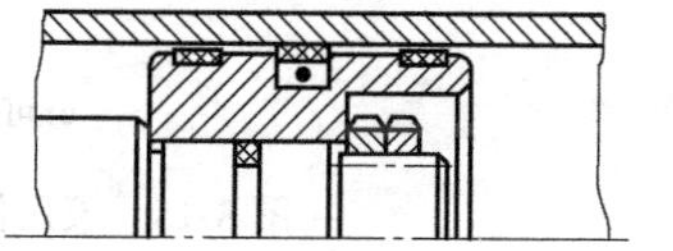

b) 摩擦环密封

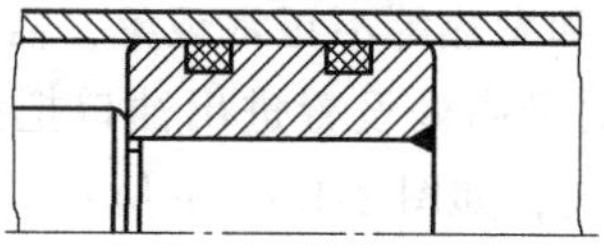

c) O形圈密封

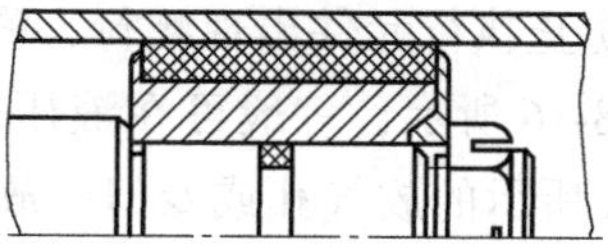

d) V形圈密封

图 8-14 密封装置

止泄漏。这种材料效果较好，摩擦阻力较小且稳定，可耐高温，磨损后有自动补偿能力，但加工要求高，装拆较不便，适用于缸筒和活塞之间的密封。图 8-13c、d 所示为密封圈（O 形圈、V 形圈等）密封，它利用橡胶或塑料的弹性使各种截面的环形圈贴紧在静、动配合面之间来防止泄漏。它结构简单，制造方便，磨损后有自动补偿能力，性能可靠，在缸筒和活塞之间、缸盖和活塞杆之间、活塞和活塞杆之间、缸筒和缸盖之间都能使用。

4）缓冲装置。缓冲装置是为了防止活塞在行程终点时和缸盖相互撞击，引起噪声和冲击。液压缸一般都设置缓冲装置，特别是对大型、高速或要求高的液压缸，必须设置缓冲装置。

缓冲装置的工作原理是利用活塞或缸筒在其走向行程终端时封住活塞和缸盖之间的部分油液，强迫它从小孔或细缝中挤出，以产生很大的阻力，使工作部件受到制动，逐渐减慢运动速度，达到避免活塞和缸盖相互撞击的目的。液压缸中常见的缓冲装置如图 8-15 所示。

如图 8-15a 所示，当缓冲柱塞进入与其相配的缸盖上的内孔时，孔中的液压油只能通过

间隙 $\delta$ 排出，使活塞速度降低。由于配合间隙不变，故随着活塞运动速度的降低，起缓冲作用。当缓冲柱塞进入配合孔之后，油腔中的油只能经节流阀 1 排出，如图 8-15b 所示。由于节流阀 1 是可调的，因此缓冲作用也可调节，但仍不能解决速度减低后缓冲作用减弱的缺点。如图 8-15c 所示，在缓冲柱塞上开有三角槽，随着柱塞逐渐进入配合孔中，其节流面积越来越小，解决了在行程最后阶段缓冲作用过弱的问题。

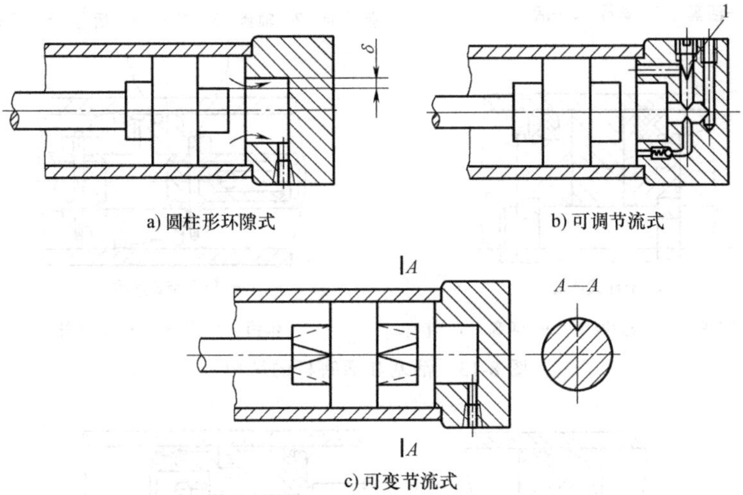

a) 圆柱形环隙式　b) 可调节流式　c) 可变节流式

图 8-15　液压缸的缓冲装置

1—节流阀

5）排气装置。液压缸在安装过程中或长时间停放重新工作时，液压缸里和管道系统中会渗入空气，为了防止执行元件出现爬行，噪声和发热等不正常现象，需要把缸中和系统中的空气排出。如图 8-16 所示，一般可在液压缸的最高处设置进出油口把空气带走，也可在最高处设置图 8-16a 所示的放气孔或专门的放气阀，如图 8-16b、c 所示。

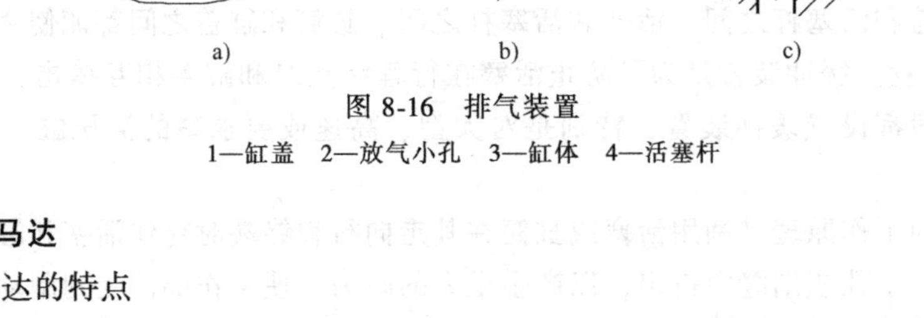

a)　b)　c)

图 8-16　排气装置

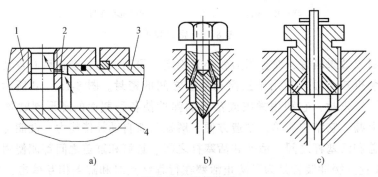

1—缸盖　2—放气小孔　3—缸体　4—活塞杆

**二、液压马达**

1. 液压马达的特点

从能量转换的观点来看，液压泵与液压马达是可逆工作的液压元件，向任何一种液压泵输入工作液体，都可使其变成液压马达工作情况；反之，当液压马达的主轴由外力矩驱动旋转时，也可变为液压泵工作情况。因为它们具有同样的基本结构要素——密闭而又可以周期变化的容积和相应的配油机构。

但是，由于液压马达和液压泵的工作条件不同，对它们的性能要求也不一样，所以同类型的液压马达和液压泵之间，仍存在许多差别。首先液压马达应能够正、反转，因而要求其内部结构对称；液压马达的转速范围需要足够大，特别对它的最低稳定转速有一定的要求。因此，它通常都采用滚动轴承或静压滑动轴承；其次液压马达由于在输入压力油条件下工作，因而不必具备自吸能力，但需要一定的初始密封性，才能提供必要的起动转矩。由于存在着这些差别，使得液压马达和液压泵在结构上比较相似，但不能可逆工作。

2. 液压马达的分类

液压马达按其结构类型可分为齿轮式、叶片式、柱塞式和其他型式。

按排量是否可调分为定量马达、变量马达。

按输油方向是否可换分为单向马达、双向马达。

按其额定转速分为高速马达和低速马达。额定转速高于500r/min的属于高速液压马达，额定转速低于500r/min的属于低速液压马达。高速液压马达的基本型式有齿轮式、螺杆式、叶片式和轴向柱塞式等。它们的主要特点是转速较高、转动惯量小，便于起动和制动，调节（调速及换向）灵敏度高。通常高速液压马达输出转矩不大（仅几十N·m到几百N·m），所以又称为高速小转矩液压马达。低速液压马达的基本型式是径向柱塞式，此外在轴向柱塞式、叶片式和齿轮式中也有低速的结构型式，低速液压马达的主要特点是排量大、体积大转速低（有时可达每分钟几转甚至零点几转），因此可直接与工作机构连接，不需要减速装置，使传动机构大为简化，通常低速液压马达输出转矩较大（可达几千N·m到几万N·m），所以又称为低速大转矩液压马达。

3. 液压马达的工作原理

（1）叶片式液压马达　图8-17所示为叶片式液压马达的工作原理图，由于在每个密闭工作腔叶片伸出的面积不同，压力油作用在叶片上的液压力也不同，各个叶片上的压力差使叶片产生转矩，从而带动转子旋转，对外输出转速和转矩。叶片式液压马达的输出转矩与液压马达的排量和液压马达进出油口之间的压力差有关，其转速由输入液压马达的流量大小来决定。

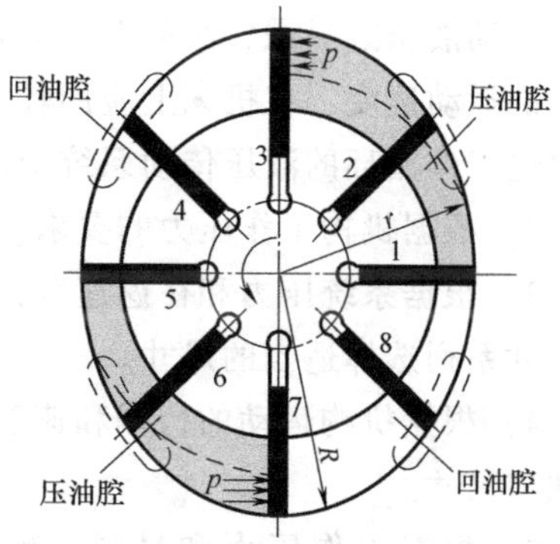

图8-17　叶片式液压马达工作原理

由于液压马达一般都要求能正反转，所以叶片式液压马达的叶片要径向放置。为了使叶片根部始终通有压力油，在吸、压油腔通入叶片根部的通路上应设置单向阀，为了确保叶片式液压马达在压力油通入后能正常起动，必须使叶片顶部和定子内表面紧密接触，以保证良好的密封，因此在叶片根部应设置预紧弹簧。

（2）轴向柱塞式液压马达　图8-18所示为轴向柱塞式液压马达的工作原理图，斜盘1和配油盘4固定不动，缸体3及柱塞2可绕缸体的水平轴线旋转。当压力油经配油盘进入柱塞底部时，柱塞受油压作用而向外紧紧压在斜盘上，这时斜盘对柱塞产生一反作用力 $F$，由于斜盘有一倾斜角 $\gamma$，所以可分解为两个分力：一个是轴向分力 $F_x$，与作用在柱塞上的液压力平衡；另一个分力 $F_y$ 垂直于柱塞轴线。分力 $F_y$ 对缸体轴线产生力矩，带动缸体旋转。通过主轴向外输出转矩和转速。

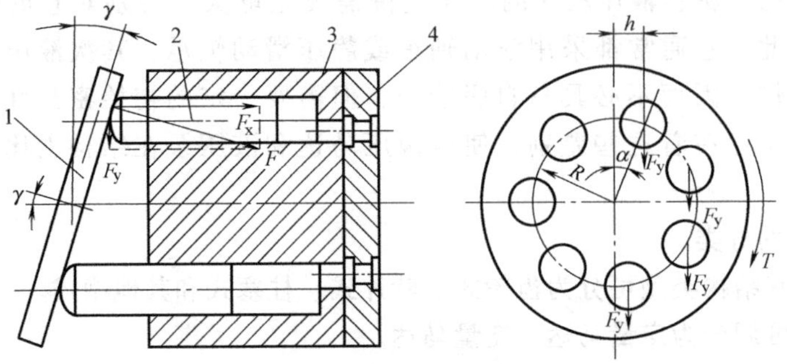


图 8-18 轴向柱塞式液压马达工作原理

1—斜盘 2—柱塞 3—缸体 4—配油盘

## 三、液压缸选择

掌握了液压缸的类型、工作参数、结构特点，在实际的选用中应根据不同的工作要求从以下几方面来合理选择。

1）根据机构运动和结构要求，选择液压缸的类型。

如双作用单出杆液压缸带动工作部件的往复运动速度不相同，常用于实现机床设备中的快速退回和慢速工作进给。同时，液压缸两腔的有效作用面积不同，产生的推力也不同，如本次任务中的压力机工作时，向下工进时需要慢速运动并要克服较大的工作阻力，向上退回时需要快速返回，这就需要选择双作用单出杆液压缸。

双作用双出杆液压缸带动工作部件的往返速度一致，常用于需要工作部件做等速往返直线运动的场合，如外圆磨床的工作台就由双作用双出杆液压缸驱动。

差动液压缸只需较小的牵引力就可以获得相等的往返速度，并且可以使用小流量泵获得较快的运动速度，在机床上应用较多。如在组合机床上用于要求推力不大，速度相同的快进和快退工作循环的液压传动系统中。

2）根据机构工作压力的要求，确定液压缸的输出力。

3）根据系统压力和往返速度比，确定液压缸的主要尺寸，如缸径、杆径等，并按照标准尺寸系列选择适当的尺寸。

4）根据机构运动的行程和速度要求，确定液压缸的长度和流量，并由此确定液压缸的通油口尺寸。

5）根据工作压力和材料，确定液压缸的壁厚尺寸、活塞杆尺寸、螺钉尺寸及端盖结构。

6）可靠的密封是保证液压缸正常工作的重要因素，应选择适当的密封结构。

7）根据缓冲要求，选择适用的缓冲机构，对高速液压缸必须设置缓冲装置。

8）在保证获得所需往复运动行程和驱动力条件下，尽可能减小液压缸的轮廓尺寸。

9）对运动平稳性要求较高的液压缸应设置排气装置。

# 第四节 液压控制阀

液压控制阀是用来控制和调节液压系统中液流的方向、压力和流量的液压元件，以满足工作机械的各种要求。根据功用的不同，控制阀分为方向控制阀、压力控制阀和流量控制阀三大类。

## 一、方向控制阀

控制油液流动方向的阀称为方向控制阀，它主要有单向阀和换向阀。

（一）单向阀

单向阀的作用是控制油液的单向流动。图 8-19 为普通单向阀的结构，由阀体 1、阀芯 2 和弹簧 3 等组成。当压力油从 $P_1$ 油口进入时，顶开阀芯 2 后，经油口 $P_2$ 流出。当液流反向时，阀芯在弹簧 3 的作用下，压紧在阀体 1 上，油液无法通过。

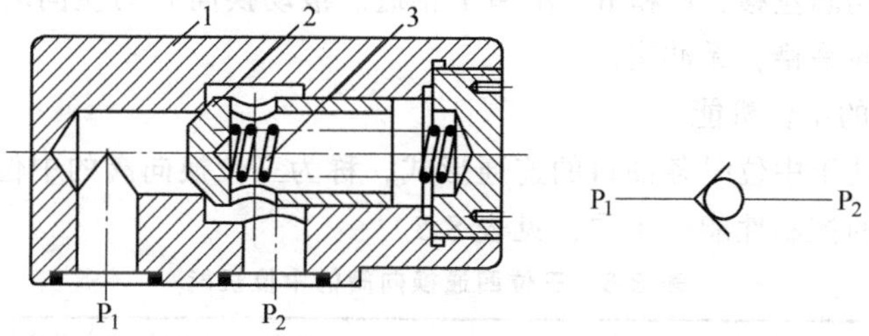


图 8-19 单向阀的结构和符号

1—阀体 2—阀芯 3—弹簧

普通单向阀的弹簧刚度都选得较小（主要用来克服阀芯的摩擦阻力和惯性力），以免产生较大压降。一般单向阀的开启压力为 0.035~0.1MPa。若更换硬弹簧，使其开启压力达到 0.2~0.6MPa 时，就可用作背压阀。

（二）换向阀

换向阀是利用阀芯位置的改变，改变阀体上各油口的连通或断开，从而控制油路连通、断开或改变方向。

1. 换向阀的分类

换向阀按控制方式分，可分为手动、机动、电动、液动和电液动等。按阀芯在阀体内的工作位置数和其所控制的油口通路数分，可分为二位二通、二位三通、二位四通、三位四通和三位五通等。“位”是指换向滑阀的工作位置数；“通”是指与液压系统中油路相连通的油口数。在换向滑阀的图形符号中：

1）位数用方格数表示，二格即二位，以此类推。

2）方格内的箭头表示两油口连通（不表示流向），“⊥”表示油口被封堵。在一个方格内，箭头或“⊥”符号与方格的交点数为油口的通路数，即“通”数。

3）控制方式或复位弹簧的符号画在方格的两端。

4）P 表示进油口，T 表示接通油箱的回油口，A 和 B 表示连接其他工作油路的油口。

5）三位阀的中位、二位阀画有弹簧一侧的那个方格为常态位。

2. 电液换向阀

电液换向阀是由电磁换向阀和液动换向阀组合而成的，其中电磁换向阀起先导作用（称先导阀），通过它来改变控制油液的流动方向而实现液动换向阀（称主阀）换向。

图8-20所示为电液换向阀的示意图。

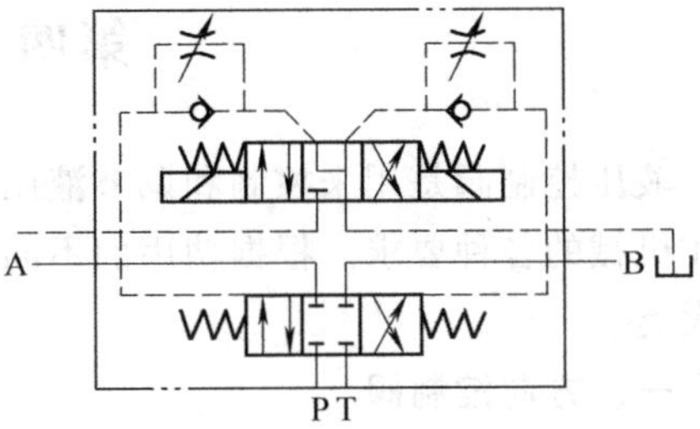

图8-20　电液换向阀

当电磁换向阀的两个电磁铁都不通电时，液动换向阀两端控制油口也没有压力油进入，液动换向阀的P、A、B、T互不相通；当左端电磁铁通电时，控制油液经电磁阀左位及单向阀进入液动换向阀的左端控制油口，而液动阀右端的油液经右边节流阀和电磁阀回油箱，这时液动换向阀的阀芯右移，P和A、B和T相通；当右端电磁铁通电时，控制油液经电磁阀右位及单向阀进入液动换向阀的右端控制油口，而液动阀左端的油液经左边节流阀和电磁阀回油箱，这时液动换向阀的阀芯左移，P和B、A和T相通。液动换向阀的换向时间可由两端的节流阀调节，因而使换向平稳，无冲击。

3. 三位换向阀的中位机能

当三位换向阀处于中位时各油口的连通形式，称为三位换向阀的中位机能。中位机能不同，中位时对系统的控制性能也不同，见表8-5。

表8-5　三位四通换向阀的中位机能

| 机能形式 | 符号 | 中位油口情况、特点及应用 |
|---|---|---|
| O型 | 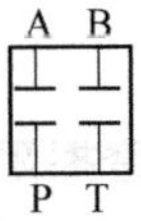  | P、A、B、T四油口全封闭，液压缸闭锁，液压泵不卸荷 |
| H型 | 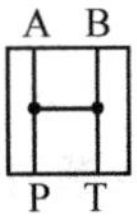  | P、A、B、T四油口全连通，液压活塞处于浮动状态，泵卸荷 |
| Y型 | 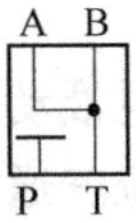  | P油口封闭，A、B、T三油口相通，活塞浮动，泵不卸荷 |
| P型 | 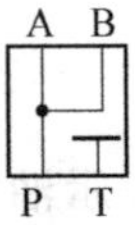  | P、A、B三油口相通，T油口封闭，泵与缸两腔相通，可组成差动油路 |
| M型 | 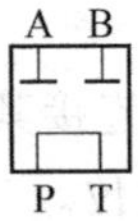  | P、T相通，A、B封闭，缸闭锁，泵卸荷 |

## 二、压力控制阀

在液压系统中，控制液体压力的阀（如溢流阀、减压阀）和控制执行元件在某一调定压力下动作的阀（如顺序阀、压力继电器），统称为压力控制阀。

1. 先导式溢流阀

图 8-21 所示为先导式溢流阀的结构原理图。

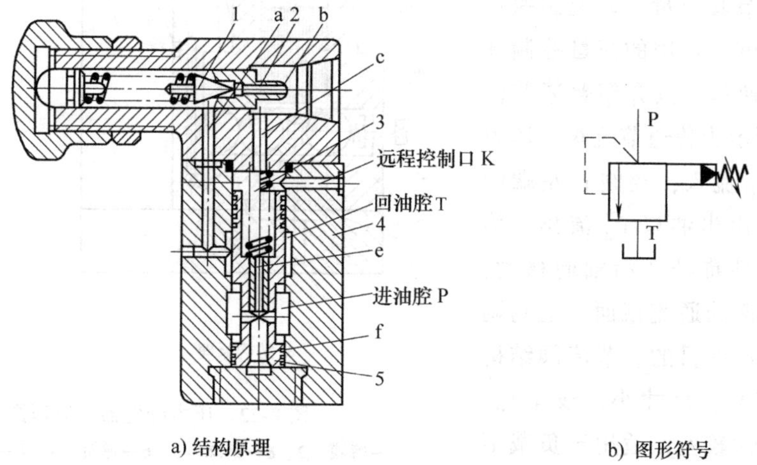


图 8-21 先导式溢流阀

1—先导阀芯 2—先导阀座 3—先导阀体 4—主阀体 5—主阀芯

它由先导阀和主阀两部分组成。先导阀实际上是一个小流量的直动式溢流阀，用来控制压力；主阀是用来控制溢流流量。液压油从油口 P 进入，经孔 f 到达阀芯的下端，同时还经阻尼孔 e、孔 c 和 b 到达先导阀（远程控制口 K 一般是堵塞的）。当进油压力低于先导阀弹簧的调定压力时，先导阀关闭，阀内无油液流动，这时阻尼孔 e 不起作用，主阀芯上、下腔油压相等，因而主阀芯被弹簧推压在下端，主阀关闭，不溢流；当进油压力升高到能与先导阀弹簧的调定压力相平衡时，先导阀被打开，主阀芯上腔油液经先导阀、孔道 a 及回油口 T 流回油箱。主阀芯下腔油液则经阻尼孔 e 流动而产生压力差，主阀芯便在此压力差作用下克服其弹簧力而上抬，主阀进、回油口连通，达到溢流和稳压的目的。调节先导阀的手轮，便可调整溢流阀的工作压力。

先导式溢流阀，由于主阀芯是利用其两端的压差作用开启的，其弹簧很弱小，所以调压稳定性比直动式好，一般用于中压系统。

当先导式溢流阀的远程控制口 K 与调压较低的溢流阀（或称远程调压阀）连通时，其主阀芯上腔的油压只要达到低压阀的调定压力时，主阀芯即可抬起溢流（注意这时其先导阀不再起调压作用），实现远程调压。

2. 压力继电器

压力继电器是用来将液压信号转换为电信号的液-电信号转换元件。其作用是根据系统压力的变化自动接通或断开有关电路，以实现程序控制和安全保护。图 8-22 所示为压力继电器的原理图。控制压力油接到油口 K，当油液压力达到调定值时，薄膜 1 向上凸起，顶起柱塞 5，这时钢球 8 和 2 在柱塞锥面的推动下外移，通过杠杆 9 压下微动开关 11 的触头 10，从而接通电路而发出电信号。当控制油口 K 的压力降到一定值时，弹簧 6 和 3 将柱塞压下，钢球8回到柱塞的锥面槽内，微动开关的触头复位，电路断开。调节螺钉7就可调节其工作压力。

**三、流量控制阀**

流量控制阀是通过改变阀口通流面积的大小调节其流量，以控制执行元件的运动速度。常用的流量控制阀有节流阀、调速阀。只介绍普通节流阀。图8-23所示为普通节流阀。压力油从进油口 $P_1$ 流入，经阀芯左端的轴向三角槽后由出油口 $P_2$ 流出。旋转手轮3便可使推杆2沿轴向移动，改变轴向三角槽的通流截面，达到调节通过阀的流量的目的。节流阀结构简单，制造容易，尺寸小，成本低。但流量的稳定性较差，适用于负载不大、温度不高或速度稳定性要求不高的场合。

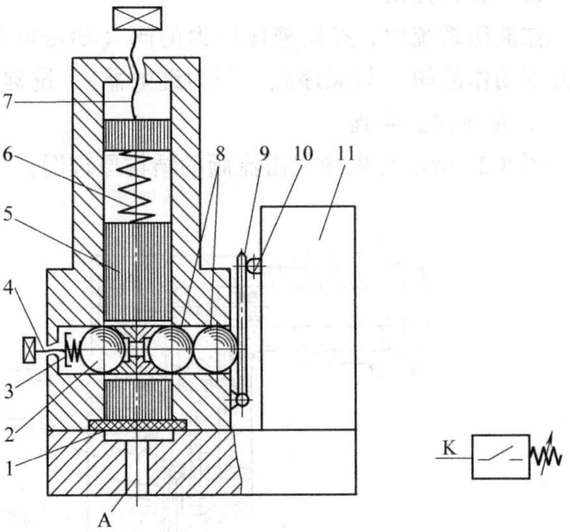


a) 结构原理　　b) 图形符号

图8-22　压力继电器的原理图

1—薄膜　2、8—钢球　3、6—弹簧　4、7—调节螺钉　5—柱塞　9—杠杆　10—触头　11—微动开关

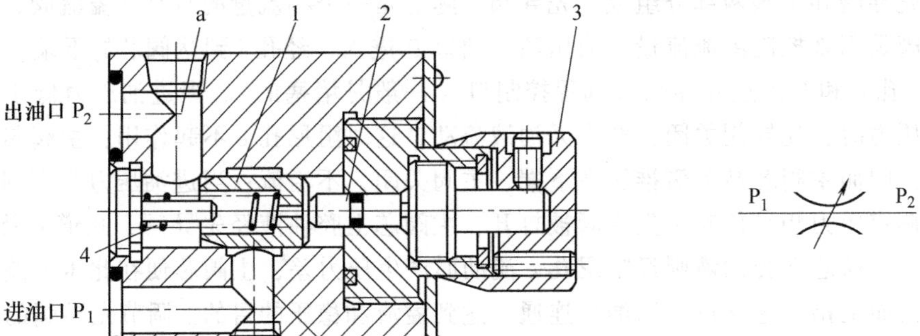


a) 结构原理　　b) 图形符号

图8-23　节流阀

1—阀芯　2—推杆　3—手轮　4—弹簧

## 实践技能训练8-2　液压控制阀常见故障及其排除方法

1. 方向控制阀的常见故障及其排除

在所有的方向控制阀中，电液换向阀的故障较多，现将其常见故障及其排除方法列于表8-6中。

表 8-6　电液换向阀常见故障及其排除方法

| 故障现象 | 产生原因 | 排除方法 |
|---|---|---|
| 冲击和振动 | 1)主阀阀芯移动速度太快<br>2)单向阀的封闭性不好,使主阀芯移动过快<br>3)电磁铁的紧固螺钉松动<br>4)交流电磁铁分磁环断裂 | 1)关小节流阀阀口,使主阀芯移动速度降低<br>2)修理配研或更换单向阀<br>3)紧固螺钉,加防松垫圈<br>4)更换电磁铁 |
| 电磁铁噪声较大 | 1)推杆过长,使电磁铁不能吸合<br>2)弹簧太硬,推杆不能将阀芯推到位而引起电磁铁不能吸合<br>3)电磁铁铁心接触面不平整或接触不良<br>4)交流电磁铁分磁环断裂 | 1)修磨推杆<br>2)换软一点的弹簧<br>3)清除污物,修整接触面<br>4)更换电磁铁 |

2. 压力控制阀的常见故障及其排除方法

各种压力控制阀的结构和原理很相似，只要熟悉各类压力控制阀的结构特点，就可方便地分析与排除故障。下面以先导式溢流阀为例，来分析一下压力控制阀的常见故障及其排除方法，见表 8-7。

表 8-7　先导式溢流阀的常见故障及排除方法

| 故障原因 | 产生原因 | 排除方法 |
|---|---|---|
| 无压力 | 1)主阀芯阻尼孔堵塞<br>2)主阀芯在开启位置卡死<br>3)主阀芯的弹簧折断或弯曲,使主阀芯不能复位<br>4)调压弹簧弯曲或未装<br>5)锥阀未装或破碎<br>6)先导阀阀座破碎<br>7)远程控制口通油箱 | 1)清洗阻尼孔;过滤或换油<br>2)检修、重新装配;过滤或换油<br>3)换弹簧<br>4)更换或补装弹簧<br>5)补装或更换<br>6)更换阀座<br>7)检查电磁换向阀的工作状态或远程控制口通断情况,排除故障 |
| 压力波动大 | 1)液压泵流量脉动太大,使溢流阀无法正常工作<br>2)主阀芯动作不灵活,时常有卡住现象<br>3)主阀芯和先导阀阀座阻尼孔时堵时通<br>4)阻尼孔太大,减振效果差<br>5)调压手轮未锁紧 | 1)修复液压泵<br>2)修换零件,重新装配;过滤或换油<br>3)清洗阻尼孔;过滤或换油<br>4)更换阀芯<br>5)调压后锁紧调压手轮 |

（续）

| 故障原因 | 产生原因 | 排除方法 |
|---|---|---|
| 振动和噪声大 | 1)主阀芯在工作时径向力不平衡,导致溢流阀性能不稳定<br>2)锥阀和阀座接触不好,导致锥阀受力不平衡,引起锥阀振动<br>3)调压弹簧弯曲或其轴线与端面不垂直,导致锥阀受力不平衡,引起锥阀振动<br>4)系统内存在空气<br>5)通过流量超过公称流量,在溢流阀口处引起空穴现象<br>6)通过溢流阀的溢流量太小,使溢流阀处于启闭临界状态而引起液压冲击<br>7)回油管路阻力太高 | 1)检查阀体孔和主阀芯的精度,修换零件;过滤或换油<br>2)封油面圆度误差控制在0.005~0.01mm以内<br>3)更换弹簧或修磨弹簧端面<br>4)排除空气<br>5)限在公称流量范围内使用<br>6)控制正常工作所需的最小溢流量<br>7)适当增大管径,减少弯头,回油管口离油箱底面应在二倍管径以上 |

## 第五节 液压基本回路

液压基本回路是指用来完成某一特定功能的典型回路。常用的液压基本回路按其功能可分为压力控制回路、速度控制回路、方向控制回路和顺序控制回路等。熟悉和掌握这些基本回路的组成、工作原理和性能，是分析、维护、安装调试和使用液压系统的重要基础。

### 一、压力控制回路

1. 调压回路

调压回路的功能是使液压系统或系统中某一部分的压力保持恒定或不超过某一数值。图8-24所示为用溢流阀组成的调压回路，用于定量泵供油的液压系统中。其工作原理是：节流阀使泵输出油液中的一部分进入液压缸，保证液压缸按要求的速度工作，而多余的油液经溢流阀流回油箱，并使泵的工作压力恒定在溢流阀的调定压力上。调节溢流阀弹簧的压紧力，就可调节系统的工作压力。

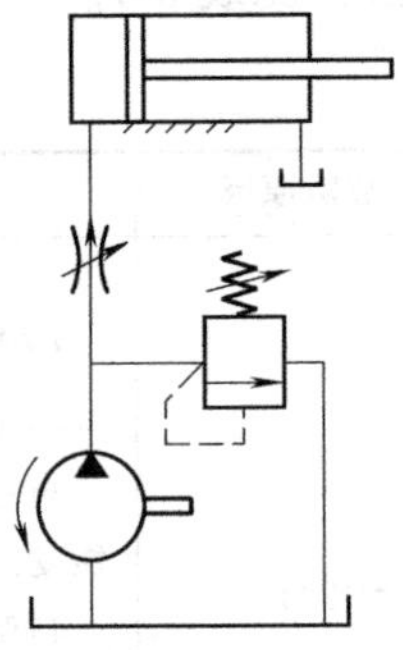

图8-24 压力调压回路

2. 卸荷回路

卸荷回路的功能是当液压系统中的执行元件停止运动或需要长时间保压（这时液压泵不停转）时，使液压泵输出的油液直接流回油箱，以减少功率损耗，降低系统发热，延长泵和电动机的使用寿命。

图8-25所示为采用二位二通电磁换向阀的卸荷回路。当执行元件停止运动时，使二位二通换向阀的电磁铁通电，其左位接入系统，这时液压泵输出的油液通过该阀直接流回油箱，使泵卸荷。

### 二、速度控制回路

速度控制回路是控制液压系统中执行元件的运动速度和速度切换的回路，包括调速、增速和换速等回路。

(一) 节流调速回路

节流调速是在定量泵供油的系统中安装节流阀来改变进入液压缸的油液流量，以调节执行元件的速度。根据节流阀的安装位置不同，节流调速可分为进油路节流调速、回油路节流调速和旁油路节流调速三种。常用的是进油节流调速和回油节流调速两种。

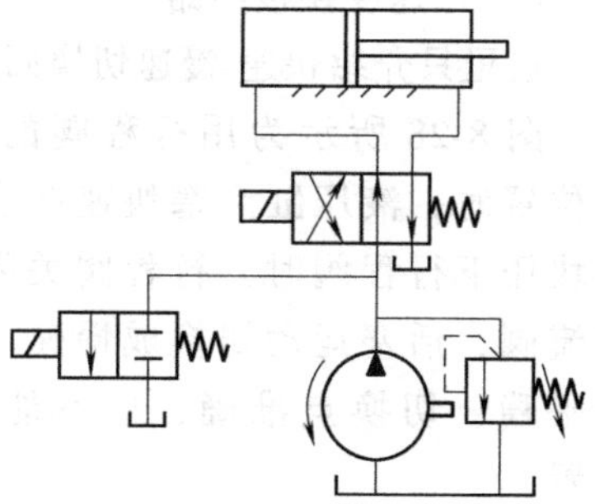

图 8-25 用二位二通换向阀的卸荷回路

进油路节流调速如图 8-24 所示，即把节流阀串接在执行元件的进油路上。调节节流阀开口的大小，就可改变进入液压缸流量的多少，从而达到调节液压缸运动速度大小的目的。

图 8-26 所示为回油路节流调速，即把节流阀串接在执行元件的回油路上。用节流阀调节液压缸回油流量的多少，从而间接控制进入液压缸的流量，达到调速的目的。

节流调速回路结构简单，工作可靠，使用维护方便。在机床液压系统中应用较广。但由于节流和溢流损失大，效率低，发热大，且速度稳定性较差，一般多用于对速度要求不是很高的小功率液压系统。

(二) 双泵并联的增速回路

增速回路的功能是使执行元件在空行程时，获得尽可能大的运动速度，以提高生产率。图 8-27 所示为双泵并联的增速回路。其中液压泵 1 为高压小流量泵，其流量应略大于最大工进速度所需的流量，工作压力由溢流阀 5 调定。泵 2 为低压大流量泵，其流量与泵 1 流量之和应等于液压系统快速运动所需的流量，而其工作压力应低于液控卸荷阀 3 的调定压力。

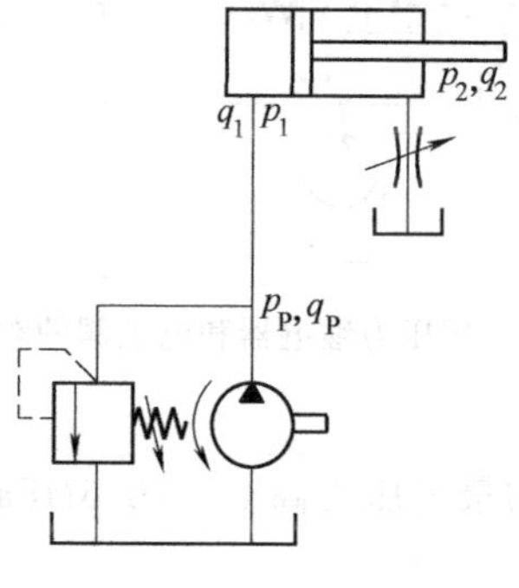


图 8-26 回油路节流调速回路

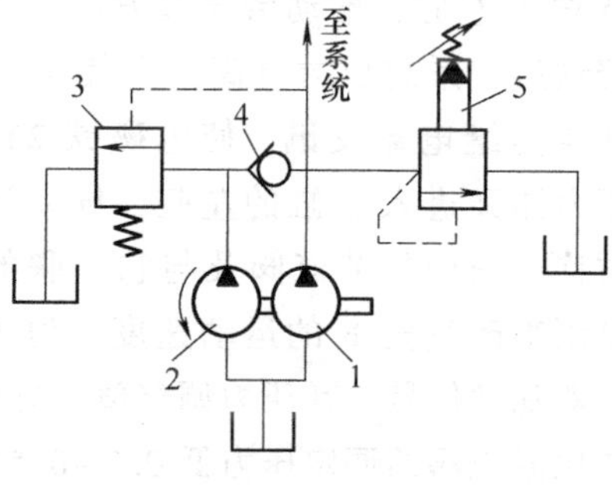


图 8-27 双泵供油的快速运动回路

1、2—双联泵 3—卸荷阀 4—单向阀 5—溢流阀

空载时，系统的压力较低，液控卸荷阀 3 关闭，这时泵 2 输出的油液经单向阀 4 与泵 1 输出的油液合并后一起进入液压缸，实现快速运动。当系统工进时，压力升高，卸荷阀 3 打开，单向阀 4 关闭，泵 2 输出的油液经卸荷阀 3 流回油箱而处于卸荷状态。此时系统仅由小流量泵 1 单独供油，实现慢速工作进给。这种回路功率利用合理，效率较高，但回路较复杂，成本较高。

（三）速度换接回路

这里只介绍快速-慢速切换回路。

图 8-28 所示为用行程阀的快速-慢速切换回路。图示位置时，液压缸活塞快速向右运动，当活塞移动到使挡块压下行程阀时，行程阀关闭，这时缸的回油须经过节流阀，活塞运动切换成慢速。这种回路速度切换时比较平稳，切换点准确，但不能任意布置行程阀的安装位置。

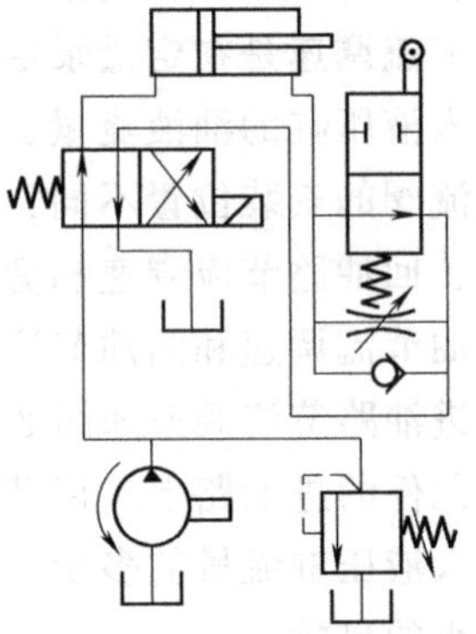

图 8-28 用行程阀的快速-慢速切换回路

若将图中的行程阀换为电磁换向阀，只要控制电磁换向阀的换向，也可实现快速-慢速自动切换，并且可灵活地布置电磁换向阀的安装位置，但切换的平稳性和切换点准确性都比用行程阀差。

**三、方向控制回路**

方向控制回路是控制执行元件的启动、停止及换向的回路，一般可采用各种换向阀来实现。执行元件的换向应根据其换向性能要求，可选用各种不同控制方式的换向回路。这种回路曾出现于前面许多回路中，这里不再赘述。

**四、顺序控制回路**

顺序控制回路的功用是使多个液压缸按照预定顺序依次动作。常见的有行程控制和压力控制二类。

图 8-29 所示为用压力继电器和电磁阀联合控制的回路，当电磁铁 1YA 通电以后，压力油进入 A 缸的左腔，推动活塞按方向 1 右移。碰上死挡铁后，系统压力升高，安装在 A 缸进油路上的压力继电器发讯，使电磁铁 2YA 通电，于是压力油又进入 B 缸的左腔，推动活塞按方向 2 右移。图中的节流阀及与它并联的二通电磁阀是用来改变缸 B 的运动速度。为了防止压力继电器乱发信号，其压力调整值一方面比 A 缸动作时的最大压力高 0.3~0.5MPa，另一方面又要比溢流阀的调定压力低 0.3~0.5MPa。

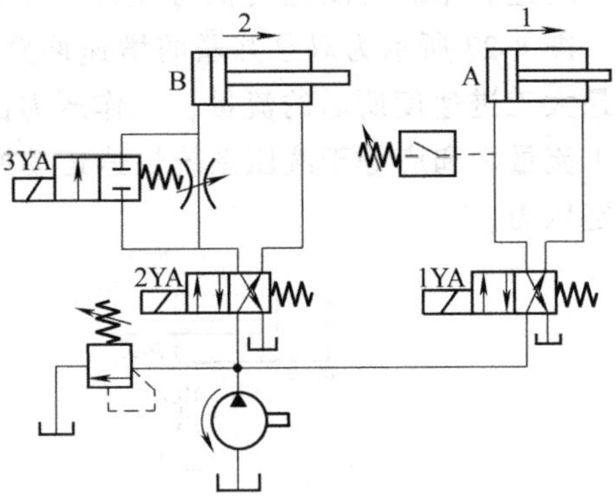


图 8-29 用压力继电器和电磁阀的顺序回路

## 第六节 典型液压传动系统

前面讨论了各种基本回路，下面再通过对典型液压系统的分析，进一步加深对各种液压元件和基本回路综合应用的认识，为液压系统的安装、调试、使用和维修打下良好的基础。下面以钻床的液压系统为例，介绍其液压系统的工作原理。

图 8-30 所示为钻床的液压系统图。该液压系统可以实现快进—工进—快退的工作循环。其工作原理如下：

(1) 快进　按下启动按钮，电磁铁 1YA 通电，电磁换向阀 11 的左位接入系统。由于这时系统处于快进，压力较低，卸荷阀 3 关闭，液压泵 1 和液压泵 2 输出的油液同时向液压缸供油。

进油路：液压泵 1、液压泵 2 输出的油液分别经单向阀 13 和单向阀 14 后合并→电磁换向阀 11 的左位→行程阀 7→液压缸的左腔。

回油路：液压缸右腔→电磁换向阀 11 的左位→单向阀 6→行程阀 7→液压缸左腔。

由于液压缸左右两腔都通压力油，形成差动连接，液压缸快速运动。

(2) 工进　当快进终了时，挡块压下行程阀 7，把快进油路切断。这时进油只能经调速阀 9 进入液压缸左腔，同时系统压力升高，卸荷阀 3 和 5 同时打开，液压泵 2 输出的油液经卸荷阀 3 卸荷，这时系统由液压泵 1 单独供油，切换到工进。

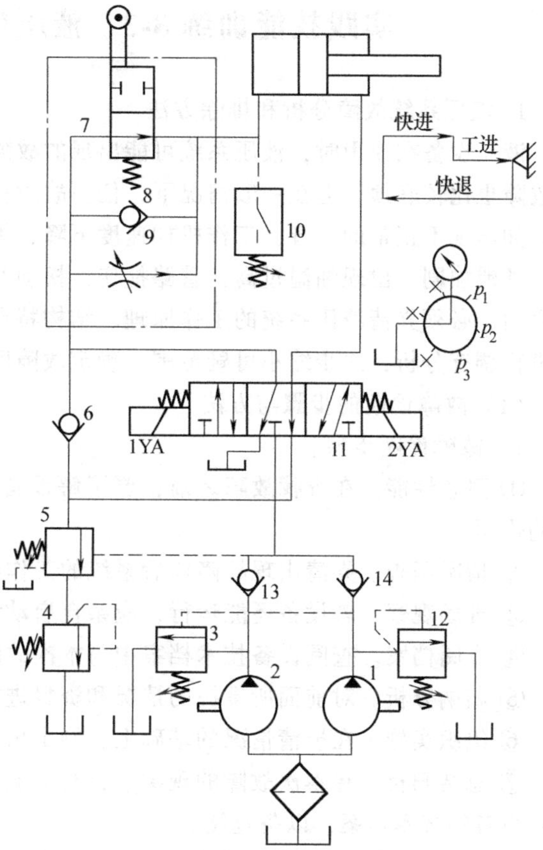


图 8-30　钻床的液压系统图

1、2—液压泵　3、5—卸荷阀　4、12—溢流阀　6、8、13、14—单向阀　7—行程阀　9—调速阀　10—压力继电器　11—电磁换向阀

进油路：液压泵 1→单向阀 14→电磁换向阀 11 的左位→调速阀 9→缸左腔。

回油路：液压缸右腔→电磁换向阀 11 的左位→卸荷阀 5→溢流阀 4→油箱。

(3) 快退　当工进终了后碰到死挡铁，缸就停止运动，其左腔压力升高，当压力升高到压力继电器 10 的调定压力时，压力继电器动作而发出电信号，使电磁铁 1YA 断电，而 2YA 通电，电磁换向阀 11 的右位接入系统，液压缸快退。这时系统的压力降低，卸荷阀 3 和 5 再一次关闭，两液压泵又同时向系统供油。

进油路：液压泵 1、液压泵 2 输出的油液分别经单向阀 13 和单向阀 14 后合并→电磁换向阀 11 的右位→液压缸右腔。

回油路：液压缸左腔→单向阀 8→电磁换向阀 11 的右位→油箱。

(4) 原位停止　当液压缸快速退回到其原始位置时，挡块压下原位电气行程开关，使电磁铁 2YA 断电，电磁换向阀 11 回到中位，液压缸停留在起始位置上。这时液压泵 2 输出的油液经卸荷阀 3 卸荷，而液压泵 1 的输出油液经溢流阀 12 回油箱。

## 实践技能训练8-3 液压传动系统维护和维修

1. 液压系统故障分析和排除方法

液压设备在使用时，液压系统可能出现的故障是多种多样的，故障的诊断也很复杂，排除故障也比较麻烦。但在一般情况下，任何故障在演变为大故障前都会伴有种种不正常的征兆，如出现不正常的声音，工作机构速度下降，无力现象或不动作，油箱液面下降，油液变质，外泄加剧，出现油温过高，管路损伤，松动及振动，出现糊焦气味等。因此，在分析故障之前，必须弄清液压系统的工作原理、结构特点和与机械、电气的联系，然后根据故障现象进行调查分析，逐步缩小可疑范围，确定故障区域和部位，直至某个液压元件。

（1）故障诊断的步骤与方法

1）故障诊断步骤。

① 熟悉性能。在查找故障之前，要了解设备的性能，熟悉液压系统的工作原理及各元件的作用。

② 情况调查。弄清出现故障前后系统的工作状况，产生故障的部位和故障现象。

③ 现场观察。若设备还能运行，应亲自启动设备，观察故障现象，查找故障原因。

④ 查阅档案。查阅设备技术档案中与本次故障相似的历史记载。

⑤ 归纳分析。对前面所掌握的情况和资料进行综合分析，找出产生故障的可能原因。

⑥ 组织实施。在摸清情况的基础上，制定出切实可行的排除措施，并组织实施。

⑦ 总结归档。将本次故障的现象、部位及排除方法等进行认真总结，并作为历史资料纳入设备的技术档案，以备查阅。

2）故障诊断方法。故障诊断一般分为简易诊断和精密诊断。

① 简易诊断。又称主观诊断法，即靠维修人员利用简单的仪器和个人的经验进行故障诊断，这是最常用的方法。简易诊断法可概括为看、听、嗅、摸、阅和问六个字。

看：用视觉来判别系统的工作是否正常。如看运动部件的速度有无变化和异常现象；看油液是否清洁和变质，油量是否满足要求，粘度是否合适；看各管接头、结合面等处是否有泄漏；看运动部件有无爬行现象和各组成元件有无振动现象；看加工出的产品质量。

听：用听觉来判断液压系统的工作是否正常。如听液压泵和系统工作时的噪声是否过大，溢流阀等元件是否有尖叫声；听液压缸换向时冲击是否过大，是否有活塞撞击缸盖的声音。

嗅：用嗅觉来判别油液是否发臭变质。

摸：用触觉来判别液压系统的工作是否正常。如摸泵体、阀体和油箱外壁的温度是否过高；摸运动部件、管道和压力阀等处，若感觉到有高频振动，应查找原因；摸运动部件低速运动时的爬行等。

阅：查阅设备技术档案中有关故障分析与修理的记录；查阅点检和定检卡；查阅交接班记录及维护保养记录。

问：询问操作者，了解设备平时运行情况。如问什么时候换油，什么时候清洗或换过滤芯；问事故发生前后出现过哪些不正常的现象，过去常出现哪些故障，是怎样排除的。

但这种诊断方法往往因个人实际经验和判断能力的差异，其结果会有差别的，只能给出简单的定性结论。为了弄清液压系统产生故障的原因，有时还需要停机拆卸某些液压元件对其进行定量测试。

② 精密诊断。又称客观诊断法，它常在主观诊断的基础上对有疑问的异常现象采用各种检测仪器进行定量测试分析，从而找出故障发生的原因和部位。对于重要的液压设备可进行运行状态监测和故障早期诊断，以免故障突然发生而造成严重后果。状态监测和故障早期诊断是一个问题的两个方面。状态监测靠硬件，通过不同的传感器、放大器等硬件把液压系统运行中相应物理量的有关参数采集起来，并送到计算机作实时处理，做出相应诊断。诊断靠软件，即专家系统。各种液压系统状态监测用的硬件基本相同，但做出诊断用的专家系统却因系统不同而不同。由于目前液压系统故障诊断用的专家系统很少且不十分成熟，故这种技术较少应用。

（2）查定故障部位的方法　查定故障部位和做出正确诊断是排除故障的关键一步，根据液压系统工作原理图以及电气控制原理图，深入了解元件的结构、性能、在液压系统中的作用及其安装位置，并把调查了解和自己观察到的现象，结合工作原理进行综合、比较，排除与此无关的区域因素，从而逐步确定故障的准确部位或元件。

（3）修理实施　在确定了液压系统故障部位和产生故障原因后，结合厂情，本着“先外后内”“先调后拆”“先洗后修”的原则，合理地制定出修理工作的具体措施。液压系统常见故障产生原因及排除方法见表 8-8~表 8-13。

**表 8-8　系统产生噪声的原因及其排除方法**

| 故障 | 原因 | 排除方法 |
|---|---|---|
| 液压泵吸空引起连续不断的嗡嗡声并伴随杂声 | 1)液压泵本身或其进油管路密封不良、漏气<br>2)油箱油量不足<br>3)液压泵进油管口过滤器堵塞<br>4)油箱不透空气<br>5)油液黏度太大 | 1)拧紧泵的连接螺栓及管路各管螺母<br>2)将油箱油量加至油标处<br>3)清洗过滤器<br>4)清理空气过滤器<br>5)油液黏度应合适 |
| 液压泵故障造成杂声 | 1)轴向间隙增大,输油量不足<br>2)泵内轴承、叶片等元件损坏或精度降低 | 1)修磨轴向间隙<br>2)拆开检修并更换已损坏的零件 |
| 控制阀处发出有规律或无规律的吱嗡、吱嗡的刺耳噪声 | 1)调压弹簧永久变形、扭曲或损坏<br>2)阀座磨损、密封不良<br>3)阀芯拉毛、变形、移动不灵活,甚至卡死<br>4)阻尼小孔被堵塞<br>5)阀芯与阀孔配合间隙大,高低压油互通<br>6)阀开口小,流速高,产生空穴现象 | 1)更换弹簧<br>2)修研阀座<br>3)修研阀芯、去毛刺,使阀芯移动灵活<br>4)清洗、疏通阻尼孔<br>5)研磨阀孔,重配新阀芯<br>6)尽量减小进、出口压差 |
| 机械振动引起噪声 | 1)液压泵与电动机轴不同轴<br>2)油管振动或互相撞击<br>3)电动机轴承磨损严重 | 1)重新安装或更换柔性联轴器<br>2)适当加设支承管夹<br>3)更换电动机轴承 |
| 液压冲击 | 1)液压缸缓冲装置失灵<br>2)背压阀调整压力变动<br>3)电液换向阀端的单向节流阀故障 | 1)进行检修和调整<br>2)进行检修和调整<br>3)调节节流螺钉、检修单向阀 |

表8-9 运动部件换向时的故障及其排除方法

| 故障 | 原因 | 排除方法 |
| --- | --- | --- |
| 换向有冲击 | 1)活塞杆与运动部件连接不牢固<br>2)不在缸端部换向,缓冲装置不起作用<br>3)电液换向阀中的节流螺钉松动<br>4)电液换向阀中的单向阀卡住或密封不良 | 1)检查并紧固连接螺栓<br>2)在油路上增设背压阀<br>3)检查、调节节流螺钉<br>4)检查及修研单向阀 |
| 换向冲击量大 | 1)节流阀口有污物,运动部件速度不均<br>2)换向阀芯移动速度变化<br>3)油液温度高,油液黏度下降<br>4)导轨润滑油量过多,运动部件"漂浮"<br>5)系统泄漏油多,进入空气 | 1)清洗流量阀节流口<br>2)检查电液换向阀节流螺钉<br>3)检查油液温度升高的原因并排除<br>4)调节润滑油压力或流量<br>5)严防泄漏,排除空气 |

表8-10 运动部件产生爬行的原因及其排除方法

| 故障部位 | 原因 | 排除方法 |
| --- | --- | --- |
| 控制阀 | 流量阀的节流口处有污物,通油量不均匀 | 检修或清洗流量阀 |
| 液压缸 | 1)活塞式液压缸端盖密封圈压得太死<br>2)液压缸中进入的空气未排净 | 1)调整压盖螺钉(不漏油即可)<br>2)排气 |
| 导轨 | 1)接触精度不好,摩擦力不均匀<br>2)润滑油不足或选用不当<br>3)温度高使油的黏度变小,油膜破坏 | 1)检修导轨<br>2)调节润滑油量,选用适合的润滑油<br>3)检查油温高的原因并排除 |

表8-11 系统运转不起来或压力提不高的原因及其排除方法

| 故障部位 | 原因 | 排除方法 |
| --- | --- | --- |
| 液压泵电动机 | 1)电动机线接反<br>2)电动机功率不足,转速不够高 | 1)调换电动机接线<br>2)检查电压、电流大小,采取措施 |
| 液压泵 | 1)泵进、出油口接反<br>2)泵轴向、径向间隙过大<br>3)泵体缺陷造成高、低压腔互通<br>4)叶片泵叶片与定子内表面接触不良或卡死<br>5)柱塞泵柱塞卡死 | 1)调换吸、压油管位置<br>2)检修液压泵<br>3)更换液压泵<br>4)检修叶片及修研定子内表面<br>5)检修柱塞泵 |
| 控制阀 | 1)压力阀主阀芯或锥阀芯卡死在开口位置<br>2)压力阀弹簧断裂或永久变形<br>3)某阀芯泄漏严重,以致高、低压油路连通<br>4)控制阀阻尼孔被堵塞<br>5)控制阀的油口接反或接错 | 1)清洗、检修压力阀,使阀芯移动灵活<br>2)更换弹簧<br>3)检修阀,更换已损坏的密封件<br>4)清洗、疏通阻尼孔<br>5)检查并纠正接错的管路 |

（续）

| 故障部位 | 原因 | 排除方法 |
| --- | --- | --- |
| 液压油液 | 1)黏度过高,吸不进或吸不足<br>2)黏度过低,泄漏太多 | 用指定黏度的液压油液 |

表 8-12　运动部件速度达不到或不运动的原因及其排除方法

| 故障部位 | 原因 | 排除方法 |
| --- | --- | --- |
| 控制阀 | 1)流量阀的节流小孔被堵塞<br>2)互通阀卡住在互通位置 | 1)清洗、疏通节流孔<br>2) 检修互通阀 |
| 液压缸 | 1)装配精度或安装精度超差<br>2)活塞密封圈损坏．缸内泄漏严重<br>3)间隙密封的活塞、缸壁磨损过大,内泄漏多<br>4)缸盖处密封圈摩擦力过大<br>5)活塞杆处密封圈磨损严重或损坏 | 1)检查、保证达到规定的精度<br>2)更换密封圈<br>3)修研缸内孔,重配新活塞<br>4)适当调松压盖螺钉<br>5)调紧压盖螺钉或更换 |
| 导轨 | 1)导轨无润滑油或润滑不充分,摩擦阻力大<br>2)导轨的楔铁、压板调得过紧 | 1)调节润滑油量和压力,使润滑充分<br>2)重新调整楔铁、压板,使松紧合适 |

表 8-13　工作循环不能正确实现的原因及应采取的措施

| 故障部位 | 原因 | 排除方法 |
| --- | --- | --- |
| 液压回路间互相干扰 | 1)同一个泵供油的各液压缸压力、流量差别大<br>2)主油路与控制油路用同一泵供油,当主油路卸荷时,控制油路压力太低 | 1)改用不同泵供油或用控制阀使油路互不干扰<br>2)在主油路上设控制阀,使控制油路始终有一定压力,能正常工作 |
| 控制信号不能正确发出 | 1)行程开关、压力继电器开关接触不良<br>2)某元件的机械部分卡住 | 1)检查及检修各开关的接触情况<br>2)检修有关机械结构部分 |
| 控制信号不能正确执行 | 1)电压过低,弹簧过软或过硬,使电磁阀失灵<br>2)行程挡块位置不对或未紧牢固 | 1)检查电路的电压,检查电磁阀<br>2)检查挡块位置并将其固紧 |

（4）总结经验　故障排除后，应认真总结其中有益的经验和方法，找出防止故障发生的改进措施。

（5）记载归档　将本次故障发生、判断、排除或修理的全过程，详细记载后纳入设备技术档案备查。

2. 液压系统的维护和保养

为了保证液压系统正常工作，必须建立有关使用和维护方面的制度。

（1）液压系统使用注意事项

1）操作者必须熟悉液压元件控制机构的操作要领，熟悉各液压元件所需控制的相应的执行元件和调节旋钮的转动方向与压力、流量大小变化的关系等，严防调节错误造成事故。当压力阀和流量阀调整好后，应锁紧手柄，并经常监视系统的工作状况（如压力和流量等）。

2）工作中应随时注意油液温度，一般应控制在30~55℃范围内。

3）经常保持油液清洁。加油时要经过过滤，滤芯应定期清洗或更换；新旧油液不能混用。液压油液要定期检查和更换。对于新使用的液压设备，使用三个月左右应清洗油箱、管道系统和更换新油。以后应按设备说明书要求每隔半年或一年进行清洗和换油一次。在高温、高湿、高粉尘地方连续工作的，应缩短换油周期。

4）要定期清洗或更换液压元件。对于工作环境较差的铸造设备，液压阀一般每三个月清洗一次，液压缸一般每半年清洗一次。若工作环境较好时，元件的清洗周期可适当延长。在清洗液压元件的同时应更换密封元件。

5）不准用手推动电磁阀或任意移动挡块的位置。为保证电磁阀正常工作，电压波动值不应超过额定电压的+5%~-15%。

6）不准使用有缺陷的压力表，更不能在无压力表的情况下工作或调整。

7）经常检查和定期紧固管接头、法兰等以防松动。高压软管要定期更换。

8）在开启设备前，应检查所有运动机构及电磁阀是否处于原始状态，油箱的油位是否符合要求，若发现异常或油量不足，不能起动液压泵。在停机4h以上再开始工作时，应先启动液压泵，使其空载运行5~10min后才能开始工作。

9）设备若长期不用，应将各调节旋钮全部放松，防止弹簧产生永久变形而影响元件的性能。

10）操作者要按设备点检卡规定的部位和项目进行认真点检。

（2）点检与定检　点检是设备维修的基础工作之一，就是按规定的点检项目，核查系统是否完好、工作是否正常。通过点检可为设备维修提供第一手资料。

点检分为两种，即由操作者执行的日常点检和定期检查（定检）。定检是指间隔在一个月以上的点检，一般是在停机后由设备管理人员检查。液压系统的点检内容如下。

1）各液压阀、液压缸及管接头处是否有外泄漏。

2）液压泵和液压马达运转时是否有异常噪声；液压缸的运动是否平稳。

3）各测压点压力是否在规定范围内，是否稳定。

4）油液温度是否在允许的范围内；油箱内的油量是否在油标刻线范围内；并定期从油箱中取样化验，检查油液的质量。

5）换向阀工作时是否灵敏可靠；系统工作时有无高频振动。

6）电气行程开关或挡块的位置是否有变动。

7）系统手动或自动工作循环时是否有异常现象。

8）定期检查蓄能器的工作性能。

9）定期检查冷却器和加热器的工作性能。

10）定期检查和紧固重要部位的螺钉、螺母、管接头和法兰等。

检查结果应记入点检卡，以作为技术资料归档。

（3）液压油液的污染与控制　据统计，液压系统的故障有75%以上与液压油液被污染有关。可见防止液压油的污染，对于保证液压系统稳定可靠工作和延长其使用寿命起着非常重要的作用。

1）液压油液污染的原因。液压油液被污染的原因是多方面的，主要有以下几种情况。

① 液压装置组装时残留下来的污物。

② 从一切可侵入的渠道进入系统的污物。

③ 工作过程中产生的污染物。

油液污染后会使系统工作的灵敏性、稳定性和可靠性降低，并缩短元件的使用寿命。

2）液压油液污染的控制。为了保证液压系统正常工作、延长其寿命，必须采取相应措施控制油液的污染。下面几点供参考。

① 力求减少外来污染。液压系统组装前后要加以严格清洗，维修拆卸元件时应在无尘区进行等。

② 滤除系统产生的杂质。向油箱加入油液时应通过滤器，并定期对过滤器进行清洗。

③ 控制液压油液的温度。当矿物油温度超过55℃时，每升高9℃其寿命将缩短一半。

④ 定期检查和更换液压油液。每隔一定时间，对液压油液进行抽样检查，分析其污染程度，如不合要求就更换。

## 思考练习题

8-1　液压系统由哪几部分组成？各部分所起的作用是什么？

8-2　在液压传动中，活塞的运动速度是怎样计算的？有人说“作用在活塞上的推力越大，活塞运动的速度越快。”这个说法对不对，为什么？

8-3　液压传动系统的压力损失有哪几种形式？分别与哪些因素有关？

8-4　在如图8-1所示的液压千斤顶中，已知：压动手柄的力 $F=300\text{N}$，力的作用点到支点的距离为540mm，活塞杆的铰链到支点的距离为30mm，柱塞泵活塞的有效作用面积 $A_1=10^{-3}\text{m}^2$，液压缸活塞的有效面积 $A_2=5\times10^{-3}\text{m}^2$。试求：

1）作用在柱塞泵活塞上的力为多少？

2）系统中的压力为多少？

3）液压缸活塞能顶起多重的重物？

4）大、小两活塞的运动速度哪一个快？快多少倍？

5）当重物 $G=19.6\times10^3\text{N}$ 时，系统中压力为多少？若要顶起该重物，作用在柱塞泵活塞上的力为多少？

8-5　试述泵的工作原理。泵正常工作必须具备哪些条件？

8-6　某液压缸，已知活塞向右运动的速度 $v=0.04\text{m/s}$，外负载 $F=9720\text{N}$，活塞的有效工作面积 $A=0.008\text{m}^2$，取 $K_{漏}=1.1$，$K_{压}=1.3$，选用的定量液压泵的额定压力为 $2.5\times10^6\text{Pa}$，额定流量为 $4.17\times10^{-4}\text{m}^3/\text{s}$。试问该泵是否适用？如果泵的总效率为0.8，则驱动液压泵的电动机功率应为多少？

8-7　叶片泵工作时，若有一个叶片突然卡在转子槽内不能伸出，试分析泵的输出流量将发生什么变化。

8-8　有一双杆活塞式液压缸，已知活塞直径 $D=30\text{cm}$，活塞杆直径 $d=16\text{cm}$，当输入液压缸的流量 $q=20\text{L/min}$ 时，问活塞往返运动速度 $v$ 为多少？

8-9　什么是换向阀的“位”和“通”？什么是三位换向阀的中位机能？

8-10　溢流的主要功用是什么？它是如何调节系统压力的？

8-11　流量控制阀是如何调速的？

8-12　什么是基本回路？常用的液压基本回路按其功能可分为哪几种？

# 第九章
# 数控机床气压传动

## 【学习目的】

弄清各种气动元件的结构和原理；掌握各种气动基本回路的功能，并能参照设备说明书，读懂一般的气压系统图；初步具备对一般气压系统的使用、安装调试和维修的能力。

## 【学习重点】

气源装置的组成及各部分的作用；常用气动执行元件的结构及作用；气压传动系统的使用、安装和调试。

气压传动是利用空气压缩机使空气产生压力能，并在控制元件的控制下，把气体的压力能传输给执行元件，使执行元件（气缸或气动马达）完成直线运动或旋转运动。与液压传动相比，气压传动有以下优点：

1）气压传动的工作介质是空气，无介质费用和供应的困难，而且排放方便，不污染环境。

2）空气的黏度小，便于远距离输送，能量损失小。

3）工作压力低，元件的材料和制造精度要求低。

4）工作环境适应性好，允许工作的温度范围宽。

5）维护简单，使用安全。

但也存在以下缺点。

1）由于空气的压缩性比液压油大，因此工作时的响应能力、工作速度的平稳性方面不如液压传动。

2）由于工作压力较低，气压传动的输出力较小。

3）工作介质无润滑性，需设专门的润滑辅助元件。

4）噪声大。

## 第一节 气源装置及气动辅助元件

气源装置是气压传动系统的一个重要组成部分，为系统提供具有一定压力和流量的压缩空气，是系统的动力源。

### 一、气源装置

气源装置是对空气进行压缩、净化，向各个设备提供洁净、干燥的压缩空气的装置，又称压缩空气站，它主要由空气压缩机、压缩空气的净化装置等组成，如图 9-1 所示。

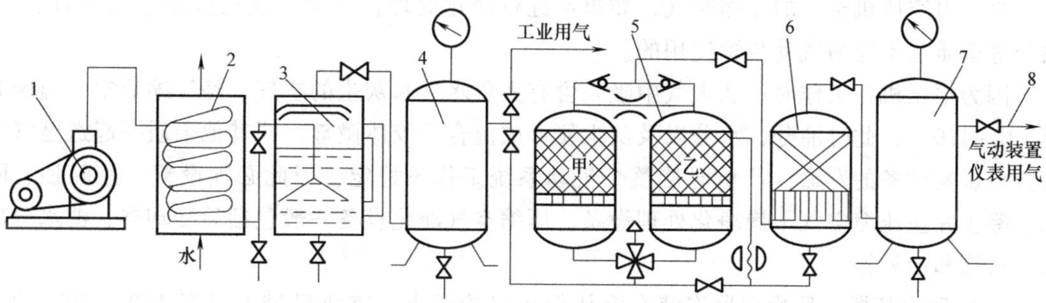


图 9-1 气源装置组成示意图

1—空气压缩机 2—后冷却器 3—油水分离器 4、7—气罐 5—干燥器 6—过滤器 8—输油管路

1. 空气压缩机

空气压缩机简称空压机，是气源装置的核心，是产生和输送压缩空气的装置，用以将原动机输出的机械能转化为气体的压力能。

（1）空压机的分类 空压机按输出压力高低分为低压型（0.2～1MPa）、中压型（1～10MPa）和高压型（>10MPa）；按工作原理主要可分为容积式和速度式（叶片式）两类。容积式压缩机按结构不同又可分为活塞式、膜片式和螺杆式等；速度式按结构不同可分为离心式和轴流式等。其中最常用的是容积式空压机。

（2）空压机的工作原理 气动系统中最常用的是往复活塞式空压机，通过曲柄连杆机构使活塞做往复运动而实现吸气和压气，并达到提高气体压力的目的。

图 9-2 是活塞式空压机的工作原理图，其工作过程是：曲柄由原动机（电动机）带动旋转，从而驱动活塞在缸体内往复运动。当活塞向右运动时，气缸内容积增大而形成部分真空，外界空气在大气压力下推开吸气阀 6 而进入气缸中；当活塞反向运动时，吸气阀 6 关闭，随着活塞的左移，缸内空气受到压缩使压力升高，当压力增至足够高时排气阀 7 打开，气体被排出，经排气管输送到气罐中。曲柄旋转一周，活塞往复行程一次，即完成一个工作循环。活塞式空压机就是这样循环往复运动，不断产生压缩空气的。

（3）空压机的选用 空气压缩机的选用应以气压传动系统所需要的工作压力和流量两个参数为依据。一般气动系统需要的工作压力为 0.5～0.8MPa，因此选用额定排气压力为

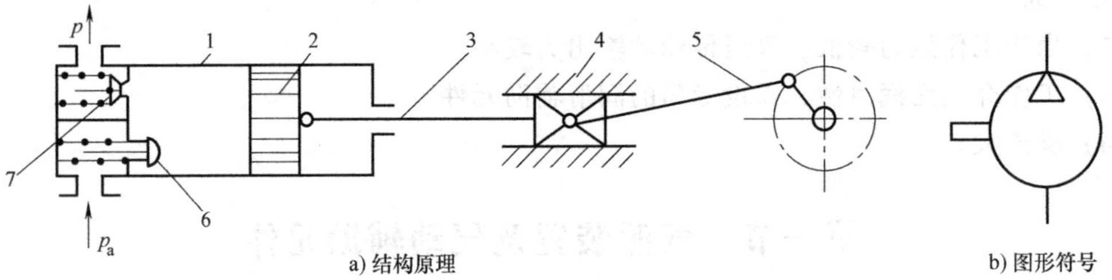


a) 结构原理 b) 图形符号

图 9-2 活塞式空压机

1—缸体 2—活塞 3—活塞杆 4—滑块 5—曲柄连杆机构 6—吸气阀 7—排气阀

0.7~1MPa 的低压空压机。输出流量要根据整个气动系统对压缩空气的需要，再加一定的备用余量，作为选择空压机流量的依据。

2. 压缩空气的净化装置

直接由空压机排出的压缩空气，如果不进行净化处理，不除去混在压缩空气中的水分、油分等杂质是不能为气动装置使用的。

因为空压机在工作时，从大气中吸入含有大量水分和灰尘的空气，经压缩后空气温度升至 140~170℃，此时油分、水分以及灰尘便形成混合的胶体微雾，同其他杂质一起送至气动装置，影响设备的寿命，严重时使整个气动系统工作不稳定，因此必须设置一些除油、除水、除尘并使压缩空气干燥净化处理设备。压缩空气净化设备一般包括后冷却器、油水分离器、气罐和干燥器。

（1）后冷却器 后冷却器安装在空压机出口管道上，空压机排出具有 140~170℃ 的压缩空气经过后冷却器，温度降至 40~50℃，使压缩空气中油雾和水汽达到饱和使其大部分凝结成滴而析出。

如图 9-3 所示，后冷却器一般采用水冷换热装置，其结构形式有列管式（用于流量较大的场合）、散热片式、管套式、蛇管式（用于流量较小的场合）和板式等。其中，蛇管式冷却器最为常用。

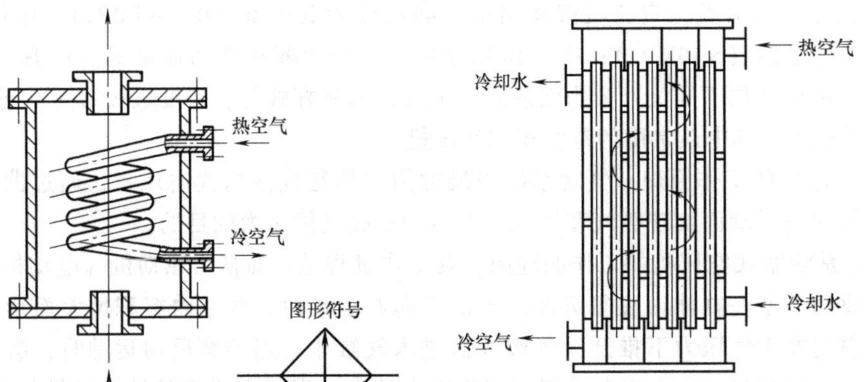


a) 蛇管式 b) 图形符号 c) 列管式

图 9-3 后冷却器

后冷却器在安装使用时要特别注意冷却水与压缩空气的流动方向（图中箭头所示方向）。

（2）油水分离器　油水分离器主要利用回转离心、撞击、水浴等方法使水滴、油滴及其他杂质颗粒从压缩空气中分离出来。常用的油水分离器有撞击折回式、水浴式和旋转离心式等。

图 9-4 为撞击折回式油水分离器的结构图。其工作原理是：当压缩空气进入除油器后，气流先受到隔板的阻挡，被撞击而折回向下，之后又上升并产生环形回转，产生流向和速度的急剧变化，在压缩空气中凝聚的水滴、油滴等杂质，受惯性力的作用而分离析出，沉降于壳体底部，由排水阀定期排出。

（3）气罐　气罐的主要作用是贮存一定数量的压缩空气，减少气源输出气流脉动，增加气流连续性，减弱空压机排出气流脉动引起的管道振动，进一步分离压缩空气中的水分和油分。其结构和图形符号如图 9-5 所示。

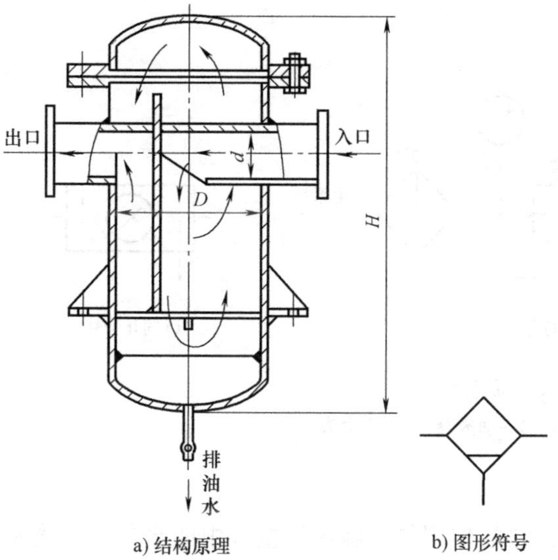


图 9-4　撞击折回式油水分离器

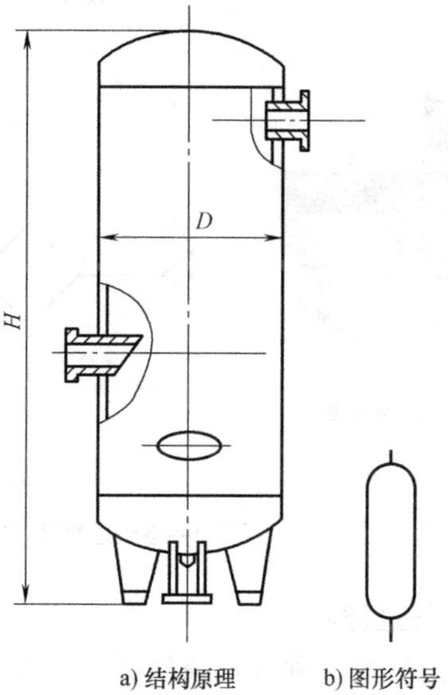


图 9-5　气罐

后冷却器、除油器和气罐都属手压力容器，制造完毕后，应进行水压试验。目前，在气压传动中，冷却器、除油器和气罐三者一体的结构形式已被采用，这使压缩空气站的辅助设备大为简化。

（4）干燥器　干燥器的作用是进一步除去压缩空气中含有的水分、油分和颗粒杂质等，使压缩空气干燥，提供的压缩空气，用于对气源质量要求较高的气动装置、气动仪表等。

压缩空气常用的干燥方法有吸收、离心、机械降水及冷冻等。图 9-6 分别为冷冻式和吸收式干燥器干燥方法示意图。

## 二、气动辅件

如图 9-7 所示，空气过滤器、减压阀和油雾器一起称为气动三联件，其安装次序依进气方向为空气过滤器、减压阀和油雾器，三大件依次无管化连接而成的组件称为三联件，是多数气动设备必不可少的气源调节装置。

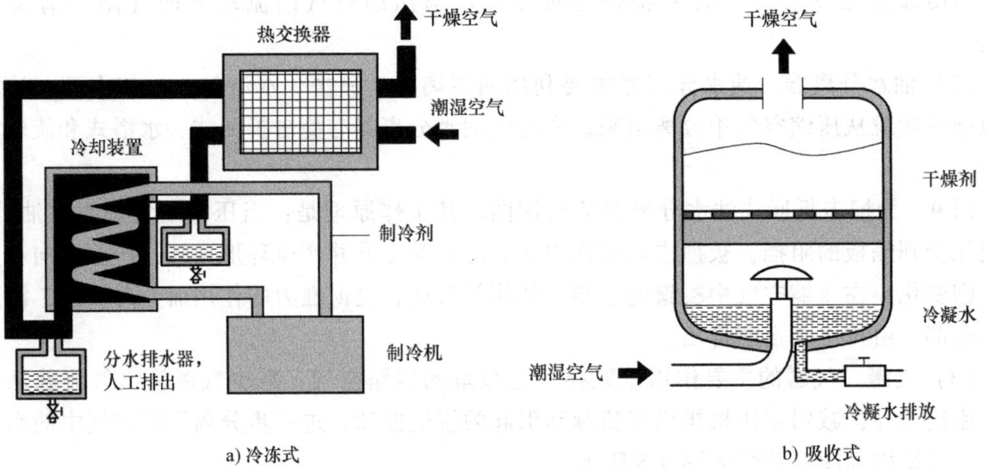


图 9-6 干燥器干燥方法示意图

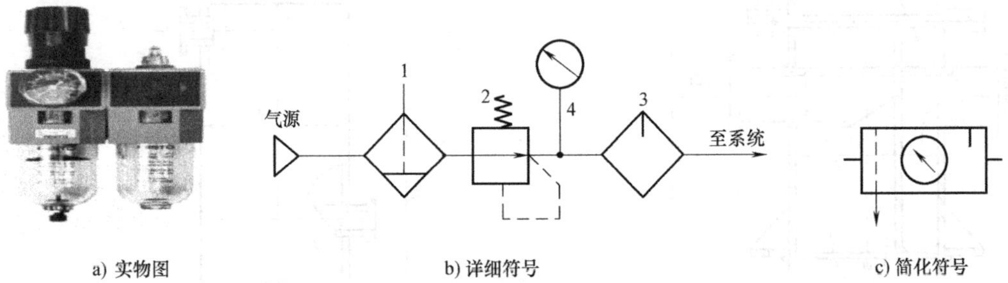


图 9-7 气动三联件

1—空气过滤器 2—减压阀 3—油雾器 4—压力表

1. 空气过滤器

空气过滤器又称分水滤气器、空气滤清器，它的作用是滤除压缩空气中的水分、油滴及杂质，以达到气动系统所要求的净化程度。它属于二次过滤器，大多与减压阀、油雾器一起构成气动三联件，安装在气动系统的入口处。

图 9-8 为空气过滤器，其工作原理是：压缩空气从输入口进入后，被引入旋风叶子 1，迫使空气沿切线方向运动产生强烈的旋转。夹杂在气体中较大的水滴、油滴等，在惯性作用下与存水杯 3 内壁碰撞，分离出来沉到杯底；而微粒灰尘和雾状水气在气体通过滤芯 2 时被拦截滤去，洁净的空气便从输出口输出。防止气体旋涡将杯中积存的污水卷起破坏过滤作用，在滤芯下部设有挡水板 4。为保证分水滤气器正常工作，必须将污水通过手动排水阀 5 及时放掉。

2. 减压阀

起减压和稳压作用，工作原理与液压系统减压阀相同。

3. 油雾器

油雾器是一种特殊的注油装置，它以压缩空气为动力，将润滑油喷射成雾状并混合于压缩空气中，使压缩空气具有润滑气动元件的能力。

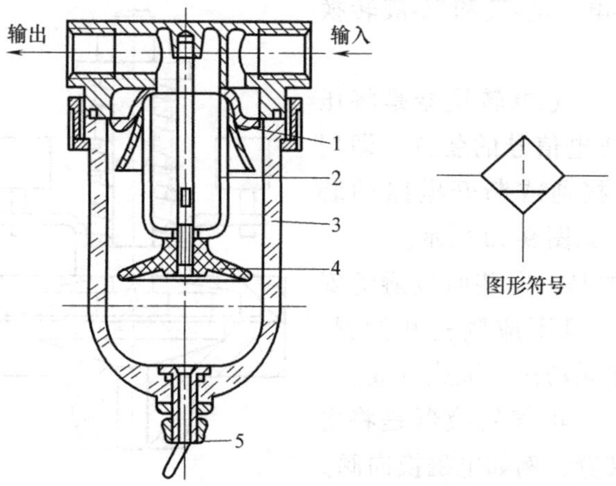


图 9-8 空气过滤器

1—旋风叶子 2—滤芯 3—存水杯 4—挡水板 5—手动排水阀

图 9-9 为普通型油雾器，其工作原理是：压缩空气由输入口 1 进入后，一部分由小孔 2 通过特殊单向阀 10 进入贮油杯 5 的上腔，油面受压，使油经过吸油管 11、单向阀 6、节流阀 7 滴入透明的视油器 8 内，然后再滴入喷嘴小孔 3 中，被主通道中的高速气流引射出，雾化后从输出口 4 输出，送入气动系统。

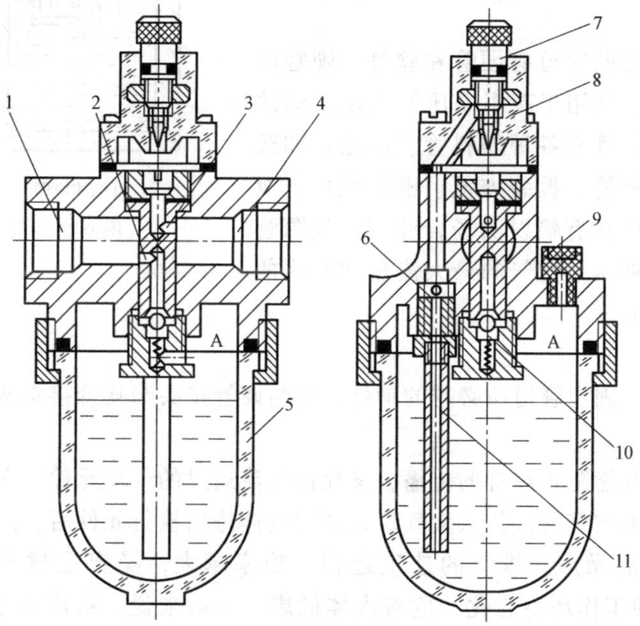


图 9-9 普通型油雾器

1—输入口 2—小孔 3—喷嘴小孔 4—输出口 5—贮油杯 6—单向阀 7—节流阀 8—视油器 9—油塞 10—单向阀 11—吸油管

4. 转换器

转换器是将电、液、气信号相互间转换的辅助元件，用来控制气动系统工作。气动系统中的转换器主要有气-电、电-气和气-液转换器等。

(1) 气-电转换器　气-电转换器是将压缩空气的气信号转变成电信号的装置，即用气信号（气体压力）接通或断开电路的装置，也称压力继电器，如图9-10所示。

使用时需要注意的是，安装时应避免安装在振动较大的地方，且不应倾斜和倒置，以免使控制失灵，产生误动作，造成事故。

(2) 电-气转换器　电-气转换器是将电信号转换成气信号的装置，例如电磁换向阀。

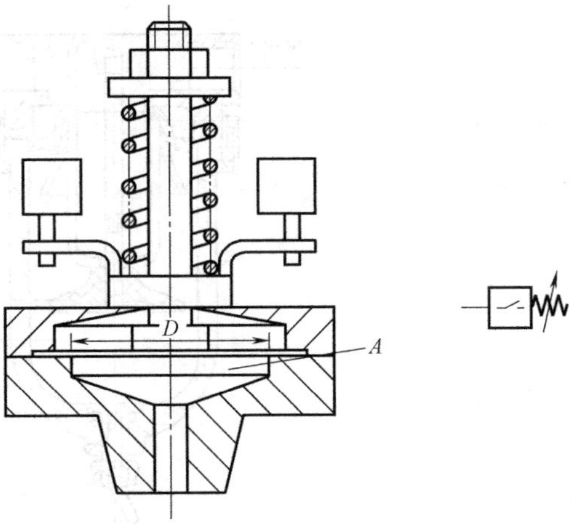


a) 结构原理　b) 图形符号

图9-10　气-电转换器

(3) 气-液转换器　在气动系统中，为了获得较平稳的速度，常用到气液阻尼缸或用液压缸作执行元件，这就需要用气液转换器把气压信号转换成液压信号，如图9-11所示。

当压缩空气由上部输入管输入后，经过管道末端的缓冲装置使压缩空气作用在油液面上，液压油液就以压缩空气相同的压力，由转换器主体下部的排油液孔输出到液压缸，使其动作。

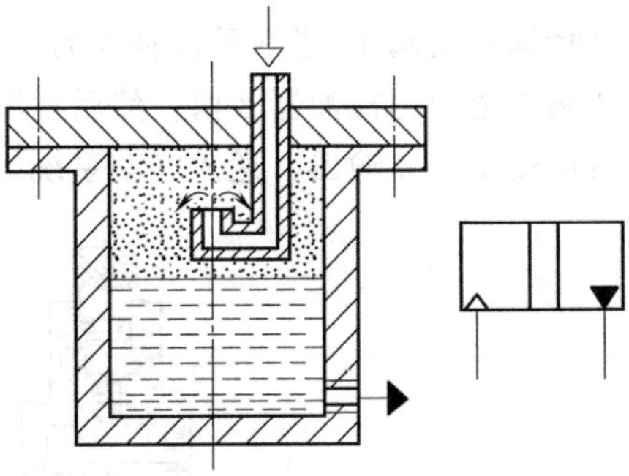

a) 结构原理　b) 图形符号

图9-11　气-液转换器

5. 管道

气动系统中常用的管道有硬管和软管。硬管以钢管和紫铜管为主，常用于高温高压和固定不动的部件之间的连接。软管有各种塑料管、尼龙管和橡胶管等，其特点是经济、拆装方便、密封性好，但应避免在高温、高压和有辐射的场合使用。气源管道的管径大小是根据压缩空气的最大流量和允许的最大压力损失决定的。

6. 管接头

管接头是连接、固定管道所必需的辅件，分为硬管接头和软管接头两类。

7. 消声器

消声器是一种既能阻止声音的传播，又允许气流通过的气动元件。在大多情况下，气压传动系统用后的压缩空气直接排入大气。这样因气体排出执行元件后，压缩空气的体积急剧膨胀，会产生刺耳的噪声。排气的速度越快，功率越大，噪声也越大，一般可达100~120dB。这种噪声使工作环境恶化，危害人体健康。一般来说，噪声高于85dB的时候都要设法降噪，为此，可在换向阀的排气口安装消声器来降低排气噪声。气动装置中常用的消声器主要有吸收型消声器、膨胀干涉型消声器和膨胀干涉吸收型消声器三大类。

(1) 吸收型消声器　吸收型消声器主要依靠吸声材料消声。当消声器的通径小于20mm时，常采用聚苯乙烯作为消音材料制成消声罩；当消声器的通径大于20mm时，消声罩多采用铜珠烧结，以增加强度。当压力气体通过消声罩时，气流受到阻力，声能量被部分吸收而转化为热能，从而降低了噪声强度，如图9-12所示。吸收型消声器结构简单，可消减中、高频噪声 20dB 以上。在气压传动系统中，排气噪声主要是中、高频噪声，尤其是高频噪声较多，所以大多情况下采用这种消声器。

（2）膨胀干涉型消声器　膨胀干涉型消声器呈管状，其直径比排气孔大得多，气流在里面扩散反射，互相干涉，减弱了噪声强度，最后经过用非吸声材料制成的、开孔较大的多孔外壳排入大气。它的优点是排气阻力小，可消除中、低频噪声；缺点是结构较大，不够紧凑。

（3）膨胀干涉吸收型消声器　膨胀干涉吸收型消声器是结合前两种消声器的特点综合应用的情况。进气流由斜孔引入，在 A 室扩散、减速、碰壁撞击后反射到 B 室，气流束相互撞击、干涉，进一步减速，从而使噪声减弱。然后气流经过吸声材料的多孔侧壁排入大气，使噪声被再次削弱，如图 9-13 所示。膨胀干涉吸收型消声器的降低噪声效果比前两种好，可消减低、中、高频噪声 20~45dB。

消声器的型号主要依据气动元件排气口直径的大小和噪声的频率范围进行合理选择。

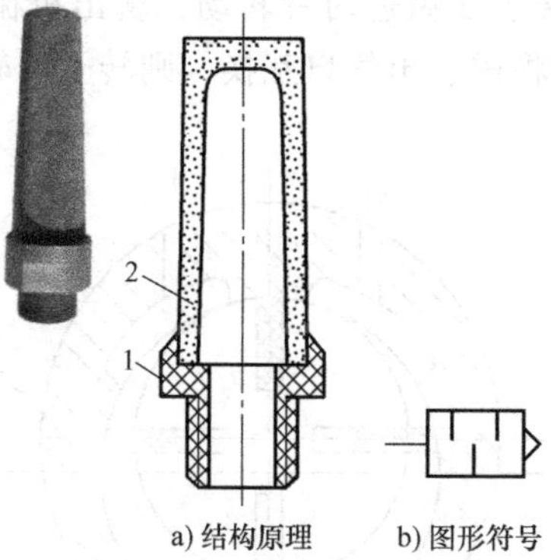


图 9-12　吸收型消声器
1—连接螺钉　2—消声罩

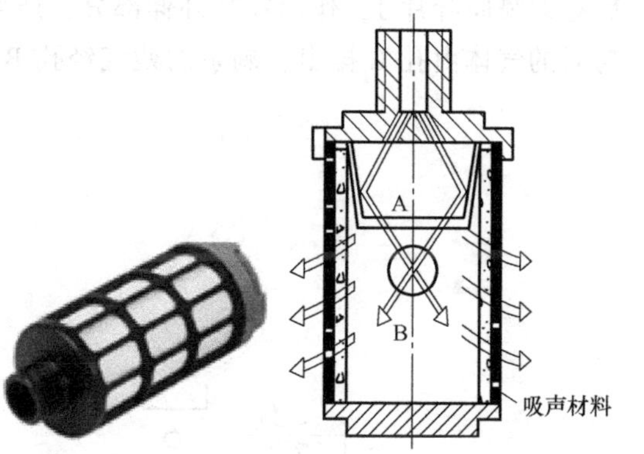


图 9-13　膨胀干涉吸收型消声器

## 第二节　气动执行元件

气动执行元件是将压缩空气的压力能转换为机械能的元件，它驱动机构做往复直线运动、摆动或回转运动，其输出为力或转矩。气动执行元件可分为气缸和气动马达。

### 一、气缸

气缸的功用与液压缸类似，但与液压缸相比，具有结构简单、制造容易，工作压力低和动作迅速等优点，应用十分广泛。

1. 气缸的分类

气缸的种类很多，结构各异，分类方法也多，常见有以下几种。

1）按压缩空气的作用方向分，有单作用气缸和双作用气缸。

2）按气缸的结构特点分，有活塞式、摆动式、薄膜式和伸缩式等。

3）按气缸的功能分，有普通式、缓冲式、气-液阻尼式、冲击式和步进式等。

2. 气缸的工作原理和用途

一般形式的气缸，其工作原理类似于液压缸，此处不再赘述，仅介绍气-液阻尼缸。

普通气缸工作时，由于气体的可压缩性，其工作不稳定。为了保证活塞运动的平稳，可采用气-液阻尼缸。它是由气缸和液压缸组合而成，以压缩空气为能源，利用油液的不可压缩性来控制流量，以获得活塞的平稳运动和调节活塞的运动速度。

图9-14所示为气-液阻尼缸的工作原理。液压缸和气缸共用一根活塞杆。在液压缸的进出油口之间装有单向流量控制阀。当活塞右移时，液压缸右腔排油只能经流量控制阀流入左腔，所产生的阻尼作用使活塞运动平稳。调节流量控制阀，即可改变活塞的运动速度。当活塞左移时，液压缸左腔排油经单向阀流入右腔，这时由于没有阻尼作用，故活塞快速退回。液压缸上方的油箱用来补充液压缸泄漏损失。

**二、气动马达**

气动马达是将压缩空气的压力能转换成旋转的机械能的装置。这里只介绍叶片式马达的工作原理。如图9-15所示，压缩空气由孔A进入后分为两路：一路经定子两端密封盖的槽进入叶片底部（图中未示出）将叶片推出并压紧在定子内表面；另一路则进入相应的气室后立即喷向叶片1，作用在其外伸部分，产生转矩使转子2做逆时针转动，输出机械能。做功后的气体由孔C排出，剩余的残气经孔B排出。若将进、出气口互换，则转子反转。

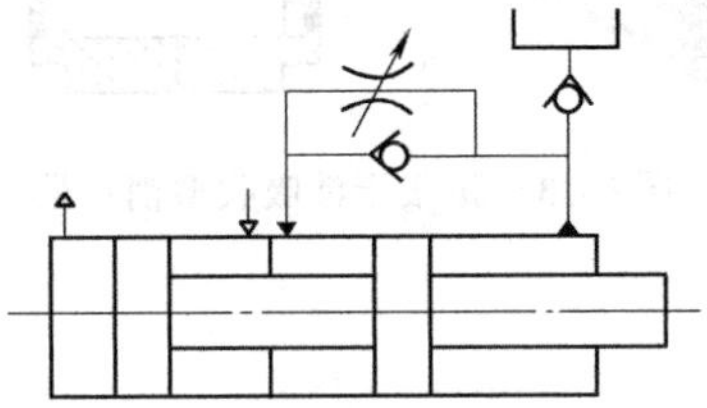

图9-14 气-液阻尼缸

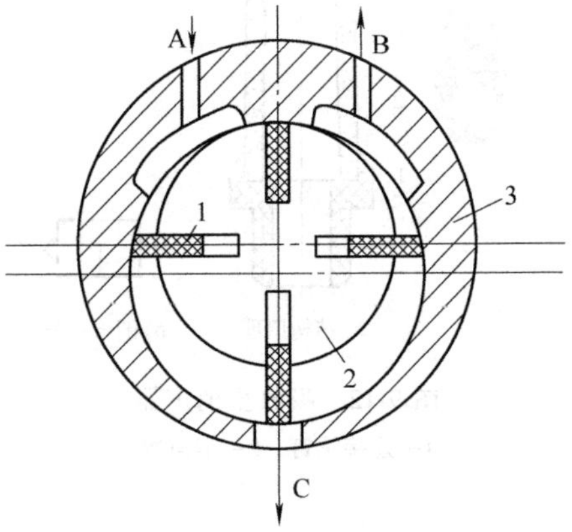


图9-15 双向旋转的叶片式马达

1—叶片 2—转子 3—定子

气动马达具有尺寸小、重量轻、可正反转且无级调速、起动转矩大、操作简单、维修容易、工作安全的优点，但它有输出功率小、耗气量大、噪声大和易产生振动等缺点。

## 第三节 气动控制元件

**一、压力控制阀**

这里仅对减压阀作一介绍。气压系统与液压系统的一个显著不同特点是：液压系统的压力油是直接由安装在每台设备上的液压泵提供的，而气压系统则是由压缩空气站中的气罐通过管道输送给各传动装置使用。气罐提供的压缩空气压力高于每台设备所需的压力，且压力波动也较大，因此，必须在每台设备的入口处安装一减压阀，将压缩空气降低到所需的压力，并保持该压力值稳定。气压系统中的减压阀常称为调压阀。

图 9-16 所示为直动式调压阀的结构原理。在图示情况下，阀芯 5 的台阶面上方有一阀口 8，压力为 $p_1$ 的压缩空气经过该阀口后压力降为 $p_2$。同时出口处有一部分空气经阻尼孔 7 进入膜片室，并对膜片产生一个向上的推力与调压弹簧 2 相平衡，以稳定输出空气的压力。调压手柄 1 就可以控制阀口开度的大小，即可控制输出压力的高低。

## 二、流量控制阀

流量控制阀是通过改变控制阀的通流截面积来实现流量控制的元件。下面只对排气流量控制阀作一介绍。

图 9-17 所示为排气流量控制阀的结构原理。气流从 A 口进入，经节流口 1 节流后由消声器 2 排出。因而它不仅能调节空气流量，还能起到降低排气噪声的作用。排气流量控制阀通常安装在换向阀的排气口处与换向阀联用，起单向节流阀的作用，它实际上只不过是流量控制阀的一种特殊形式。这种阀结构简单、安装方便，能简化回路，故应用日益广泛。

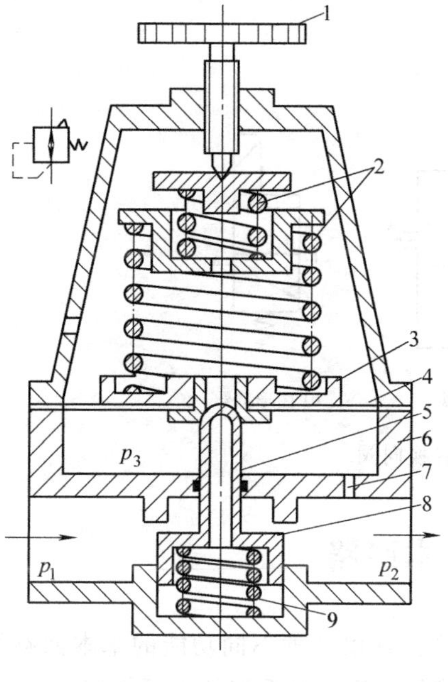


图 9-16　调压阀

1—调压手柄　2—调压弹簧　3—下弹簧座
4—膜片　5—阀芯　6—阀套　7—阻尼孔
8—阀口　9—复位弹簧

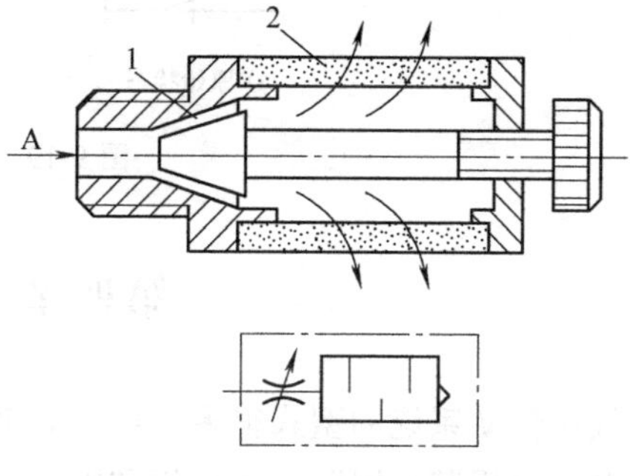


图 9-17　排气流量控制阀

1—节流口　2—消声器

## 三、方向控制阀

方向控制阀用于控制气流方向与通断。按其功能可分为单向型控制阀和换向型控制阀。

1. 单向型控制阀

单向型控制阀包括单向阀、或门型梭阀、与门型梭阀和快速排气阀。单向阀的原理与液压中的单向阀相似，这里不再赘述。

这里只介绍或门型梭阀，如图 9-18 所示。该阀相当于两个单向阀的组合。当气流从 $P_1$ 口进入时，将阀芯推向右边，通路 $P_2$ 被关闭，于是气流从 $P_1$ 口进入通路 A，如图 9-18a 所示。反之，则气流从 $P_2$ 口进入 A，如图 9-18b 所示。当 $P_1$、$P_2$ 同时进气时，哪端压力高，A 口就与哪端相通，另一端则关闭。图 9-18c 为其图形符号。

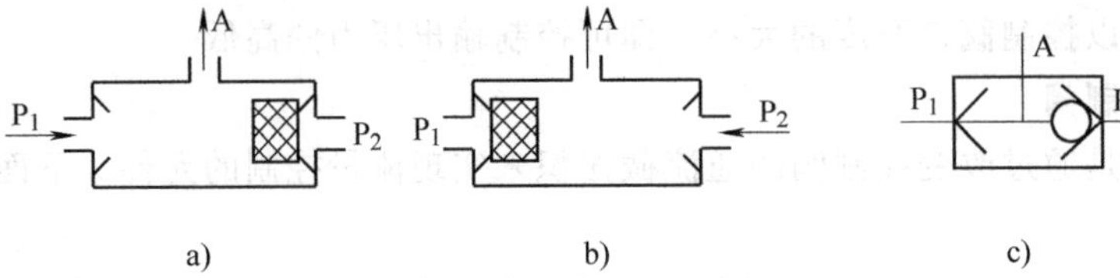


图 9-18 或门型梭阀

所以这种阀在气动系统中起到“或”门的作用，是构成逻辑回路的重要元件。

2. 换向型控制阀

换向型控制阀简称换向阀，它与液压换向阀相类似，分类方法也大致相同。图 9-19 所示为二位三通电磁换向阀的结构原理图。

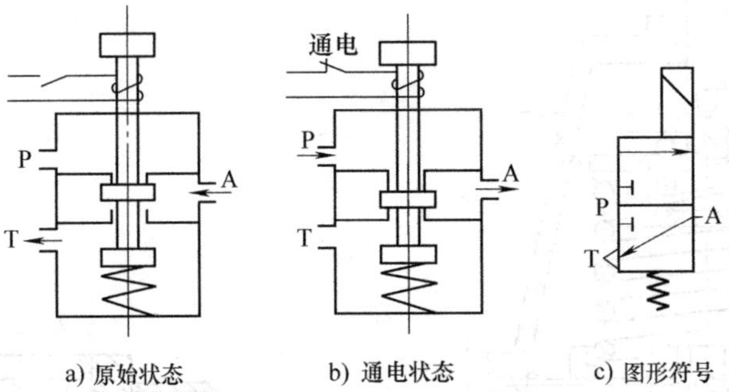


图 9-19 二位三通电磁换向阀

## 第四节 气动基本回路

气压传动系统的型式很多，但也和液压传动一样，是由各种不同功能的基本回路组成。所以熟悉常用基本回路，是分析和安装调试、使用维修气压传动系统的必要基础。

### 一、方向控制回路

这里只介绍单作用气缸换向回路。图 9-20 所示为单作用气缸换向回路。

图 9-20a 为用二位三通电磁阀控制的单作用缸的工作原理，当电磁铁得电时，气缸活塞向上伸出；当电磁铁失电时，活塞在弹簧的作用下返回。图 9-20b 为用三位五通电磁阀控制的单作用气缸的工作，当两电磁铁均失电后能自动复位，使气缸停在行程中的任何位置，但定位精度不高，且定

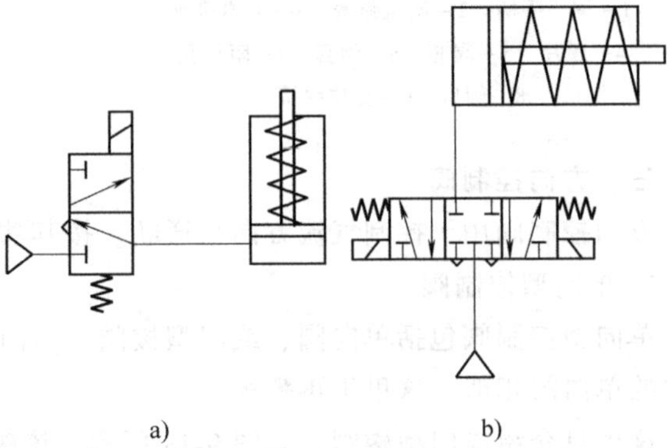


图 9-20 单作用气缸换向回路

位时间不长。

## 二、压力控制回路

压力控制回路是使系统保持在某一规定的压力范围内，只介绍一次压力控制回路。一次压力控制回路用于控制气罐内压缩空气的压力，通常在气罐上安装一只安全阀，一旦罐内压力超过规定值就向大气排气。也可以在气罐上装一电接点压力表，一旦罐内压力超过规定值时，就控制空气压缩机停电，不再供气。

## 三、速度控制回路

这里只介绍单作用气缸的速度控制回路。图 9-21a 所示回路是用两个反向安装的单向节流阀来分别控制活塞杆的升降速度；图 9-21b 所示回路是在气缸上升时调速，下降时则通过快排阀排气，使缸快速返回。

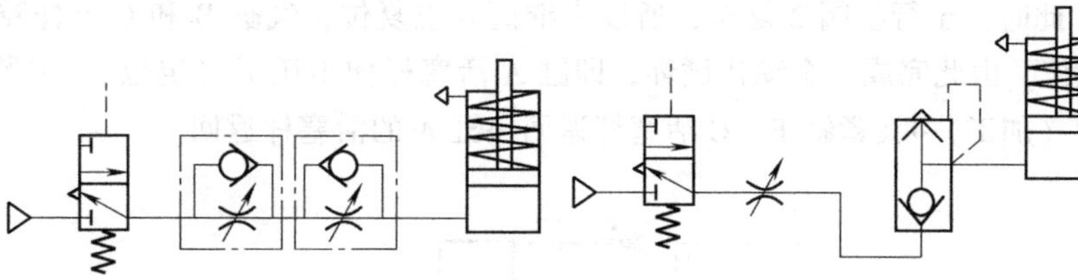

a)双向速度控制回路　　b) 单向速度控制回路

图 9-21　单作用气缸的速度控制回路

## 四、安全保护回路

当气动系统出现过载、气压突降等情况时，都有可能危及操作人员或设备的安全，故在气压系统中往往要加入安全回路。

1. 过载保护回路

如图 9-22 所示，按下手动换向阀 1，活塞向右运动，当它碰到障碍 6 时，无杆腔压力升高，打开顺序阀 3，使换向阀 2 换向，换向阀 4 复位，活塞立即退回，实现过载保护。若无障碍，气缸向前运动压下换向阀 5 时，活塞亦返回。

2. 互锁回路

如图 9-23 所示，图中四通阀的换向受三个串联的机动阀控制，只有三个机动阀都接通时，主阀才能换向。

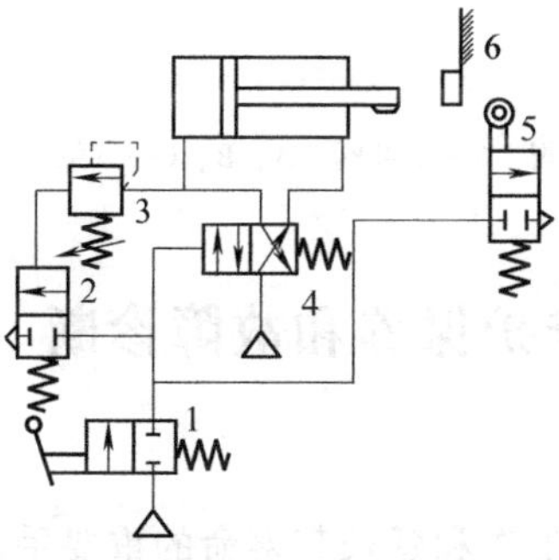


图 9-22　过载保护回路

1—手动换向阀　2、4、5—换向阀

3—顺序阀　6—障碍

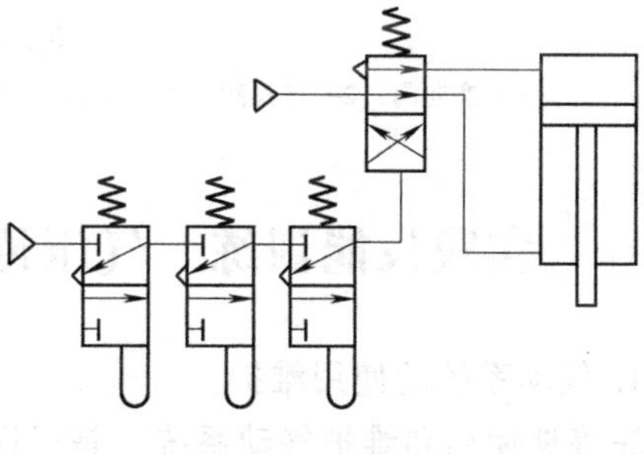

图 9-23　互锁回路

# 第五节 典型气压传动系统

图9-24所示为夹紧工件用的气压系统图。其工作原理是：当工件运动到指定位置后，气缸A的活塞杆伸出，将工件定位后，两侧的气缸B和C的活塞杆伸出将工件夹紧，此时可进行机械加工。其气压系统的动作过程如下：当用脚踏换向阀1后，压缩空气经单向节流阀进入气缸A的无杆腔，夹紧头下降至工件定位位置后使机动行程阀2换向，压缩空气经单向节流阀5使中继阀6换向，于是压缩空气经中继阀6和主控阀4左位后进入气缸B和C的无杆腔，将工件夹紧。与此同时，压缩空气的一部分经单向阀3调定延时用于加工后使主控阀4换向到右位，则两气缸B和C返回。在两气缸返回过程中，有杆腔的压缩空气使脚踏换向阀1复位，则气缸A返回。此时由于行程阀2复位，所以中继阀6也复位，气缸B和C无杆腔通大气，主控阀4自动复位，由此完成一个动作循环，即缸A活塞杆伸出压下（定位）→夹紧缸B、C活塞杆伸出夹紧（加工）→夹紧缸B、C活塞杆返回→缸A的活塞杆返回。

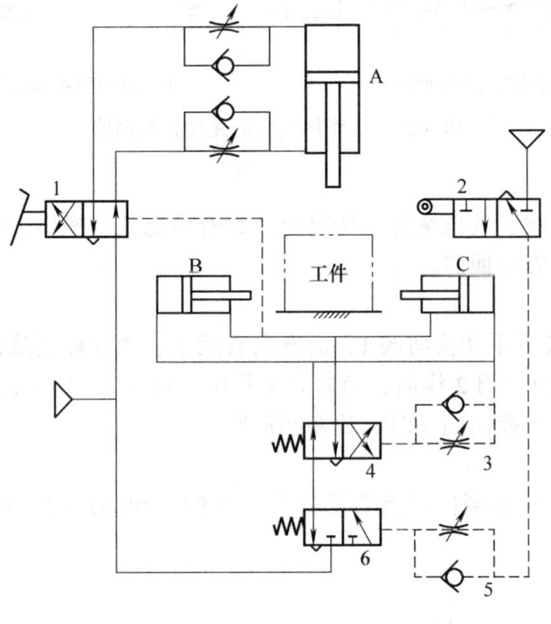


图9-24 气压夹紧回路

1—换向阀 2—行程阀 3—单向阀 4—主控阀 5—节流阀 6—中继阀 A、B、C—气缸

# 实践技能训练 气压传动系统的维护保养和故障诊断

1. 气动系统的使用维护

正确地使用和维护气动系统，是保证气动系统正常工作和延长其寿命的重要手段。具体应注意以下几方面。

1）开车前应检查各调节旋钮的位置是否正确，行程阀（开关）和挡块的位置是否正确和牢固。

2）开车前后要放掉系统中的冷凝水。

3）对活塞杆和导轨等外露部分的配合表面应进行擦拭干净。

4）给油雾器应定期进行加油。

5）对分水滤气器的滤芯要定期进行清洗。

6）一般间隔三个月须定期进行检修，一年应进行大修。

7）对受压容器应定期进行密封性和噪声检验。

2. 气动系统的故障诊断

（1）故障种类

1）初期故障。在调试阶段和开始运转的2~3个月内发生的故障。

2）突发故障。系统在稳定运行时期内突然发生的故障。

3）老化故障。个别或少数元件达到使用寿命后发生的故障。

（2）故障的诊断方法

1）经验法。主要依靠个人的实际经验，并借助简单的仪表诊断出故障发生的部位，并找出故障原因的方法。

2）推理分析法。利用逻辑推理、步步逼近，寻找出故障的真实原因的方法称为推理分析法。

气动系统常见故障及其排除方法见表9-1~表9-6。

**表9-1　减压阀常见故障及其排除方法**

| 故障 | 原因 | 排除方法 |
|---|---|---|
| 二次压力上升 | 1)阀弹簧损坏<br>2)阀座有伤痕,阀座橡胶剥离<br>3)阀体中夹入灰尘,阀导向部分粘附异物<br>4)阀芯导向部分和阀体的O形密封圈收缩、膨胀 | 1)更换阀弹簧<br>2)更换阀体<br>3)清洗、检查过滤器<br>4)更换O形密封圈 |
| 压力降很大(流量不足) | 1)阀口径小<br>2)阀下部积存冷凝水;阀内混入异物 | 1)使用口径大的减压阀<br>2)清洗、检查过滤器 |
| 向外泄气(阀的溢流孔处泄漏) | 1)溢流阀座有伤痕(溢流式)<br>2)膜片破裂<br>3)二次压力升高<br>4)二次侧背压增加 | 1)更换溢流阀座<br>2)更换膜片<br>3)参看二次压力上升栏<br>4)检查二次侧的装置回路 |
| 异常振动 | 1)弹簧的弹力减弱,弹簧错位<br>2)阀体的中心、阀杆的中心错位<br>3)因空气消耗量周期变化使阀不断开启、关闭,与减压阀引起共振 | 1)把弹簧调整到正常位置,更换弹力减弱的弹簧<br>2)检查并调整位置偏差<br>3)和制造厂商协商 |
| 虽已松开手柄,二次侧空气也不溢流 | 1)溢流阀座孔堵塞<br>2)使用非溢流式调压阀 | 1)清洗并检查过滤器<br>2)非溢流式调压阀松开手柄也不溢流,因此需要在二次侧安装溢流阀 |
| 阀体泄漏 | 1)密封件损伤<br>2)弹簧松弛 | 1)更换密封件<br>2)调整弹簧刚度 |

表 9-2 溢流阀常见故障及其排除方法

| 故障 | 原因 | 排除方法 |
| --- | --- | --- |
| 压力虽已上升，但不溢流 | 1)阀内部孔堵塞<br>2)阀芯导向部分进入异物 | 清洗 |
| 压力虽没有超过设定值，但在二次侧却溢出空气 | 1)阀内进入异物<br>2)阀座损伤<br>3)调压弹簧损坏 | 1)清洗<br>2)更换阀座<br>3)更换调压弹簧 |
| 溢流时发生振动（主要发生在膜片式阀，其启闭压力差较小） | 1)压力上升速度很慢，溢流阀放出流量多，引起阀振动<br>2)因从压力上升源到溢流阀之间被节流，阀前部压力上升慢而引起振动 | 1)二次侧安装针阀微调溢流量，使其与压力上升量匹配<br>2)增大压力上升源到溢阀的管道口径 |
| 从阀体和阀盖向外漏气 | 1)膜片破裂（膜片式）<br>2)密封件损伤 | 1)更换膜片<br>2)更换密封件 |

表 9-3 方向阀常见故障及其排除方法

| 故障 | 原因 | 排除方法 |
| --- | --- | --- |
| 不能换向 | 1)阀的滑动阻力大，润滑不良<br>2)O 形密封圈变形<br>3)粉尘卡住滑动部分<br>4)弹簧损坏<br>5)阀操纵力小<br>6)活塞密封圈磨损 | 1)进行润滑<br>2)更换密封圈<br>3)清除粉尘<br>4)更换弹簧<br>5)检查阀操作部分<br>6)更换密封圈 |
| 阀产生振动 | 1)空气压力低（先导型）<br>2)电源电压低（电磁阀） | 1)提高操纵压力，采用直动型<br>2)提高电源电压，使用低电压线圈 |
| 交流电磁铁有蜂鸣声 | 1)块状活动铁心密封不良<br>2)粉尘进入块状、层叠型铁心的滑动部分，使活动铁心不能密切接触<br>3)层叠活动铁心的铆钉脱落，铁心叠层分开不能吸合<br>4)短路环损坏<br>5)电源电压低<br>6)外部导线拉得太紧 | 1)检查铁心接触和密封性，必要时更换铁心组件<br>2)清除粉尘<br>3)更换活动铁心<br>4)更换固定铁心<br>5)提高电源电压<br>6)引线座宽裕 |
| 电磁铁动作时间偏差大，或有时不能动作 | 1)活动铁心锈蚀，不能移动；在湿度高的环境中使用气动元件时，由于密封不完善而向磁铁部分泄漏空气<br>2)电源电压低<br>3)粉尘等进入活动铁心的滑动部分，使运动状况恶化 | 1)铁心除锈，修理好对外部的密封，更换铁心组件<br>2)提高电源电压或使用符合电压的线圈<br>3)清除粉尘 |

（续）

| 故障 | 原因 | 排除方法 |
| --- | --- | --- |
| 线圈烧毁 | 1)环境温度高<br>2)快速循环使用时<br>3)因为吸引时电流大,单位时间耗电多,温度升高,使绝缘损坏而短路<br>4)粉尘夹在阀和铁心之间,不能吸引活动铁心<br>5)线圈上残余电压 | 1)按产品规定温度范围使用<br>2)使用高级电磁阀<br>3)使用气动逻辑回路<br>4)清除粉尘<br>5)使用正常电源电压,使用符合电压的线圈 |
| 切断电源活动铁心不能退回 | 粉尘夹入活动铁心滑动部分 | 清除粉尘 |

**表 9-4 气缸常见故障及其排除方法**

| 故障 | 原因 | 排除方法 |
| --- | --- | --- |
| 外泄漏:<br>1)活塞杆与密封衬套间漏气<br>2)气缸体与端盖间漏气<br>3)从缓冲装置的调节螺钉处漏气 | 1)衬套密封圈磨损,润滑油不足<br>2)活塞杆偏心<br>3)活塞杆有伤痕<br>4)活塞杆与密封衬套的配合面内有杂质<br>5)密封圈损坏 | 1)更换衬套密封圈<br>2)重新安装,使活塞杆不受偏心负荷<br>3)更换活塞杆<br>4)除去杂质、安装防尘盖<br>5)更换密封圈 |
| 内泄漏<br>活塞两端串气 | 1)活塞密封圈损坏<br>2)润滑不良,活塞被卡住<br>3)活塞配合面有缺陷,杂质挤入密封圈 | 1)更换活塞密封圈<br>2)重新安装,使活塞杆不受偏心负荷<br>3)缺陷严重者更换零件,除去杂质 |
| 输出力不足,动作不平稳 | 1)润滑不良<br>2)活塞或活塞杆卡住<br>3)气缸体内表面有锈蚀或缺陷<br>4)进入了冷凝水、杂质 | 1)调节或更换油雾器<br>2)检查安装情况,清除偏心视缺陷大小再决定排除故障办法<br>3)加强对空气过滤器和油水分离器的管理<br>4)定期排放污水 |
| 缓冲效果不好 | 1)缓冲部分的密封圈密封性能差<br>2)调节螺钉损坏<br>3)气缸运动速度太快 | 1)更换密封圈<br>2)更换调节螺钉<br>3)研究缓冲机构的结构是否合适 |
| 损伤:<br>1)活塞杆折断<br>2)端盖损坏 | 1)有偏心负荷<br>2)摆动气缸安装销的摆动面与负荷摆动面不一致;摆动轴销的摆动角过大,负荷很大,摆动速度又快<br>3)有冲击装置的冲击加到活塞杆上,活塞杆承受负荷的冲击;气缸的速度太快<br>4)缓冲机构不起作用 | 1)调整安装位置,清除偏心,使轴销摆角一致<br>2)确定合理的摆动速度<br>3)冲击不得加在活塞杆上,设置缓冲装置<br>4)在外部或回路中设置缓冲机构 |

表 9-5 分水滤气器常见故障及其排除方法

| 故障 | 原因 | 排除方法 |
| --- | --- | --- |
| 压力降过大 | 1)使用过细的滤芯<br>2)过滤器的流量范围太小<br>3)流量超过过滤器的容量<br>4)过滤器滤芯网眼堵塞 | 1)更换适当的滤芯<br>2)更换流量范围大的过滤器<br>3)更换大容量的过滤器<br>4)用净化液清洗(必要时更换)滤芯 |
| 从输出端逸出冷凝水 | 1)未及时排出冷凝水<br>2)自动排水器发生故障 | 1)养成定期排水习惯或安装自动排水器<br>2)修理(必要时更换) |
| 输出端出现异物 | 1)过滤器芯破损<br>2)滤芯密封不严<br>3)用有机溶剂清洗塑料件 | 1)更换滤芯<br>2)更换滤芯的密封,紧固滤芯<br>3)用清洁的热水或煤油清洗 |
| 塑料水杯破损 | 1)在有有机溶剂的环境中使用<br>2)空气压缩机输出某种焦油<br>3)压缩机从空气中吸入对塑料有害的物质 | 1)使用不受有机溶剂侵蚀的材料(如使用金属杯)<br>2)更换空气压缩机的润滑油,使用无油压缩机<br>3)使用金属杯 |
| 漏气 | 1)密封不良<br>2)因物理(冲击)、化学原因使塑料杯产生裂痕<br>3)泄水阀,自动排水器失灵 | 1)更换密封件<br>2)参看塑料杯破损栏<br>3)修理(必要时更换) |

表 9-6 油雾器常见故障及其排除方法

| 故障 | 原因 | 排除方法 |
| --- | --- | --- |
| 油不能滴下 | 1)没有产生油滴下落所需的压差<br>2)油雾器反向安装<br>3)油道堵塞<br>4)油杯未加压 | 1)加上文丘里管或换成小的油雾器<br>2)改变安装方向<br>3)拆卸,进行修理<br>4)因通往油杯的空气通道堵塞,需拆卸修理 |
| 油杯未加压 | 1)通往油杯的空气通道堵塞<br>2)油杯大,油雾器使用频繁 | 1)拆卸修理<br>2)加大通往油杯空气通孔<br>3)使用快速循环式油雾器 |
| 油滴数不能减少 | 油量调整螺钉失效 | 检修油量调整螺钉 |
| 空气向外泄漏 | 1)油杯破损<br>2)密封不良<br>3)观察玻璃破损 | 1)更换油杯<br>2)检修密封<br>3)更换观察玻璃 |
| 油杯破损 | 1)用有机溶剂清洗<br>2)周围存在有机溶剂 | 1)更换油杯,使用金属杯或耐有机溶剂杯<br>2)与有机溶剂隔离 |

## 思考练习题

9-1　液压泵按工作原理分为哪几种？各自有什么特点？

9-2　如何为液压设备选择液压泵？需要注意什么？

9-3　影响齿轮泵寿命的因素有哪些？

9-4　什么是齿轮泵的困油现象？有何危害？如何解决？

9-5　液压执行元件有哪些类型？简述其主要用途。

9-6　以单杆活塞式液压缸为例，说明液压缸的一般结构型式。

9-7　什么是液压缸的差动连接？适用于什么场合？

9-8　液压缸上为什么要设有排气装置？是否所有液压缸都要设置排气装置？

9-9　简述气压传动系统的机构及各部分的作用。

9-10　简述活塞式空气压缩机的工作原理。

9-11　油雾器有什么作用？它是怎样工作的？

9-12　常用消声器有哪几种？简述其特点。

9-13　气源为什么要净化？气源净化元件主要有哪些？各起什么作用？

# 第十章
# 数控机床应用实例

【学习目的】

了解各种电器在数控机床中的综合应用和数控系统的抗干扰技术。

【学习重点】

变频器、交流伺服驱动器、交流伺服电动机、编码器等的应用。

## 第一节　CK6132（SYC-2E）数控卧式车床

### 一、主要用途和适用范围

CK6132（SYC-2E）车床采用卧式车床布局，数控系统控制横（X）纵（Z）两坐标移动。它适用于短轴类及盘类零件的各种内外回转表面，如圆柱面、圆锥面、特形面等，以及内外米制、寸制螺纹的自动化切削加工，并能够进行车槽、镗、铰等加工。

本机床加工效率高，适用性强，操作简便，精度高，稳定性好，特别适用于复杂零件或对精度要求较高的中、大批量生产。

该机床可根据用户要求配置数控系统，编程采用 ISO 国际通用代码，编程简单易用，并具有掉电记忆功能。

该机床还可以根据用户需要增减螺纹车削功能，刀架可选用四工位、六工位等多工位电动刀架，还可以为用户特制专用的排刀架。工件夹紧可选用普通卡盘、液压卡盘或者其他专用夹具。

### 二、主要技术规格

主要技术规格见表 10-1。

表 10-1 主要技术规格

| 序号 | 名称 | 参数 | 序号 | 名称 | 参数 |
|---|---|---|---|---|---|
| 1 | 床身上最大回转直径 | 320mm | 14 | 刀架刀位数 | 4/6(可选) |
| 2 | 最大加工长度 | 750mm | 15 | 纵向最小设定单位 | 0.01mm |
| 3 | 主轴通孔直径 | 38mm,52mm | 16 | 横向最小设定单位 | 0.005mm |
| 4 | 主轴转速 | 100~1800r/min | 17 | 进给量范围 | 12~3000mm/min |
| 5 | 纵向进给最大速度 | 4m/min | 18 | 编程格式标准 | ISO G |
| 6 | 横向进给最大速度 | 4m/min | 19 | 程序输入方式 | 面板键入/PC 机通信 |
| 7 | 主轴电动机功率 | 3kW | | | |
| 8 | 尾架套筒锥孔 | MT3 | 20 | 辅助功能 | M00, M01, M02, M03, M04, M05, M08, M09, M20, M21, M24, M30, M71~M85 |
| 9 | 指令方式 | 绝对值/增量值 | | | |
| 10 | 最大编程尺寸 | ±9999.999 | | | |
| 11 | 零件程序储存量/程序量 | 6KB | | | |
| 12 | 床鞍上最大工件回转直径 | 144mm | | | |
| 13 | 主轴内孔锥度 | | 21 | 机床重量 | 约 750kg |

## 三、电气系统

### 1. 电气系统框图

电气系统框图如图 10-1 所示。

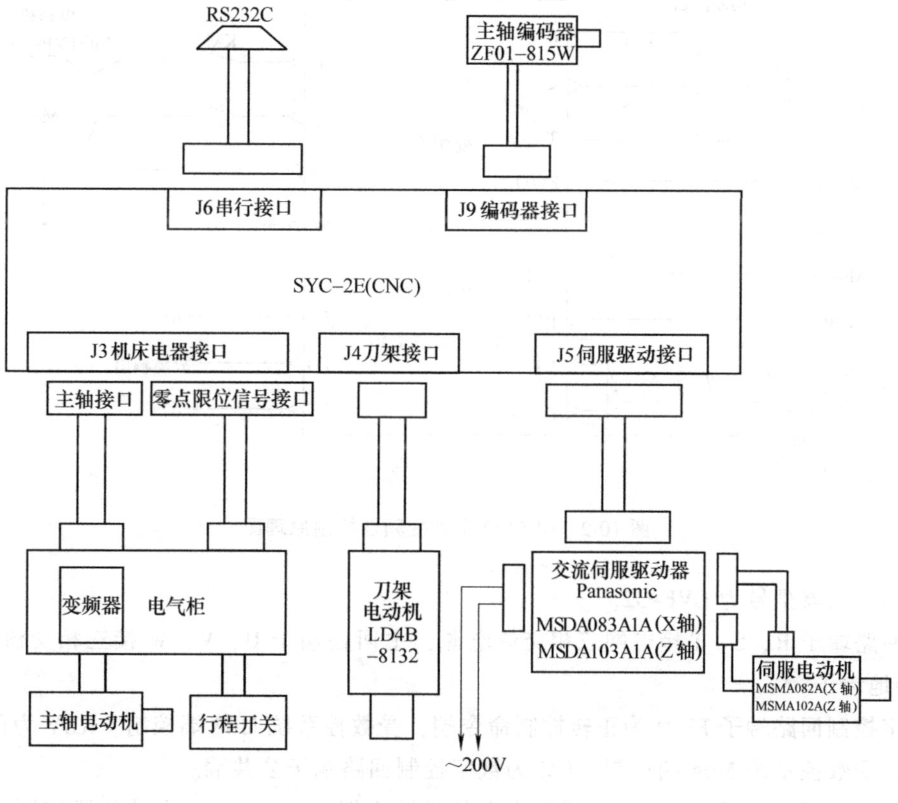


图 10-1 电气系统框图

"SYC-2E" 车床数控系统采用最新高速数字信号处理器 DSP、大规模可编程门列矩阵 PLD 技术和现场工业级高速 CPU，实时控制高速度、高精度；运用 320×240 点阵 LCD 液晶显示技术，整机结构更为合理。"SYC-2E" 数控系统是以车床为代表的二坐标联动、普及型全数字数控系统，直接控制交流伺服系统，也可以控制步进伺服系统，符合 ISO 国际代码标准。若配置高性能步进伺服系统，实现微米级控制，加工精度高。

"SYC-2E" 车床数控系统适用于各类仪表车床及其他二坐标联动机床的数控改造和配套。

通过 RS232 接口与微机通信。

2. 主轴电气控制

由图 10-1 可见，"SYC-2E" 数控系统通过 J3 接口、变频器、主轴电动机、主轴编码器和数控系统的 J9 接口组成数控机床的主轴闭环控制。

主轴控制用于加工中心换刀时，作为主轴准停用，使主轴定向控制准停在某一固定位置上，以便在该处进行换刀等动作，只要数控系统发出 M19 指令，利用装在主轴上的位置编码器（通过 1∶1 齿轮传动）输出的信号使主轴准停在规定的位置上。

主轴控制用于车床加工。在车床上，按主轴正反转两个方向使工件定位，作为车削螺纹的进刀点和退刀点，利用 *Z* 向脉冲作为起点和终点的基准，保证不乱扣（A、B 相差 90°，Z 相为一圈的基准信号，产生零点脉冲）。

CK6132 主轴变频器控制原理图如图 10-2 所示。

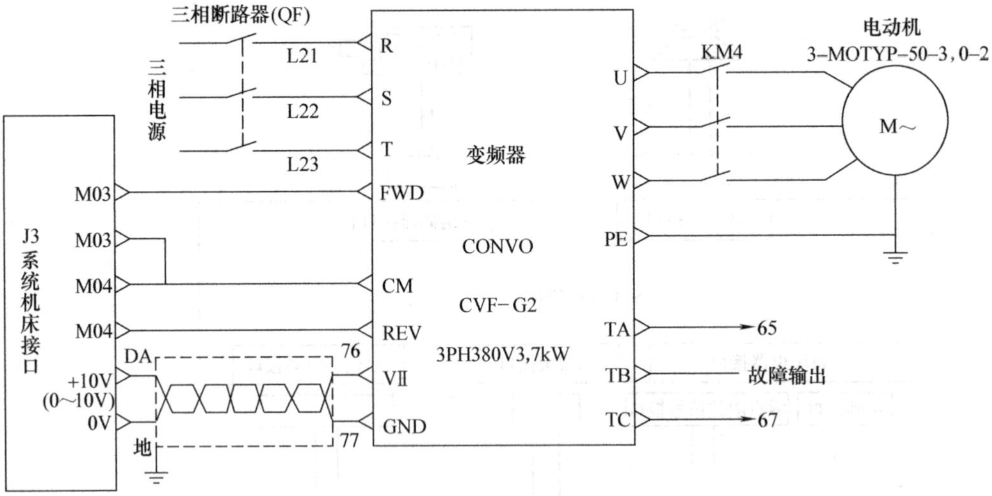


图 10-2 CK6132 主轴变频器控制原理图

主轴变频器型号为 CVF-G2。

主回路端子 R、S、T 接电网三相交流电源，主回路端子 U、V、W 接三相交流电动机，PE 为接地端子。

数字控制回路端子 FWD 为正转控制命令端，受数控系统 M03 端控制。REV 为反转控制命令端，受数控系统 M04 端控制。CM 为数字控制回路端子公共端。

模拟控制回路端子 VⅡ为频率设定电压信号输入端（0~10V）。主轴位置控制指令经数控系统内的 D/A（数模转换）转换器，变换为 0~10V 可调的直流电压信号送至 VⅡ端，调节主轴转速。GND 为模拟控制回路端子的公共端。

TA、TB、TC 为变频器故障输出端子，用于故障报警。变频器正常时，TA-TB 闭合，TA-TC 断开。变频器故障时，TA-TB 断开，TA-TC 闭合。触头容量为 AC 250V 1A，阻性负载。

3. CK6132 主电路

CK6132 主电路图如图 10-3 所示。

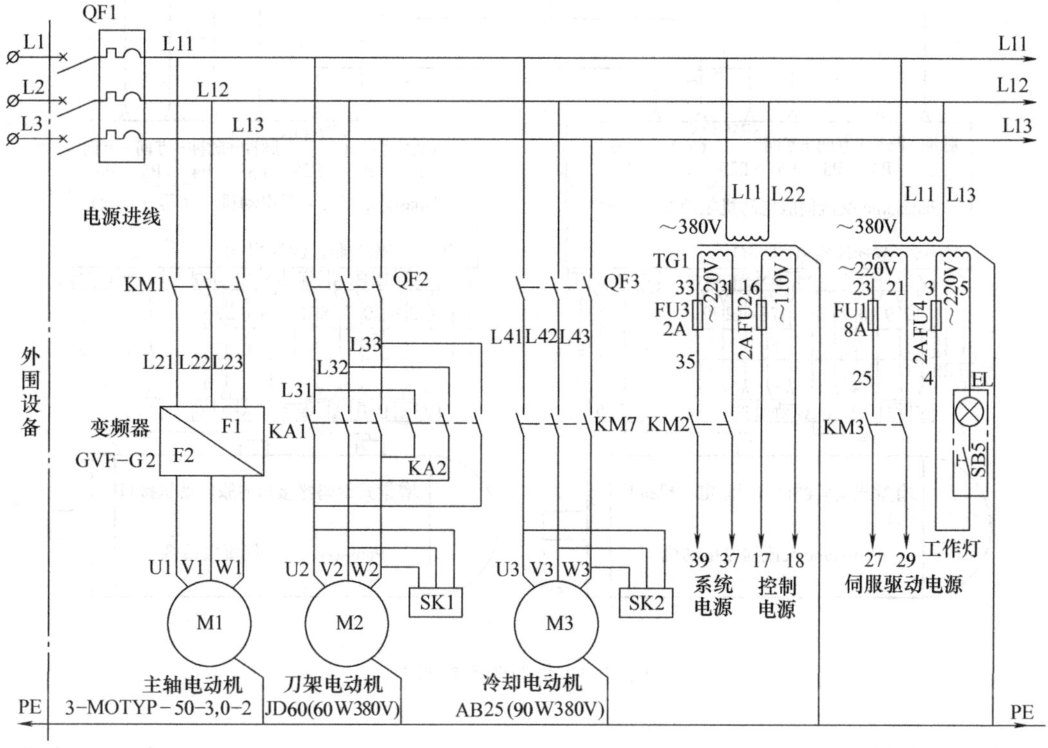


图 10-3　CK6132 主电路图

图中 M1 为主轴电动机。M2 为刀架电动机，KA1、KA2 用于控制刀架电动机正反转。M3 为冷却电动机，冷却泵电动机与主轴电动机有着顺序联锁关系，即冷却泵电动机应在主轴电动机起动后才可选择起动与否；而当主轴电动机停止时，冷却泵电动机便立即停止。系统电源（AC 220V）给数控系统（SYC-2E）供电。控制电源（AC 110V）给数控机床操作电路供电，操作电路接触器线圈额定电压为交流 110V。伺服驱动电源（AC 220V）给交流伺服电动机驱动器供电。

4. 伺服驱动控制

由图 10-1 可见，SYC-2E 数控系统通过 J5 接口、交流伺服驱动器、伺服电动机及编码器组成 X、Z 轴位置闭环控制。

X、Z 轴伺服驱动控制图如图 10-4 所示。

数控系统 P1、P14、P2、P15 口用于控制 X 轴交流伺服驱动器，X 轴交流伺服驱动器驱

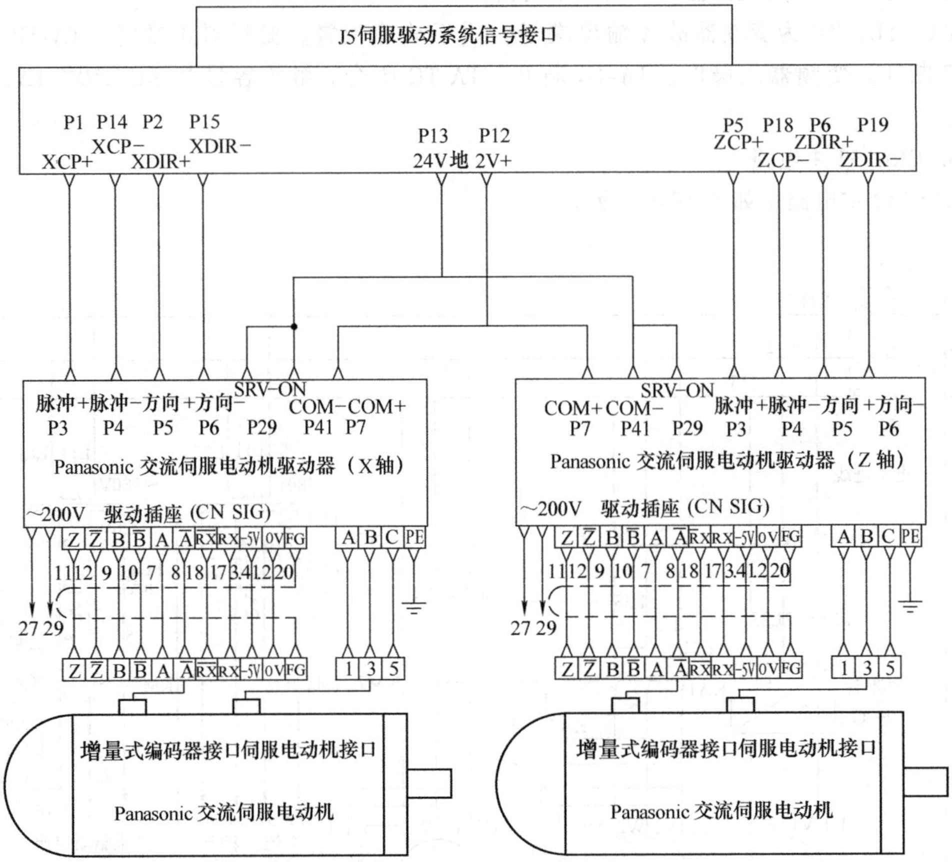


图 10-4 伺服驱动控制图

动 X 轴交流伺服电动机。数控系统 P5、P18、P6、P19 口用于控制 Z 轴交流伺服驱动器，Z 轴交流伺服驱动器驱动 Z 轴交流伺服电动机。

由图可见，X、Z 轴交流伺服电动机已附装了增量式光电编码器，用于电动机速度控制及位置反馈使用。目前，许多数控机床均采用这种半闭环的控制方式，而无须在机床导轨上安装传感器。若需全闭环控制，则需在机床上安装光栅传感器。

伺服驱动器控制信号电源（DC 24V）由数控系统内开关电源提供。SRV-ON 信号连接到 COM−时，驱动器被允许工作，伺服使能。

P3、P4 是指令脉冲的输入端子。驱动器通过高速光电耦合器接收数控系统发出的位置控制信号。

P5、P6 是数控系统发出的伺服电动机正反转控制指令。

驱动器主电路输出三相交流电（端子 A、B、C）给伺服电动机供电。

A、$\overline{A}$、B、$\overline{B}$、Z、$\overline{Z}$ 提供来自分配器的编码器信号的差分输出。

FG 为内部连接到地端子。驱动器输出 DC 5V 为编码器电源。

## 第二节 数控新技术介绍——基于PC平台的工控数控机床

将现代PC机丰富的界面、大容量内存和强大的软件功能与传统的数控系统的稳定性、可靠性相结合制作成新型的基于PC平台的数控工控系统是一个值得注意的发展方向。目前，国内外系统生产厂家都在这方面投入巨大的力量进行研制工作。我国在这方面也取得了可喜的成绩，与发达国家的水平已经相当接近。仅举SANYING-180M铣床系统为例做一下该方面的技术介绍。

### 一、系统概述

该系统是以高性能工业控制计算机为硬件平台，以Windows操作系统为软件平台，针对铣削加工中心研制开发的开放式数控系统。系统运动控制内核和PLC程序运行基于独立的实时控制引擎子系统，不受Windows操作系统的管理和调度，确保数控系统的稳定性。

### 二、系统硬件结构

该系统的硬件是由带有10.4in真彩液晶显示器的轻触式薄膜操作板、高性能嵌入式CPU工控主板、128MB内存、40G硬盘、USB闪存盘拷贝接口、高抗干扰电源、主轴伺服调速/主轴变频调速控制单元、手摇脉冲发生器及手动操作盒、网络加工接口等组成。

其主电路结构也结合了PC机和传统工控机两方面的特点，如图10-5所示。

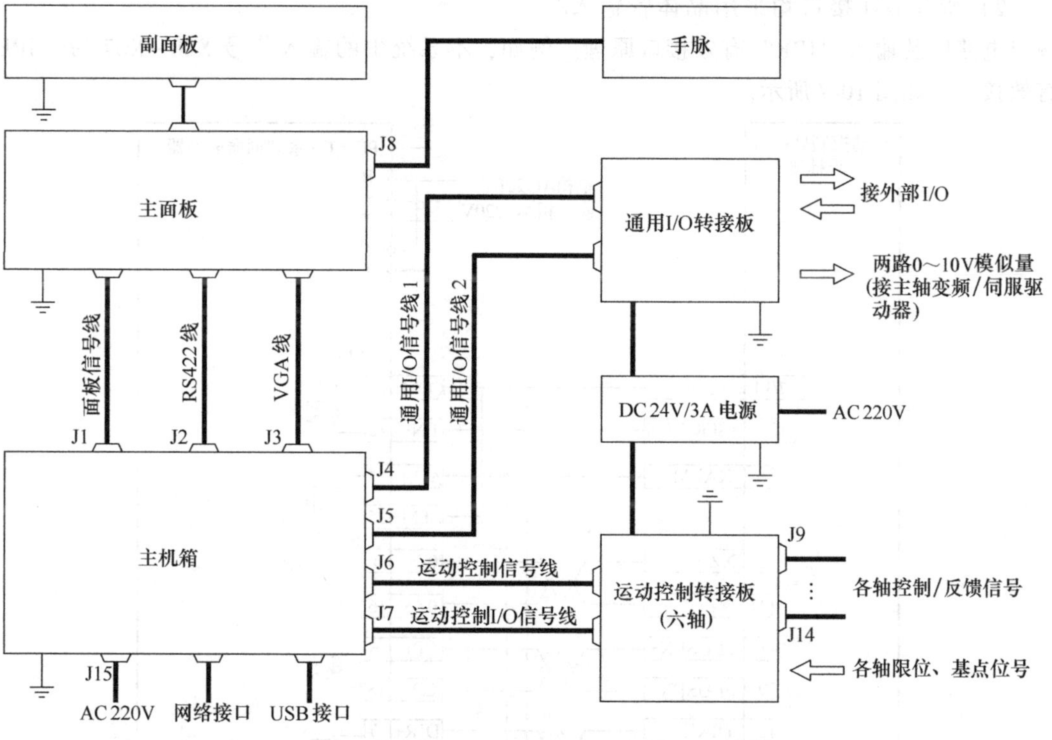


图10-5 数控系统主电路

利用PC机做平台，重要的是电路设计要考虑电源的高稳定和高抗干扰性能。为此，该系统采用一系列保证措施。具体措施如下。

1）采用双电源，如图 10-6 所示。

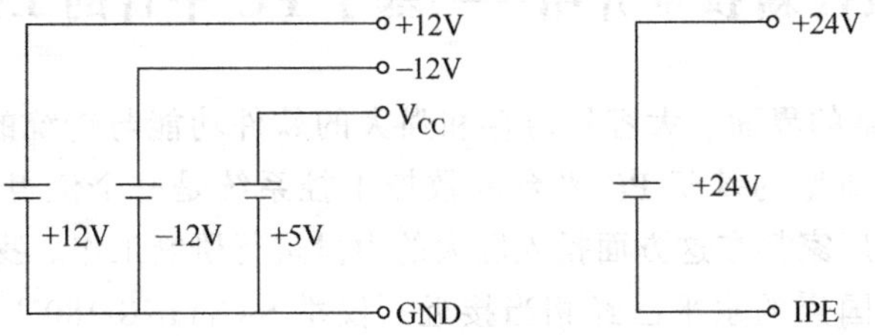


图 10-6 双电源

其中共“GND”的“$V_{CC}$”“-12V”“+12V”为系统内部电源，用于提供与系统直接（不用隔离）连接的信号电源；另一组“IPE”与“+24V”构成+24V的外部接口电源，由系统外部电源模块（DC24V/3A）单独供电。此电源与系统内部是全隔离的，主要向外部接口（通用 I/O、限位、基点等）、电器（控制继电器、电磁刹车）提供电源。

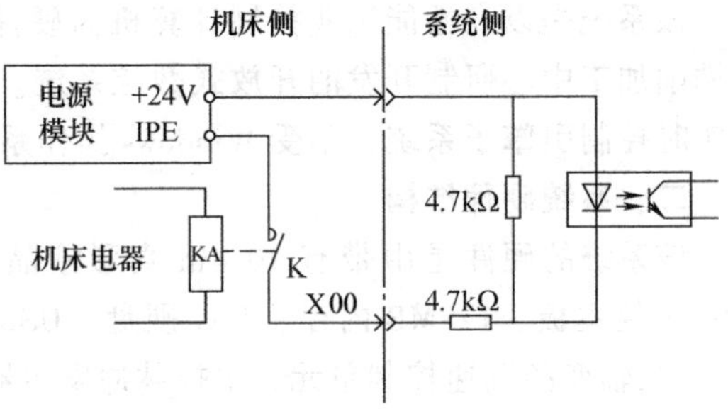


图 10-7 接口电路

2）所有 I/O 接口均采用晶体管输入/输出电路以及输入“IPE”有效接口原理。例如，本系统中的输入信号 X00～X07 为“IPE”有效接口，如图 10-7 所示。

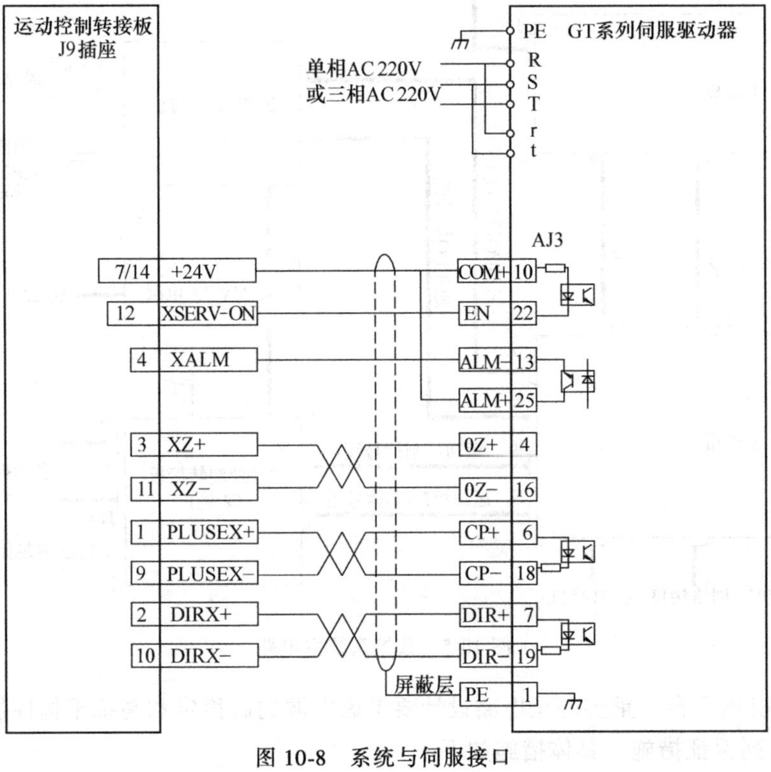


图 10-8 系统与伺服接口

在系统与伺服接口方面，由于信号线中有高速脉冲信号，因而导线必须使用双绞线并有良好的屏蔽层，如图 10-8 所示。

## 思考练习题

10-1 读图 10-1 结构图，简述电气系统组成。

10-2 读图 10-2，查阅有关手册，简述变频器基本使用和端子接线。

10-3 读图 10-4，查阅有关手册，简述伺服驱动器、编码器等基本使用和端子接线。

10-4 读图 10-3，简述主电路组成。

10-5 简述本章讲述的抗干扰措施。

# 参 考 文 献


[1] 黄尚先. 现代机床数控技术［M］. 北京：机械工业出版社，1996.
[2] 李郝林. 机床数控技术［M］. 北京：机械工业出版社，2000.
[3] 何焕山. 工厂电气控制设备［M］. 北京：高等教育出版社，1998.
[4] 王志平. 机床数控技术应用［M］. 北京：高等教育出版社，1997.
[5] 丁镇生. 传感器与传感技术应用［M］. 北京：电子工业出版社，1997.
[6] 严爱珍. 机床数控原理与系统［M］. 北京：机械工业出版社，2000.
[7] 张燕宾. 变频调速应用技术［M］. 北京：机械工业出版社，1999.
[8] 李宏胜. 数控原理与系统［M］. 北京：机械工业出版社，1999.
[9] 张福学. 传感器应用及其电路精选［M］. 北京：电子工业出版社，1996.
[10] 刘雪雪. 可编程序控制器教程［M］. 北京：高等教育出版社，2000.
[11] 大连机床集团有限责任公司. CKA6150 数控卧式车床使用说明书
[12] 全国数控培训网络天津分中心. 数控原理［M］. 北京：高等教育出版社，1997.
[13] 张耀. 电气自动控制系统［M］. 北京：机械工业出版社，2002.
[14] 毕承恩. 现代数控机床［M］. 北京：机械工业出版社，1996.
[15] 韩鸿鸾. 数控原理与维修技术［M］. 北京：机械工业出版社，2004.
[16] 张帆，闫嘉琪. 液压与传动技术及应用［M］. 北京：中国铁道出版社，2014.